できるキッズ

スクラッチでゲームをつくろう!

楽《たの》しく学《まな》べるプログラミング

三橋優希 & できるシリーズ編集部

インプレス

ご利用の前に必ずお読みください

本書は、2020年6月現在の情報をもとに「Microsoft Windows 10」や「Microsoft Edge」「Google Chrome」「Scratch」などの操作方法について解説しています。本書の発行後に「Scratch」の機能や操作方法、画面などが変更された場合、本書の掲載内容通りに操作できなくなる可能性があります。本書発行後の情報については、弊社のWebページ（https://book.impress.co.jp/）などで可能な限りお知らせいたしますが、すべての情報の即時掲載ならびに、確実な解決をお約束することはできかねます。また本書の運用により生じる、直接的、または間接的な損害について、著者ならびに弊社では一切の責任を負いかねます。あらかじめご理解、ご了承ください。

本書で紹介している内容のご質問につきましては、巻末をご参照のうえ、お問い合わせフォームかメールにてお問合せください。電話やFAX等でのご質問には対応しておりません。また、本書の発行後に発生した利用手順やサービスの変更に関しては、お答えしかねる場合があることをご了承ください。

練習用ファイルについて

本書で使用する練習用ファイルは、弊社Webサイトからダウンロードできます。練習用ファイルの使い方については28ページをご参照ください。

▼練習用ファイルのダウンロードページ
https://book.impress.co.jp/books/1120101018

●用語の使い方

本文中で使用している用語は、基本的に実際の画面に表示される名称に則っています。

●本書の前提

本書では、「Windows 10」に「Google Chrome」がインストールされているパソコンで、インターネットに常時接続されている環境を前提に画面を再現しています。他のOSやブラウザーの場合は、お使いの環境と画面解像度が異なることもありますが、基本的に同じ要領で進めることができます。

第7章の効果音は下記の素材を使用しました。
「魔王魂」https://maoudamashii.jokersounds.com/

はじめに

本書《ほんしょ》は、Scratchを初《はじ》めて学《まな》ぶ子《こ》どものための入門書《にゅうもんしょ》です。ゲーム作品《さくひん》を作《つく》る過程《かてい》で考《かんが》え方《かた》や機能《きのう》を学《まな》べるよう、クイズを交《まじ》えながら一《ひと》つずつ解説《かいせつ》しています。

プログラミングは、問題解決《もんだいかいけつ》の方法《ほうほう》という面《めん》がある一方《いっぽう》、一種《いっしゅ》の表現《ひょうげん》の手段《しゅだん》として用《もち》いることができます。例《たと》えば、ゲーム作品《さくひん》やWebアプリケーションなど、さまざまな分野《ぶんや》の作品《さくひん》を作《つく》る際《さい》に必要《ひつよう》になります。プログラミングを学《まな》ぶことで、「自分《じぶん》が作《つく》りたいと思《おも》ったものを形《かたち》にできる」ようになると考《かんが》えています。本書《ほんしょ》で解説《かいせつ》する「Scratch」は、複雑《ふくざつ》なキーボード入力《にゅうりょく》や環《かん》境《きょう》 構築《こうちく》に手間《てま》がかかりません。そのため、すぐに形《かたち》をつくる段階《だんかい》を楽《たの》しむことができます。

筆者《ひっしゃ》は、小学校高学年《しょうがっこうこうがくねん》の頃《ころ》にScratchと出会《であ》い、それからは絵《え》を描《か》くことと同《おな》じようにプログラミングを楽《たの》しんできました。自分《じぶん》で描《えが》いた絵《え》を動《うご》かせるという楽《たの》しさに惹《ひ》かれ、自分《じぶん》に合《あ》ったものづくりの楽《たの》しさを知《し》ることができました。また、自分《じぶん》と同《おな》じようにものづくりを楽《たの》しむ人《ひと》との出会《であ》いは、その後《ご》の歩《あゆ》みに大《おお》きく影響《えいきょう》しました。様々《さまざま》な場所《ばしょ》で作品《さくひん》に触《ふ》れてもらう、ものづくりで社会《しゃかい》と関《かか》わるなど、多《おお》くの貴重《きちょう》な機会《きかい》を得《え》られました。

本書《ほんしょ》を通《とお》して、プログラミングのはじめの一歩《いっぽ》を、知識《ちしき》だけではなく表現《ひょうげん》のツールとして楽《たの》しんでもらえればと考《かんが》えています。本書《ほんしょ》を読《よ》まれた方々《かたがた》が作《つく》りたいものを形《かたち》にして、ものづくりの楽《たの》しさと出会《であ》えることを願《ねが》っております。

2020年6月　三橋優希

この本《ほん》を読《よ》む人《ひと》へ

みなさんこんにちは！
この本《ほん》を書《か》いたユーキです。
本《ほん》を読《よ》んでくれてありがとう！

この本《ほん》ではゲームを作《つく》りながら、プログラミングを少《すこ》しずつ学《まな》んでいくよ。

プログラミングって
難《むずか》しいんじゃない？

全然《ぜんぜん》だいじょうぶ！
「スクラッチ」なら、難《むずか》しい言葉《ことば》や考《かんが》え方《かた》を覚《おぼ》えなくても、プログラミングができるの。

おうちの方へ

スクラッチを使うにはユーザーアカウントの設定などが必要です。17ページを参考に、お子様向けのアカウントを作成してください。

スクラッチって
なあに？

スクラッチはブロックをつなげるだけでプログラミングができるサービスよ。
この本《ほん》では、みんなで遊《あそ》べる3つのゲームを作《つく》って、プログラミングを学《まな》んでいくよ。

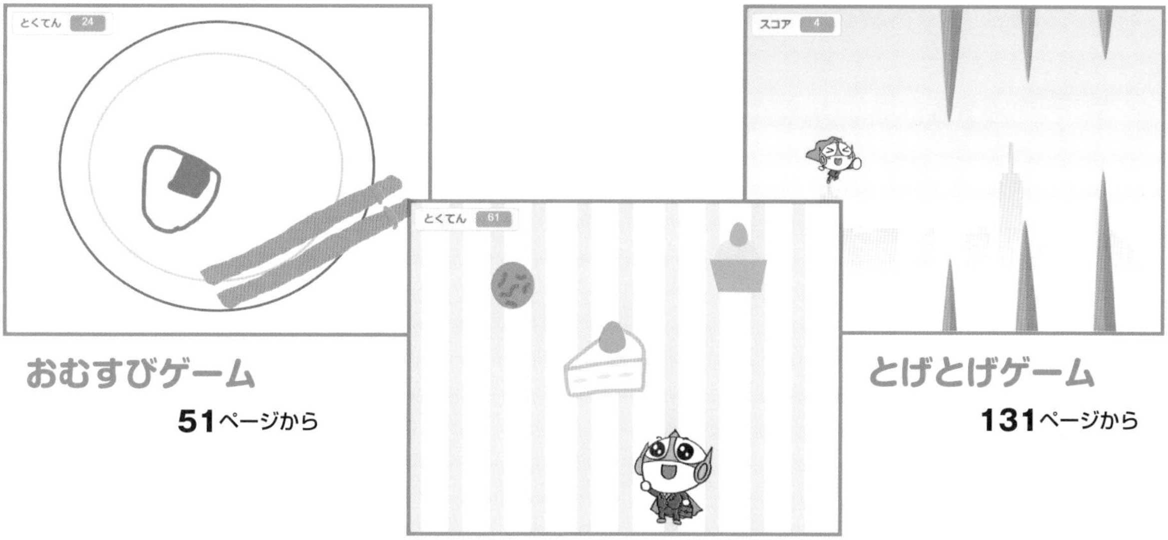

おむすびゲーム

51ページから

とげとげゲーム

131ページから

おかしキャッチゲーム 87ページから

スクラッチの準備《じゅんび》は大人《おとな》の人《ひと》に手《て》伝《つだ》ってもらってね。準備《じゅんび》ができたら、さっそくゲームを作《つく》りましょう！

はーい！

本書《ほんしょ》の読《よ》み方《かた》

このレッスンで学《まな》ぶこと

このレッスンで学《まな》ぶ内容《ないよう》について、簡単《かんたん》に説明《せつめい》しているよ。プログラミングの前《まえ》に読《よ》んでおこう。

レッスン

それぞれのレッスンには「○○をしよう」「○○をするには」など、これから学《まな》ぶことがすぐに分《わ》かるタイトルが付《つ》いているよ。

手順《てじゅん》見出《みだ》し

1つの手順《てじゅん》ごとに内容《ないよう》の見出《みだ》しを付《つ》けているよ。番号順《ばんごうじゅん》に読《よ》み進《すす》めよう。

操作説明《そうさせつめい》

スクラッチの実際《じっさい》の操作《そうさ》を紹介《しょうかい》しているよ。画面《がめん》を見《み》ながら番号順《ばんごうじゅん》に実行《じっこう》していこう。

操作解説《そうさかいせつ》

操作《そうさ》の意味《いみ》や結果《けっか》などをのせているよ。

レッスン 13
クリックしたら点《てん》が入《はい》るようにしよう
やった日《ひ》 月《がつ》 日《にち》
レッスンで使《つか》う練習用《れんしゅうよう》ファイル
レッスン 13.sb3
おむすびをクリックしたら点《てん》が入《はい》るようにするよ。[変数《へんすう》] という、新《あたら》しい機能《きのう》を使《つか》うよ。
このレッスンで覚《おぼ》えたい用語《ようご》
コードエリア P.185
ステージ P.185
変数《へんすう》 P.186
1 変数《へんすう》を表示《ひょうじ》しよう
1 [へんすう]をクリックしよう
ブロックが表示《ひょうじ》されたよ
へんすうって何《なに》？
いろいろなものを入《い》れる「はこ」のことだよ。
ヒント!
変数《へんすう》は、数《かず》や文字《もじ》が入《はい》る「はこ」のこと。変数《へんすう》を使《つか》うといろんな場所《ばしょ》で同《おな》じ数《かず》や文字《もじ》を使《つか》えるよ。
78
できる

ヒント!

レッスンに関連《かんれん》した機能《きのう》の説明《せつめい》や、一歩《いっぽ》進《すす》んだテクニックを紹介《しょうかい》しているよ。

やった日《ひ》

この本《ほん》を読《よ》んで、スクラッチでプログラミングした日《ひ》を書《か》きこもう。

レッスンで使《つか》う練習用《れんしゅうよう》ファイル

手順《てじゅん》をすぐに試《ため》すことができる練習用《れんしゅうよう》ファイルを用意《ようい》しているよ。使《つか》い方《かた》は大人《おとな》の人《ひと》と23ページや28ページを見《み》てね。

2 変数《へんすう》をつくろう

1 [へんすうをつくる]をクリックしよう

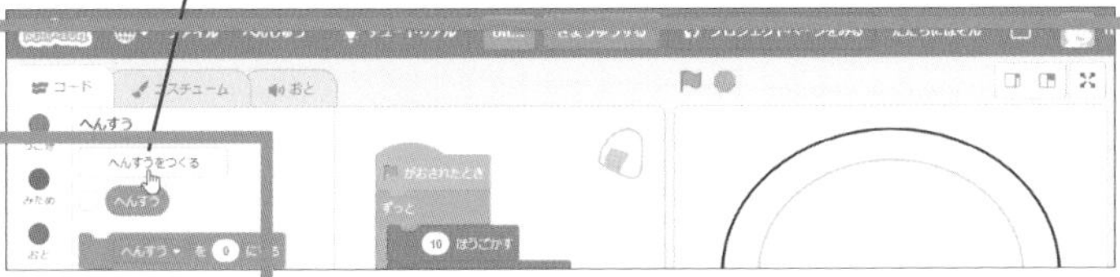

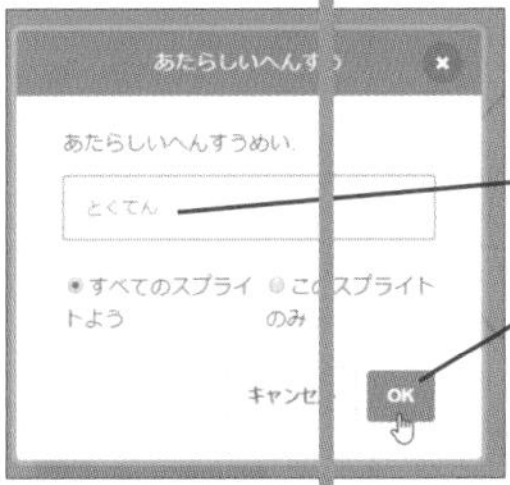

変数《へんすう》を作《つく》る画面《がめん》が表示《ひょうじ》されたよ

2 [とくてん]と入力《にゅうりょく》しよう

3 [OK]をクリック

元《もと》の画面《がめん》に戻《もど》るよ

おまけプログラミング ひらがなを入力《にゅうりょく》するには

パソコンでは、キーボードで文字《もじ》を入力《にゅうりょく》できるよ。日本語入力《にほんごにゅうりょく》モードで文字《もじ》を入力《にゅうりょく》したら、Enterキーを押《お》して確定《かくてい》しよう。数字《すうじ》を入力《にゅうりょく》するときは、英語《えいご》や数字入力《すうじにゅうりょく》するモードにしよう。

テクニック ひらがなで入力《にゅうりょく》できないときは

キーボードで入力《にゅうりょく》した際《さい》にアルファベットが表示《ひょうじ》された場合《ばあい》は、パソコンの画面《がめん》の右下《みぎした》の文字《もじ》を確認《かくにん》しましょう。アルファベットの「A」になっている場合《ばあい》は、入力《にゅうりょく》モードが[半角英数《はんかくえいすう》]になっています。キーボードの半角/全角キーを押《お》すことで、[ひらがな]に変更《へんこう》できます。

次《つぎ》のページに続《つづ》く

第3章 おむすびゲームを改造《かいぞう》しよう

つめ

章《しょう》のタイトルでページを探《さが》せるよ。

おまけプログラミング

操作《そうさ》のヒントや、プログラミングをパワーアップできるコードを紹介《しょうかい》しているよ。

テクニック

ツールの使《つか》い方《かた》やプログラムの仕組《しく》みについて説明《せつめい》しているよ。

このレッスンで覚《おぼ》えたい用語《ようご》

レッスンに関連《かんれん》する用語《ようご》をのせているよ。巻末《かんまつ》の用語集《ようごしゅう》のページで意味《いみ》を学《まな》ぼう。

※ここに掲載《けいさい》している紙面《しめん》はイメージです。実際《じっさい》のレッスンページとは異《こと》なります。

目次《もくじ》

マウスやキーボードの動《うご》かし方《かた》

パソコンを初《はじ》めて使《つか》う人《ひと》のために、マウスやキーボードの動《うご》かし方《かた》を紹介《しょうかい》するよ。大人《おとな》の人《ひと》と一緒《いっしょ》に、練習《れんしゅう》してみてね！

マウス

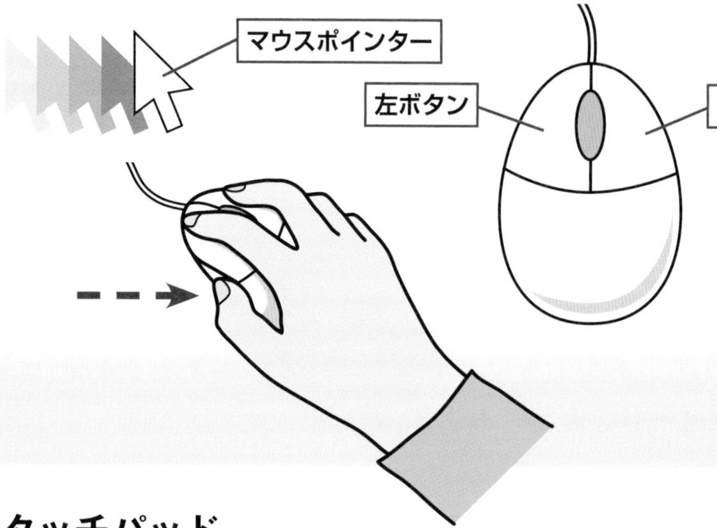

マウスを包《つつ》むように手《て》を乗《の》せて、人差《ひとさ》し指《ゆび》を左《ひだり》ボタン、中指《なかゆび》を右《みぎ》ボタンの上《うえ》に乗《の》せよう。平《たい》らな場所《ばしょ》で滑《すべ》らせるように動《うご》かすと、マウスポインターが動《うご》くよ

タッチパッド

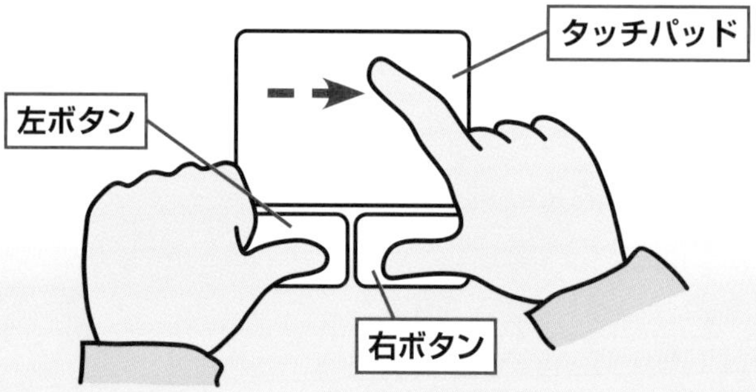

左右《さゆう》のボタンに親指《おやゆび》を乗《の》せて、タッチパッドの上《うえ》に人差《ひとさ》し指《ゆび》を乗《の》せよう。タッチパッドとボタンが一緒《いっしょ》の場合《ばあい》もあるよ

キーボード

プログラミングには数字《すうじ》キーや文字《もじ》キーも使《つか》うよ。文字《もじ》を入力《にゅうりょく》するときは、176ページのローマ字《じ》入力《にゅうりょく》表《ひょう》を見《み》ながら大人《おとな》の人《ひと》と一緒《いっしょ》にやろう

クリックのやり方《かた》

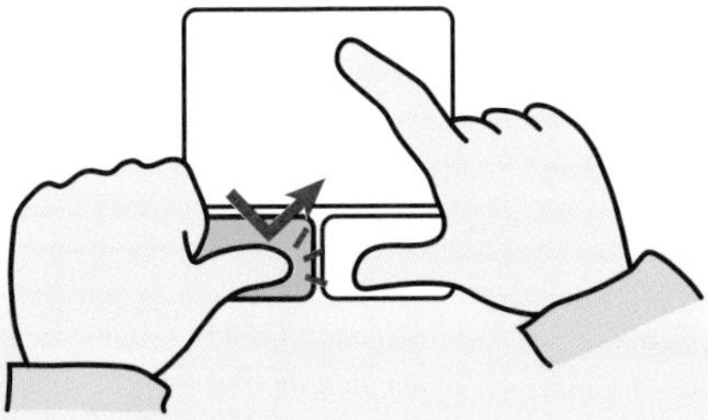

左《ひだり》ボタンをカチッと1回《かい》押《お》そう

右《みぎ》クリックのやり方《かた》

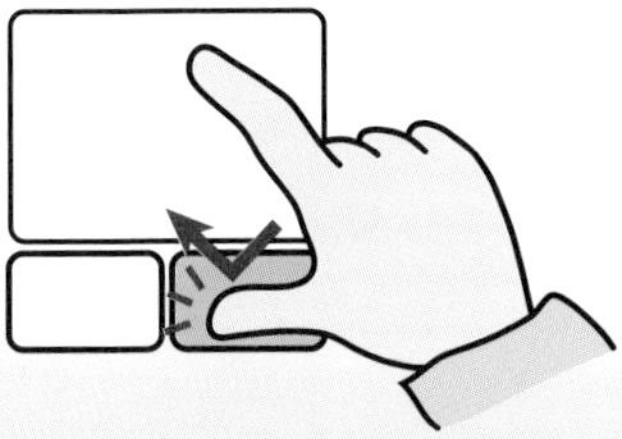

右《みぎ》ボタンをカチッと1回《かい》押《お》そう

ダブルクリックのやり方《かた》

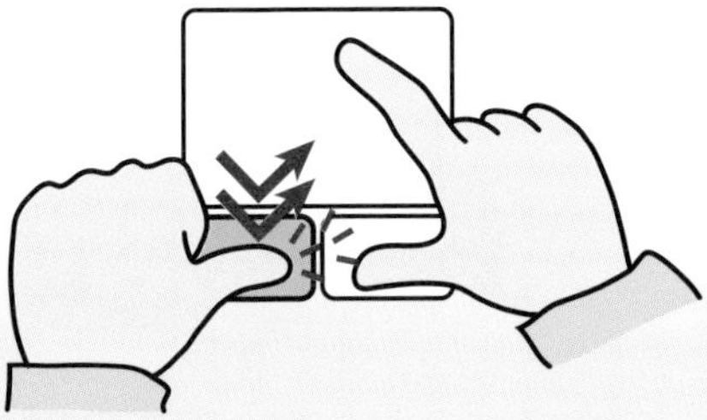

左《ひだり》ボタンをカチカチッと2回《かい》押《お》そう

ドラッグのやり方《かた》

左《ひだり》ボタンを押《お》し続《つづ》けたまま、マウスを動《うご》かそう

スクラッチの動《うご》かし方《かた》

スクラッチはマウスを使《つか》ってプログラミングするよ。ノートパソコンを使《つか》っている人《ひと》も、マウスを使《つか》うとやりやすいよ。

ブロックを移動《いどう》する

Scratchはパソコンの画面上《がめんじょう》でブロックを組《く》み合《あ》わせてプログラミングするよ。下《した》の手順《てじゅん》を見《み》ながらやってみよう！

1 クリックして選《えら》ぶ

マウスを動《うご》かしてマウスポインターをブロックに合《あ》わせて、左《ひだり》ボタンをぐっと押《お》したままにしよう

2 ボタンを押《お》したまま動《うご》かす

マウスの左《ひだり》ボタンを押《お》したまま、マウスを右上《みぎうえ》に動《うご》かそう

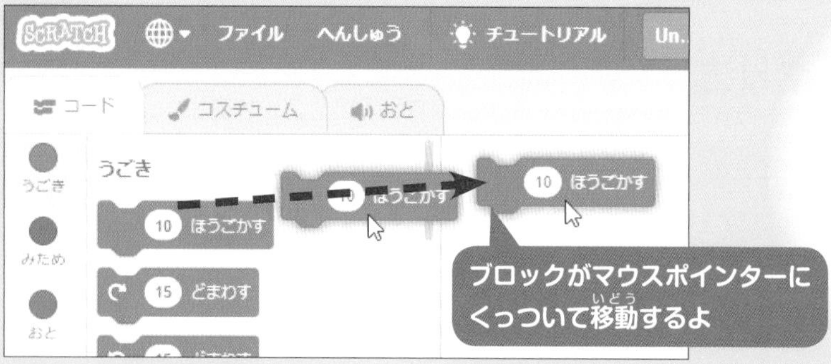

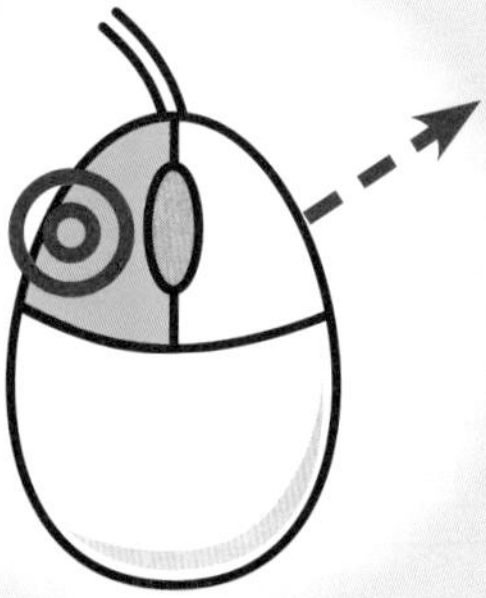

3 移動《いどう》したい場所《ばしょ》に置《お》く

右上《みぎうえ》まで動《うご》かしたら、マウスの左《ひだり》ボタンから指《ゆび》をそっと離《はな》そう

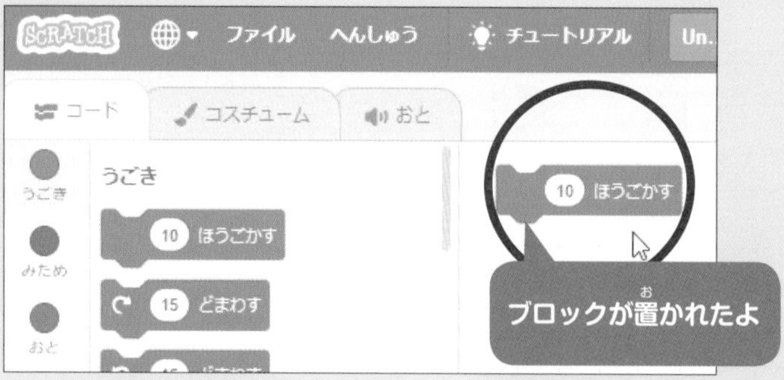

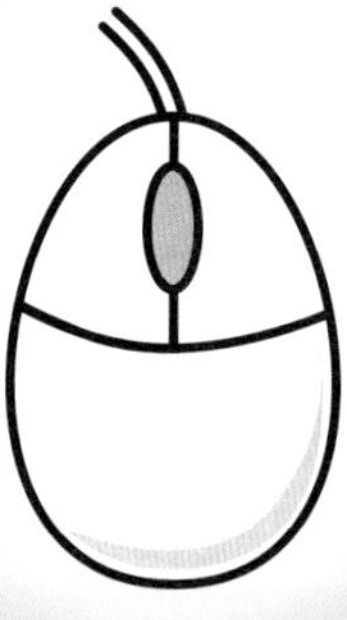

メニューから選《えら》ぶ

▼があるブロックは、クリックすると隠《かく》れているメニューを表示《ひょうじ》できるよ。よく狙《ねら》ってカチッとクリックしよう！

1 メニューを表示《ひょうじ》する

▼のマークにマウスポインターを合《あ》わせて、マウスの左《ひだり》ボタンをカチッとクリックしよう

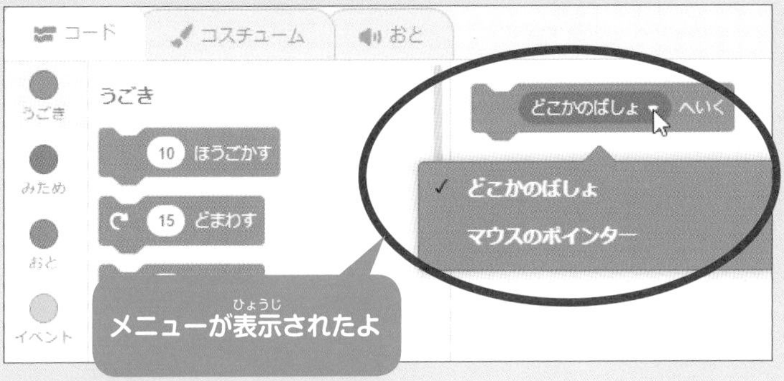

2 選《えら》びたい項目《こうもく》に移動《いどう》する

マウスをそっと下《した》に動《うご》かそう。ちょっとだけで大丈夫《だいじょうぶ》だよ

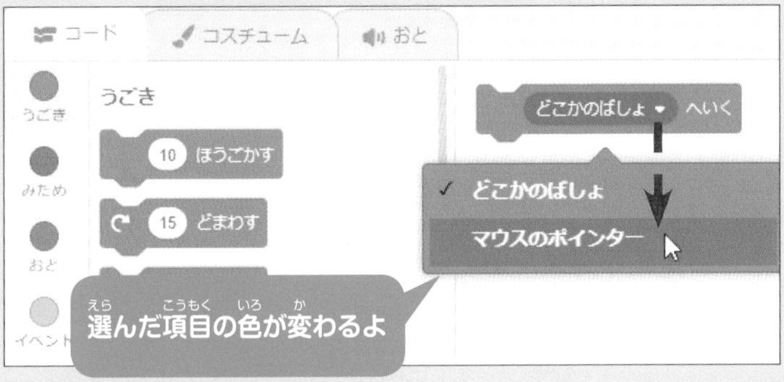

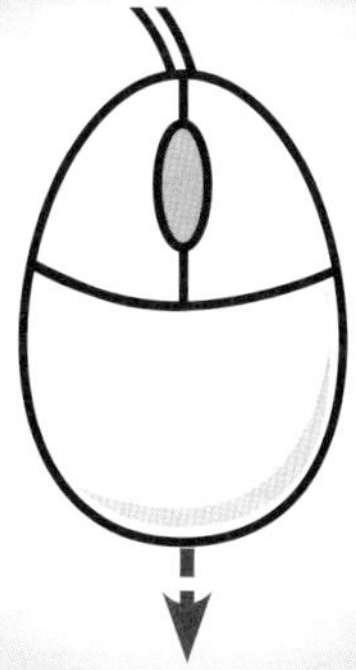

3 項目《こうもく》が選《えら》ばれた

マウスの左《ひだり》ボタンをクリックしよう

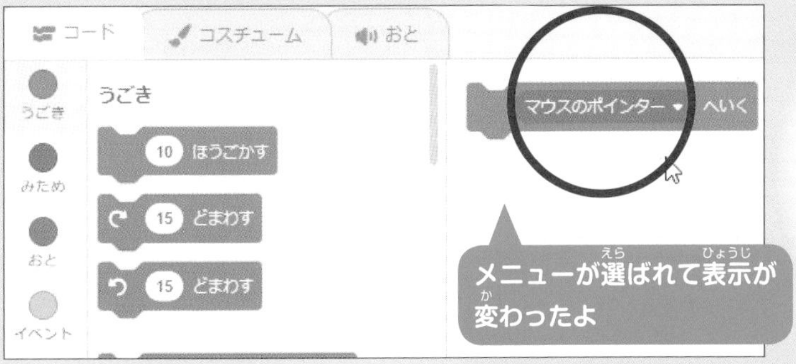

―大人の方へ―

スクラッチを始める前に

スクラッチを使うにはWebブラウザーのインストールやユーザーアカウントの作成が必要です。また、ファイルのアップロードやダウンロードなどにパソコンの知識が必要となります。スクラッチの規定により、アカウントの作成は大人が管理をする必要がありますので、必ず一緒に操作をしてください。

1. Google Chromeをインストールしよう

スクラッチが安定して動作するGoogle Chromeをインストールします。
パソコンにすでにインストールしてある場合は、「2.スクラッチのアカウントを作ろう」に進んでください。

1 Google ChromeのWebページを表示する

Microsoft Edgeを起動する

1 [Microsoft Edge]をクリック

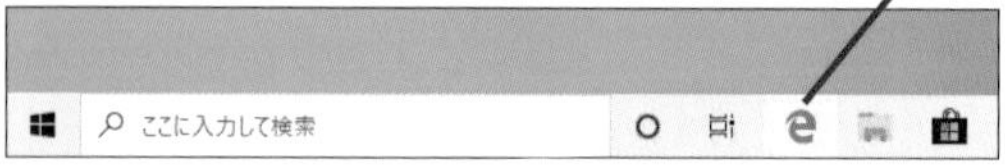

Google ChromeのWebページを表示する

▼Google ChromeのWebページ
https://www.google.co.jp/chrome/

2 上記のURLを入力

3 Enterキーを押す

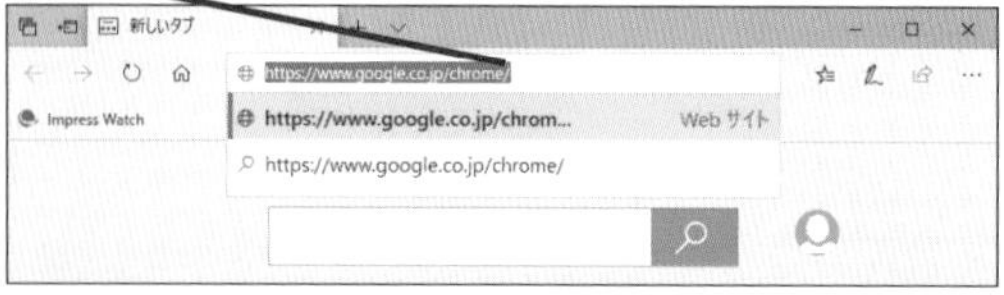

2 ダウンロードする

1 [Chromeをダウンロード]をクリック

3 インストールする

インストールの実行ファイルに関する操作が通知バーに表示された

1 [実行]をクリック

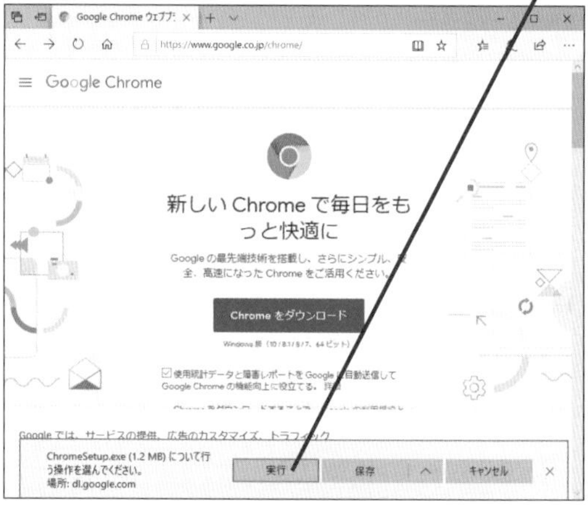

2 [ユーザーアカウント制御]ダイアログボックスの[はい]をクリック

Google Chromeがインストールされ、自動的に起動した

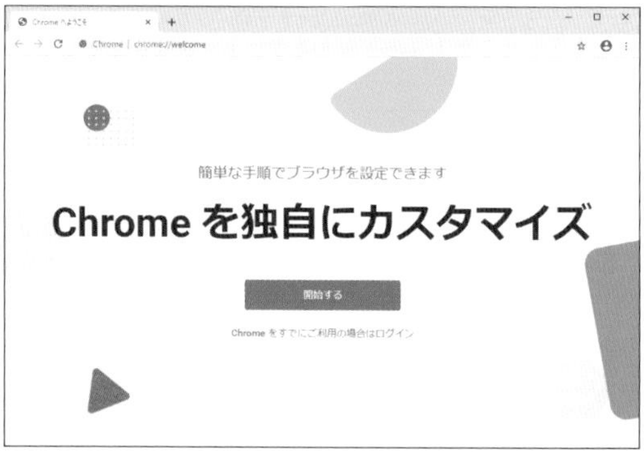

2. スクラッチのアカウントを作ろう

スクラッチを利用する前にアカウントを作成しましょう。
メールによる認証が必要なので、パソコンで受信できるメールアドレスを用意しておきましょう。

1 スクラッチのWebページを表示する

Google Chromeを起動する

1 [Google Chrome]をダブルクリック

▼ScratchのWebページ
https://scratch.mit.edu/

2 上記のURLを入力

3 Enter キーを押す

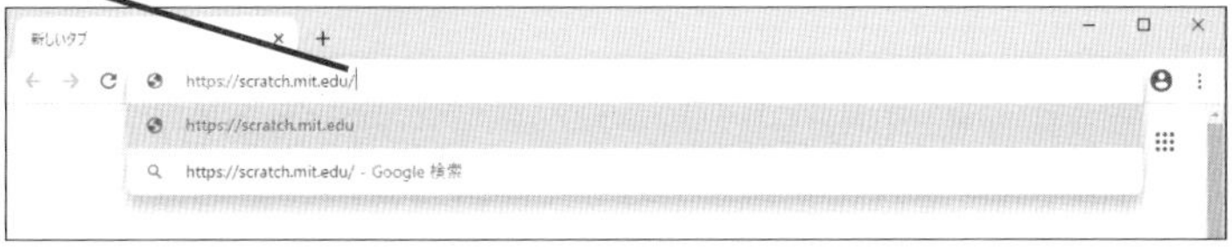

2 アカウント作成用のページに進む

ScratchのWebページが表示された

1 [Scratchに参加しよう] をクリック

ヒント!

16歳未満の場合は保護者の登録が必要

スクラッチの規約により、ユーザーが16歳未満の場合は、メールアドレスは保護者のものを記入する必要があります。スクラッチのアカウントも保護者が管理をしてください。

次のページに続く

3 スクラッチのWebページを表示する

ユーザー名の登録画面が
表示された

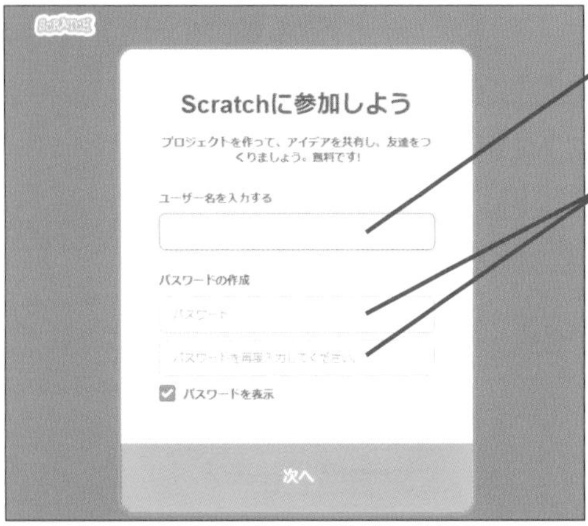

1 半角英数字でユーザー名を入力

2 半角英数字でパスワードを2回入力

入力したら［次へ］をクリックする

居住地の登録画面が
表示された

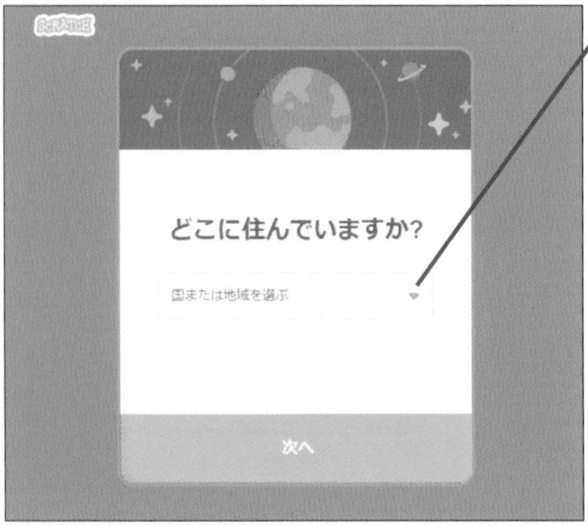

3 ここをクリック

4 メニューから国名または地域を選ぶ

選んだら［次へ］をクリックする

生年月の登録画面が
表示された

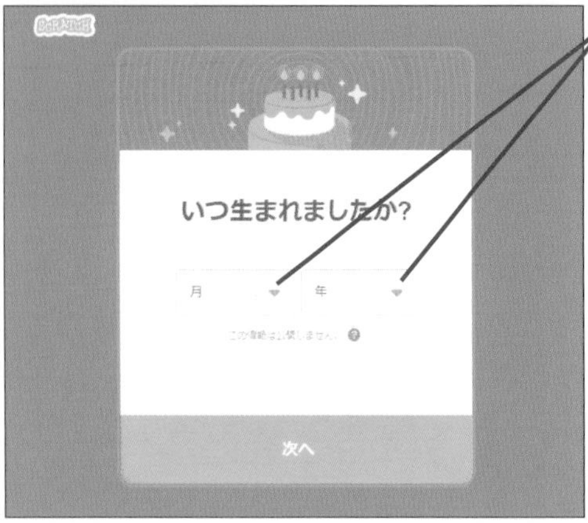

5 ここをクリック

6 生まれた月と年を選ぶ

選んだら［次へ］をクリックする

ヒント!

すべて半角英数で入力する

ユーザー名、パスワードはすべて半角英数で入力しましょう。ユーザー名は3文字以上、パスワードは6文字以上必要です。なお､ユーザー名に本名は使わないようにしましょう。

4 ユーザー情報をすべて記入する

性別の登録画面が表示された

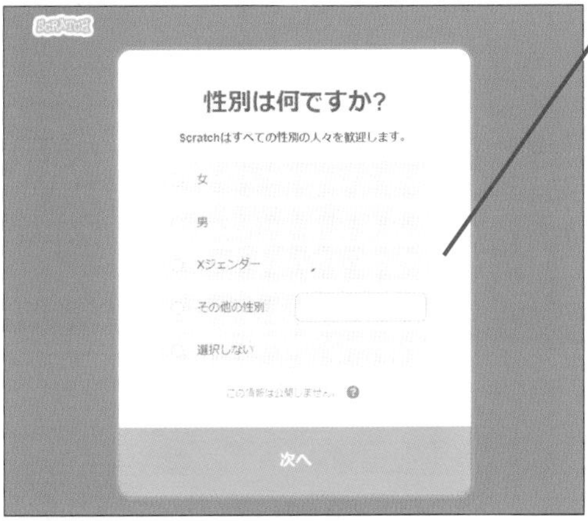
性別は何ですか?
Scratchはすべての性別の人々を歓迎します。
女
男
Xジェンダー
その他の性別
選択しない
この情報は公開しません。
次へ

1 性別を選ぶ

選んだら［次へ］をクリックする

メールアドレスの登録画面が表示された

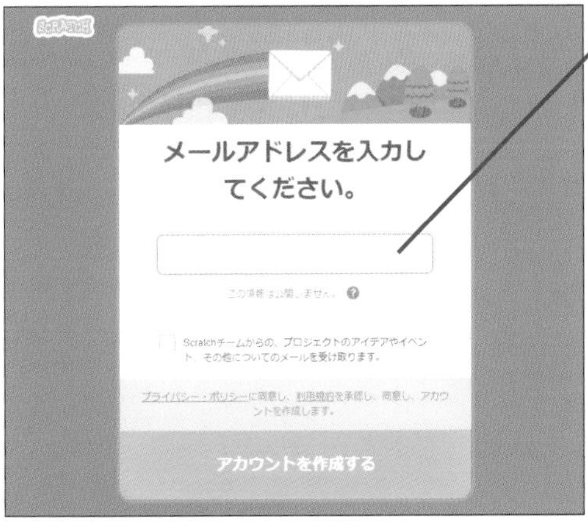
メールアドレスを入力してください。
この情報は公開しません。
Scratchチームからの、プロジェクトのアイデアやイベント、その他についてのメールを受け取ります。
プライバシー・ポリシーに同意し、利用規約を承認し、同意し、アカウントを作成します。
アカウントを作成する

2 メールアドレスを入力する

入力したら［アカウントを作成する］をクリックする

すべての入力が終わった

さん、Scratchへようこそ!
ログインしました! プロジェクトを探索したり、作ったりできます。
共有やコメントをしたいですか?
mihashi.yuuki@gmail.comに送ったメールのリンクをクリックしてください。
はじめよう

認証用のメールが届くので次の手順に進む

ヒント!

パソコンで受信できるメールアドレスを登録する

手順4で入力したメールアドレスは、この後に続くメールでのアカウント認証に使用します。パソコンに届いたメールのリンクをクリックするので、パソコンで受信できるメールアドレスを入力しておきましょう。

次のページに続く

5 スクラッチからのメールを確認する

メーラーを起動しておく

1 スクラッチから届いたメールを確認する

「Confirm your Scratch account」という件名のメールが届く

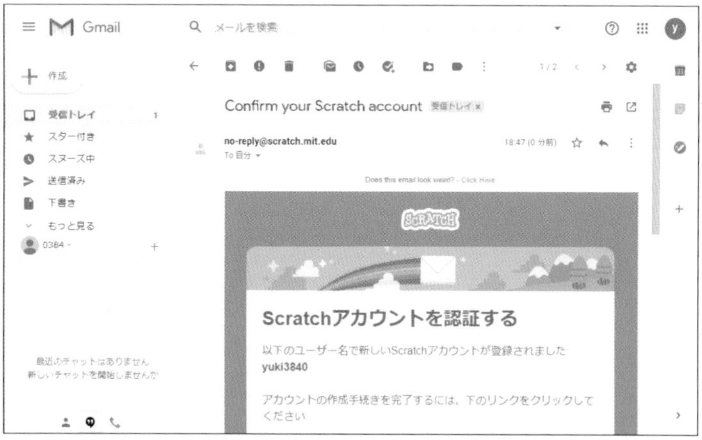

2 メールの内容を表示する

3 ここをクリック

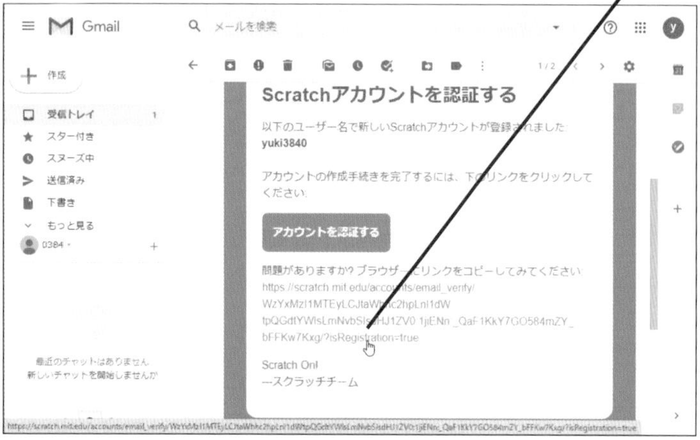

スクラッチのページが表示された

アカウントの認証が完了した

ヒント!

迷惑メールフォルダーの中も確認しておく

スクラッチから送られたメールが見つからない場合は、メーラーなどによって迷惑メールフォルダーの中に振り分けられている場合があります。その場合は迷惑メールフォルダーから受信トレイなどにメールを移動し、手順5に戻ってください。

3. スクラッチにサインインするには

スクラッチにサインインをし直す場合は、以下のような手順となります。
サインインを済ませたら、29ページの第1章からお子様と一緒に読み進めてください。

1 スクラッチのWebページを表示する

17ページを参考にScratchのWebページを表示しておく

1 [サインイン]をクリック

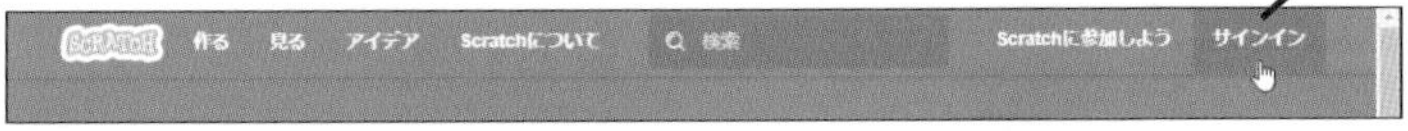

2 [ユーザー名][パスワード]を入力

3 [サインイン]をクリック

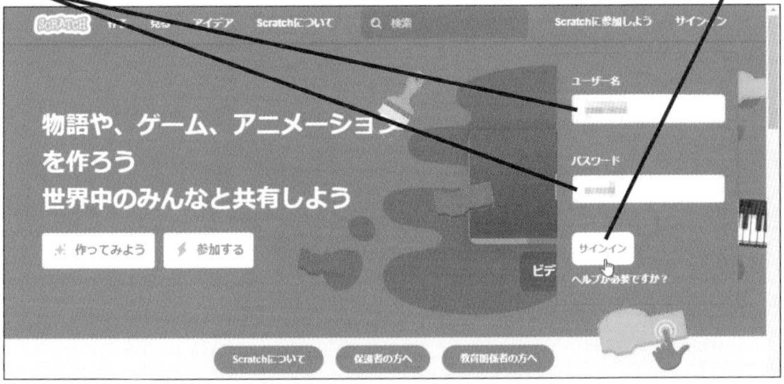

テクニック パスワードを忘れたときは

パスワードを忘れてしまった場合は、ユーザー名またはメールアドレスを使ってパスワードをリセットできます。ユーザー名とパスワードの両方を忘れてしまった場合はリセットできませんので、新しいアカウントを作りなおしましょう。

上ページを参考にサインインの画面を表示しておく

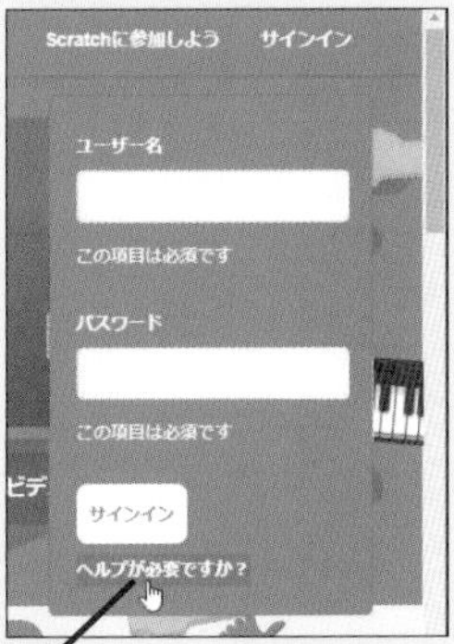

1 [ヘルプが必要ですか？]をクリック

[パスワードのリセット]画面が表示された

2 ユーザー名または登録したメールアドレスを入力

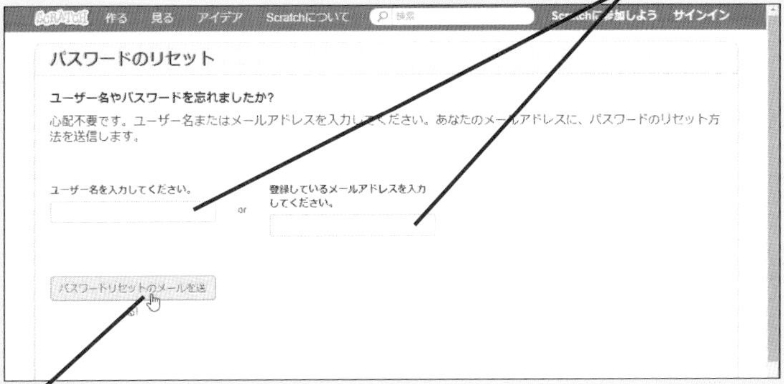

3 [パスワードリセットのメールを送る！]をクリック

4. プロジェクトをすぐに保存するには

スクラッチのプロジェクトは自動的に保存されますが、すぐに保存したい場合はメニューなどから操作します。保存されたプロジェクトは一覧で表示できます。

1 プロジェクトをすぐに保存する

1 [ファイル]をクリック

2 [直ちに保存]をクリック

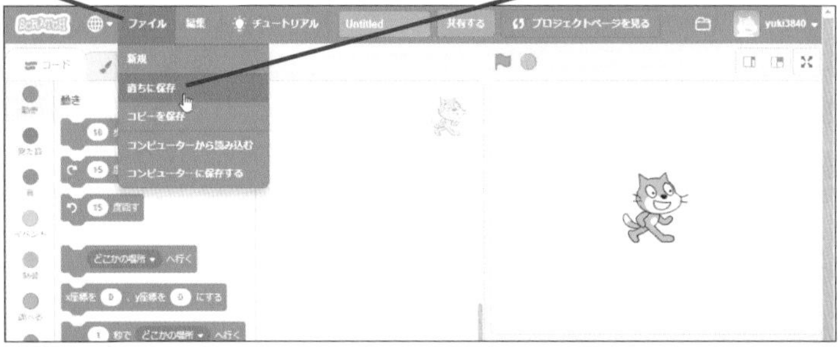

5. 保存したプロジェクトを開くには

スクラッチに保存したプロジェクトは［私の作品］から開くことができます。
［私の作品］には最近更新したプロジェクトが一番上に表示されます。

1 保存したプロジェクトを開く

1 [私の作品]をクリック

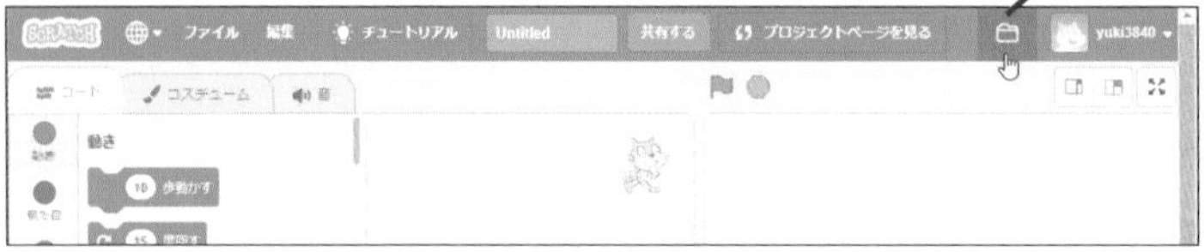

[私の作品] 画面が表示された

[中を見る] をクリックするとプログラム編集画面が表示される

6. プロジェクトをパソコンに保存するには

プロジェクトはパソコンのハードディスクにも保存できます。
保存先はブラウザーのダウンロードファイルで、保存されたファイルには「.sb3」という拡張子が付きます。

1 プロジェクトをパソコンに保存する

1 [ファイル]をクリック

2 [コンピューターに保存する]をクリック

ブラウザーのダウンロード先に保存される

ヒント！

拡張子を表示しておくと便利

「.sprite3」などの「拡張子」はパソコンのファイルの種類を表す記号です。Windows 10の場合はフォルダーの［表示］タブをクリックして、右側にある［ファイル名拡張子］をクリックしてチェックマークを付けると、拡張子を表示できます。

7. パソコンに保存したプロジェクトを開くには

パソコンに保存したプロジェクトは以下のような手順で開きます。
本書の各レッスンごとの練習用ファイルも同様の手順となります。

1 パソコン内のプロジェクトを開く

1 [ファイル]をクリック

2 [コンピューターから読み込む]をクリック

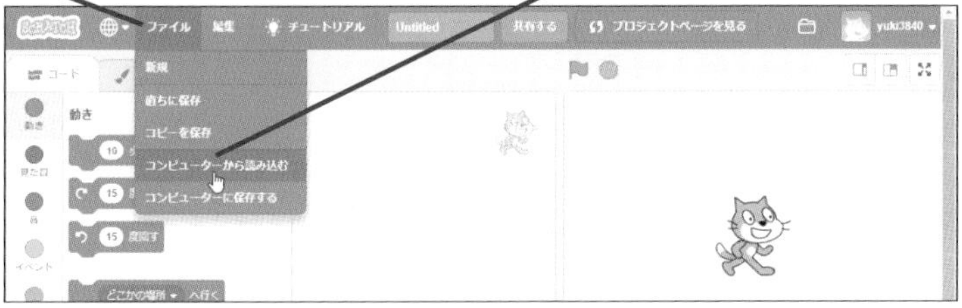

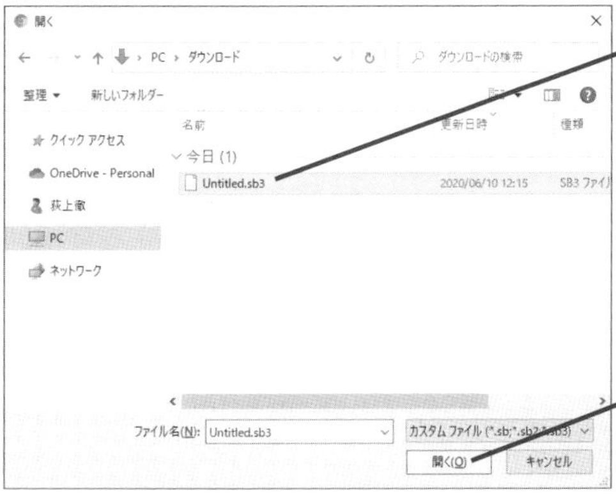

3 ファイルを選択

4 [開く]をクリック

ヒント！

表示されているプロジェクトは置き換えられる

パソコンに保存したプロジェクトを読み込む際に、現在画面に表示されているプロジェクトは置き換えられます。現在の内容を保存するかどうかを決定する画面が表示されるので、保存する場合は[OK]をクリックしましょう。

8. スプライトや背景を開くには

スクラッチはプロジェクトの要素となるスプライト、コスチューム、背景に画像ファイルなどを個別に読み込むこともできます。

スプライトを開くには

1 スプライトをアップロードする

1 ここをクリック

メニューが表示された

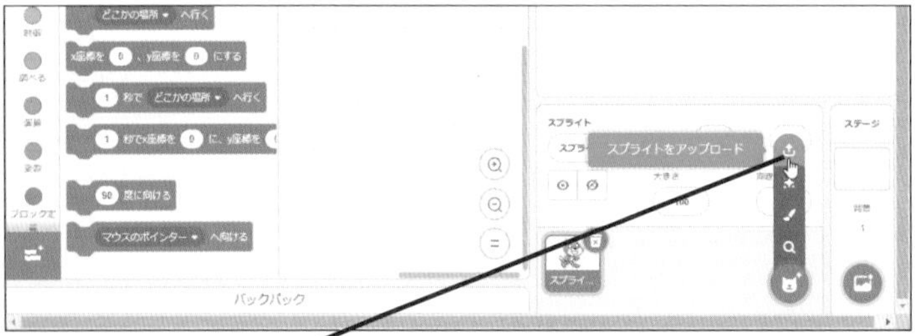

2 [スプライトをアップロード] をクリック

アップロード用の画面が表示される

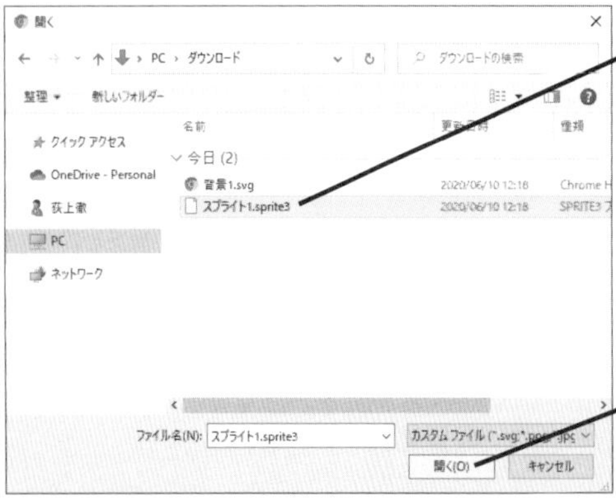

3 ファイルを選択

4 [開く] をクリック

ヒント!

スクラッチの画面要素について

スクラッチではプログラミングして動かせるものを「スプライト」、スプライトの外見を「コスチューム」などと呼びます。画面の呼び方について、詳しくは31ページを参照してください。

ヒント!

スプライトは「.sprite3」という拡張子が付く

スプライトのファイルには「.sprite3」という拡張子がついています。また、「.jpg」や「.png」などの形式の画像ファイルもスプライトとして読み込むことができます。

コスチュームを開くには

1 コスチュームを開く

スプライトをクリックしておく

1 [コスチューム]タブをクリック

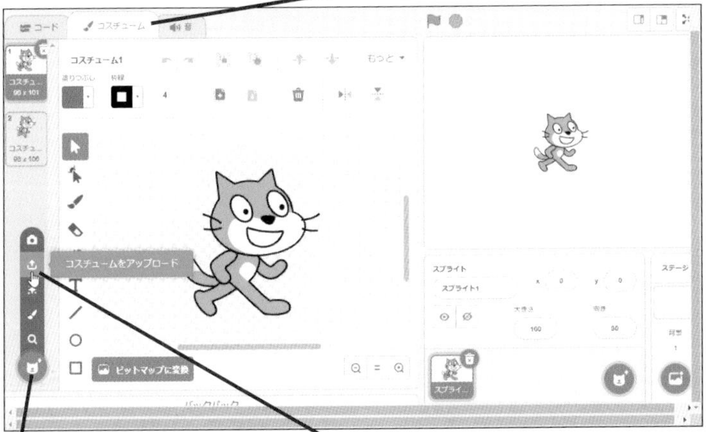

2 ここをクリック

3 [コスチュームをアップロード]をクリック

アップロード用の画面が表示される

背景を開くには

1 背景を開く

1 ここをクリック

2 [背景をアップロード]をクリック

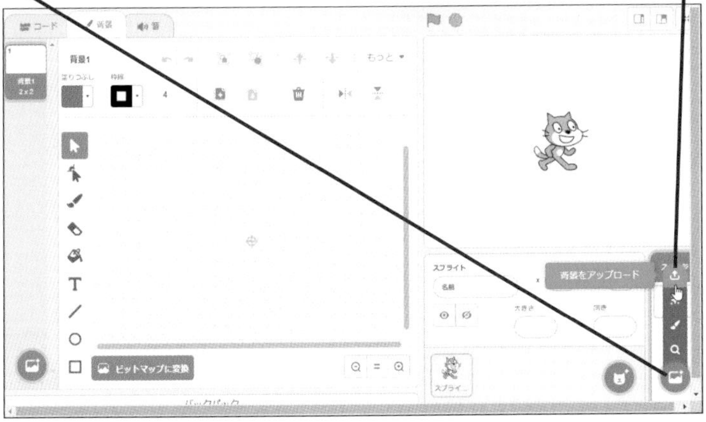

アップロード用の画面が表示される

ヒント!

コスチュームや背景には画像ファイルを使える

コスチュームや背景には「.jpg」「.png」「.svg」などの画像ファイルを読み込むことができます。背景ファイルの縦横比は4:3となっているため、比率が異なる画像の場合は余白が表示されます。

9. リミックスをするには

スクラッチに公開されている作品は、自由にアレンジできます。
スクラッチでは「リミックス」と呼ばれる独自の手法です。ここでは具体的な操作方法を説明します。

1 プロジェクトを検索する

21ページを参考にScratchにサインインしておく

1 「できるScratchリズムゲーム」と入力

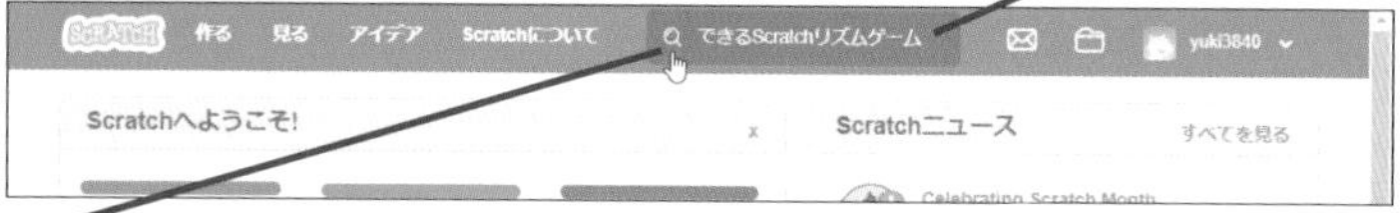

2 ここをクリック

検索結果が表示された

3 ここをクリック

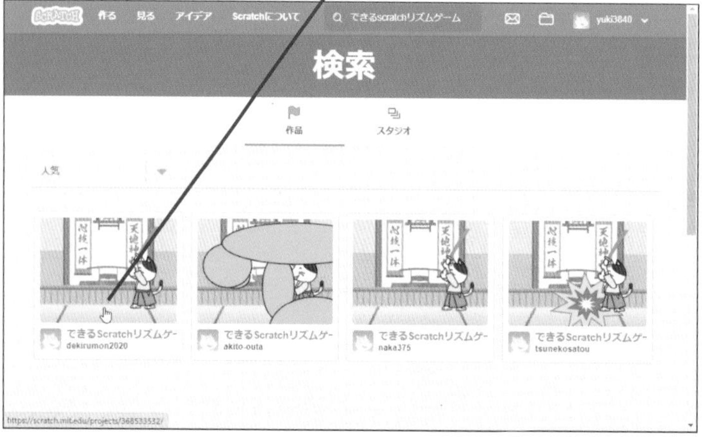

2 リミックスを実行する

ここをクリックするとプログラムの動作を確認できる

1 [リミックス]をクリック

3 内容を確認する

プロジェクトの内容が表示された

自由に変更できる

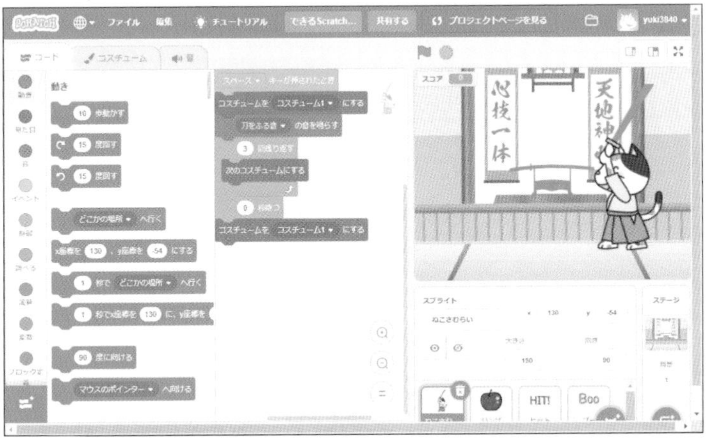

変更したプロジェクトは[私の作品]に保存される

ヒント！

他のユーザーとのやりとりに気を付けよう

スクラッチでプロジェクトを共有すると、他のユーザーからメッセージやコメントを受け取る場合があります。悪意のあるユーザーが含まれる可能性もありますので、十分に注意をしましょう。

ここをクリックするとスクラッチや他のユーザーからのメッセージを確認できる

10. プロジェクトを共有するには

プロジェクトを作成したら他の人と共有することができます。
共有することでリミックスされ、プロジェクトの内容がどんどん変わっていきます。

1 プロジェクトを共有する

プロジェクトの内容を表示しておく

1 [プロジェクトページを見る]をクリック

プロジェクトページが表示された

2 [共有する]をクリック

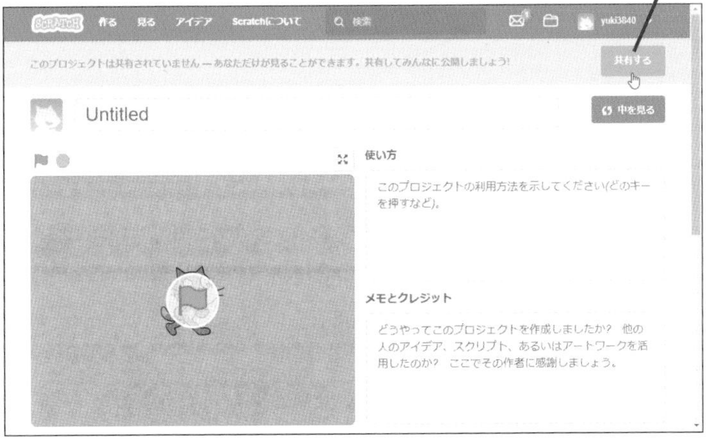

ヒント！

共有を止めるには

プロジェクトの共有を止める場合は、[私の作品] 画面で対象となるプロジェクトを表示し、[共有しない] をクリックします。

練習用《れんしゅうよう》ファイルの使《つか》い方《かた》

本書《ほんしょ》では、レッスンの操作《そうさ》をすぐに試《ため》せる無料《むりょう》の練習用《れんしゅうよう》ファイルを用意《ようい》しています。スクラッチにサインインして、以下《いか》の手順《てじゅん》で操作《そうさ》してください。

▼ 練習用《れんしゅうよう》ファイルのダウンロードページ
https://book.impress.co.jp/books/1120101018

練習用《れんしゅうよう》ファイルを利用《りよう》するレッスンには、練習用《れんしゅうよう》ファイルの名前《なまえ》が記載《きさい》してあります。

Scratchにサインインしておく

1 [ファイル]をクリック

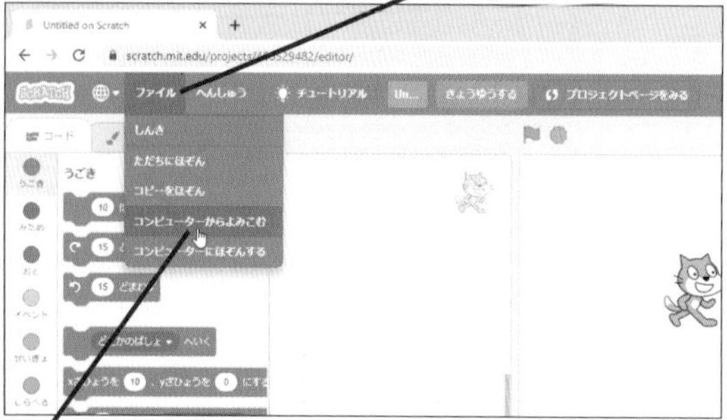

2 [コンピューターからよみこむ]をクリック

練習用ファイルをダウンロードして展開しておく

3 ファイルの保存場所を選択

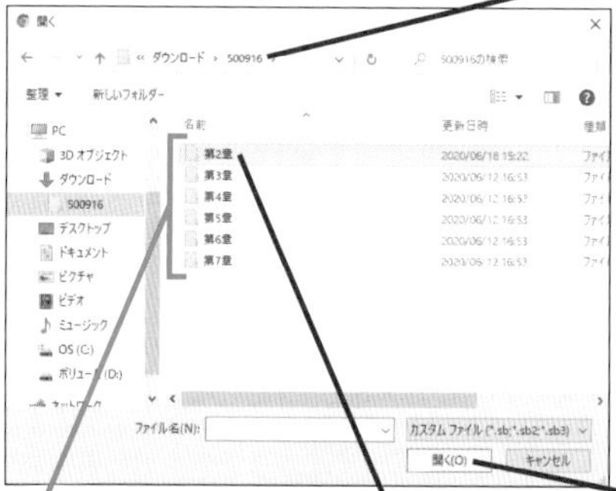

練習用ファイルは、章ごとにフォルダー分けされている

4 開きたい章番号のフォルダーをクリック

5 [開く]をクリック

フォルダーの内容が表示された

6 開きたい練習用ファイルをクリック

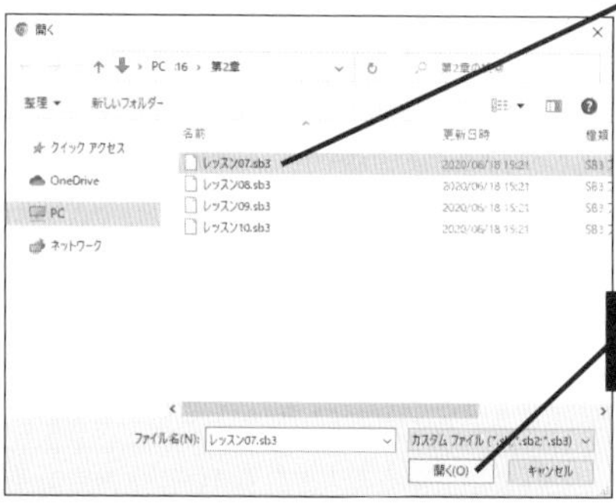

7 [開く]をクリック

現在のプロジェクトと入れ替えるか確認する画面が表示された

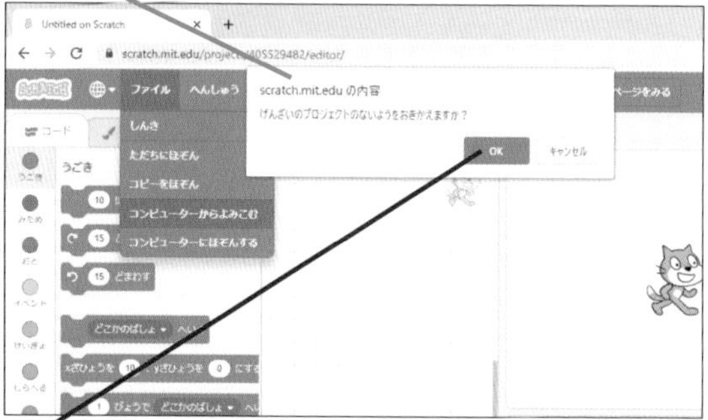

8 [OK] をクリック

プログラムを編集できる状態になる

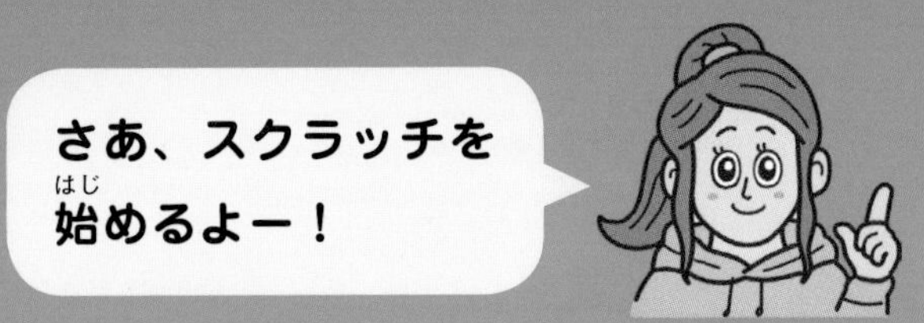
さあ、スクラッチを
始《はじ》めるよー！

スクラッチを使《つか》ってみよう

この章《しょう》では、プログラミングで動《うご》かすための絵《え》と、
背景《はいけい》のかき方《かた》を説明《せつめい》するよ。
スクラッチの画面《がめん》の呼《よ》び方《かた》についても学《まな》ぶよ。

この章《しょう》でやること

◎スクラッチの画面《がめん》の名前《なまえ》を学《まな》ぶよ

◎スクラッチの使《つか》い方《かた》を覚《おぼ》えるよ

◎おむすびとお皿《さら》の絵《え》をかくよ

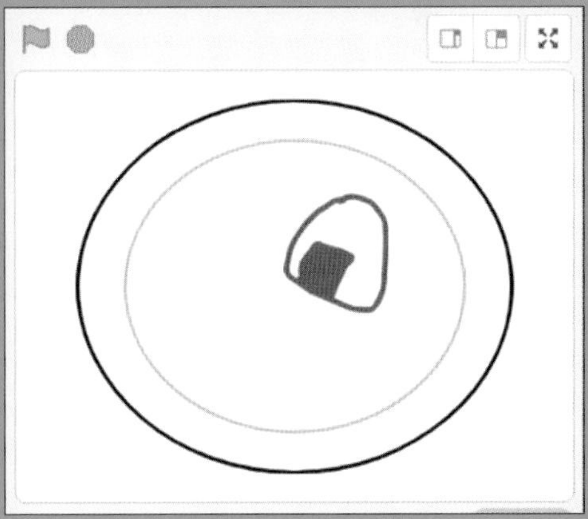

レッスン

レッスン 01

スクラッチを始《はじ》めよう

やった日《ひ》
月《がつ》　日《にち》

スクラッチにサインインして、プログラミングを始《はじ》めよう。サインインがまだの人《ひと》は17ページを読《よ》んでね！

このレッスンで覚《おぼ》えたい用語《ようご》	
サインイン	P.185
プロジェクト	P.186
緑《みどり》の旗《はた》ボタン	P.186

1 プロジェクトのページに移動《いどう》しよう

1 [作《つく》る]をクリックしよう

青《あお》い画面《がめん》が出《で》るから
そのまま待《ま》つよ

② ページを確認《かくにん》しよう

プロジェクトのページが表示《ひょうじ》されたよ

いろいろな部分《ぶぶん》の呼《よ》び方《かた》を覚《おぼ》えよう

◆緑《みどり》の旗《はた》ボタン
ここをクリックするとプログラムが動《うご》く

［プロジェクトページを見《み》る］をクリックすると、プロジェクトページが表示《ひょうじ》される

◆ストップボタン
ここをクリックするとプログラムが止《と》まる

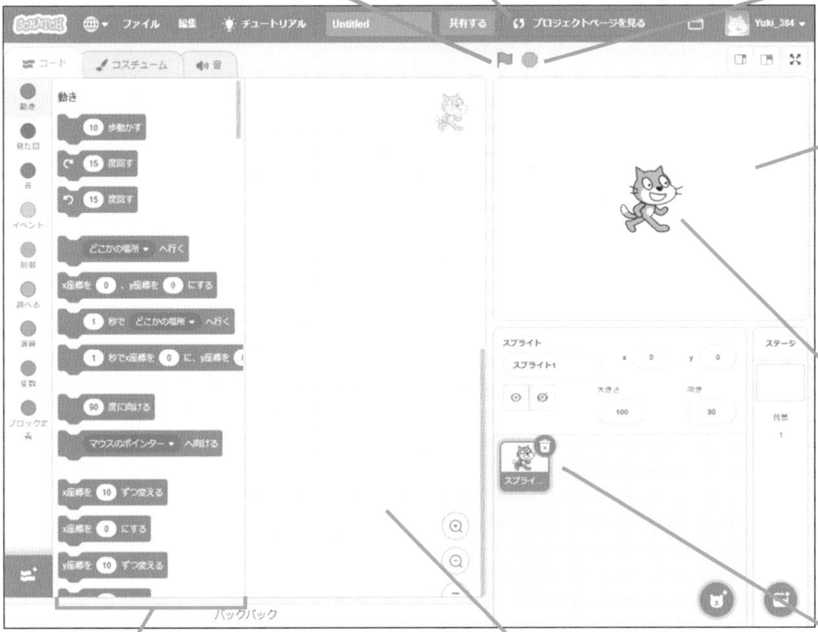

◆ステージ
プログラミングの結果《けっか》が表示《ひょうじ》される

◆スプライト
プログラミングで動《うご》かせるもの。最初《さいしょ》は「スクラッチキャット」が表示《ひょうじ》される

◆スプライトリスト
スプライトが全《すべ》て表示《ひょうじ》される

◆ブロックパレット
プログラミングに使《つか》うブロックが種類《しゅるい》ごとに入《はい》っている

◆コードエリア
ここでブロックを組《く》み合《あ》わせてコードを作《つく》る

たくさんの画面《がめん》にわかれてるね

とりあえず画面《がめん》の名前《なまえ》だけ覚《おぼ》えればオッケー！
画面《がめん》の役割《やくわり》は使《つか》いながら覚《おぼ》えられるよ

レッスン02

表《ひょう》示《じ》をひらがなにしよう

やった日《ひ》
月《がつ》　日《にち》

プログラミングを始《はじ》める前《まえ》に、画面《がめん》の文字《もじ》をひらがなにしよう。ブロックが読《よ》みやすくするよ！

このレッスンで覚《おぼ》えたい用語《ようご》	
プロジェクト	P.186
プログラム	P.186

1 表《ひょう》 示《じ》を変《か》える準備《じゅんび》をしよう

1 にマウスカーソルを合《あ》わせよう

マークの周《まわ》りがこい青色《あおいろ》になるよ

2 マウスカーソルを合《あ》わせたままクリックしよう

画面《が めん》が下《した》にのびたよ

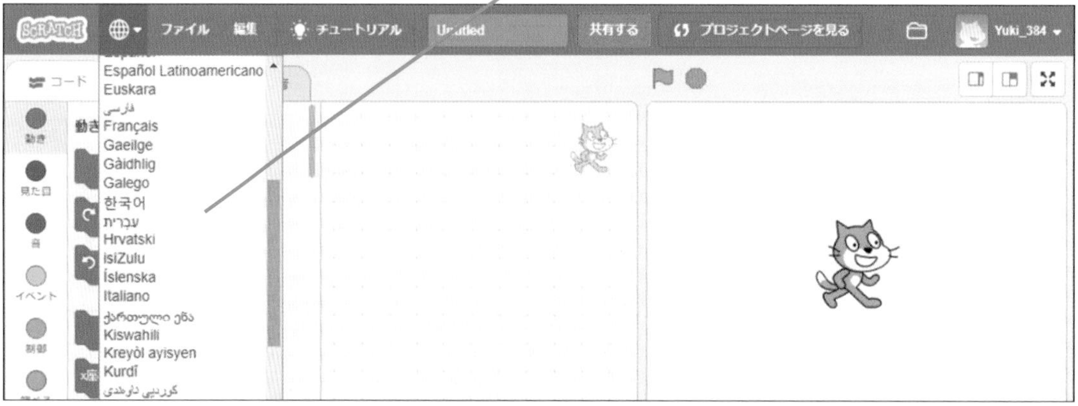

② ページを確認《かくにん》しよう

1 ここをクリックして下《した》に動《うご》かすよ

画面《がめん》に表示《ひょうじ》されている内容《ないよう》が変《か》わったよ

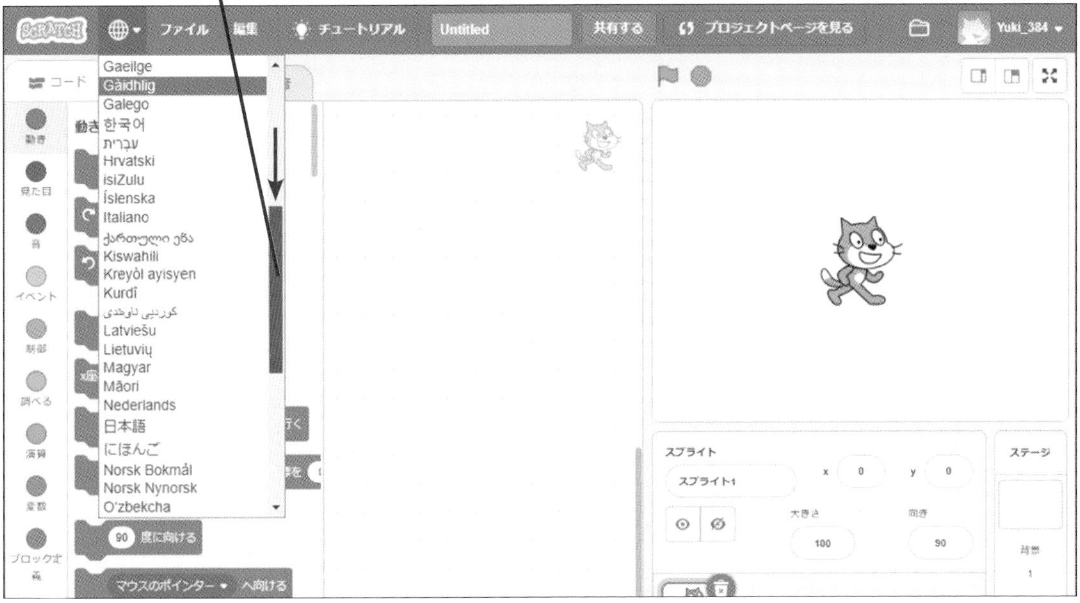

2 「にほんご」をクリックしよう

画面《がめん》の表示《ひょうじ》がひらがなとカタカナに変《か》わるよ

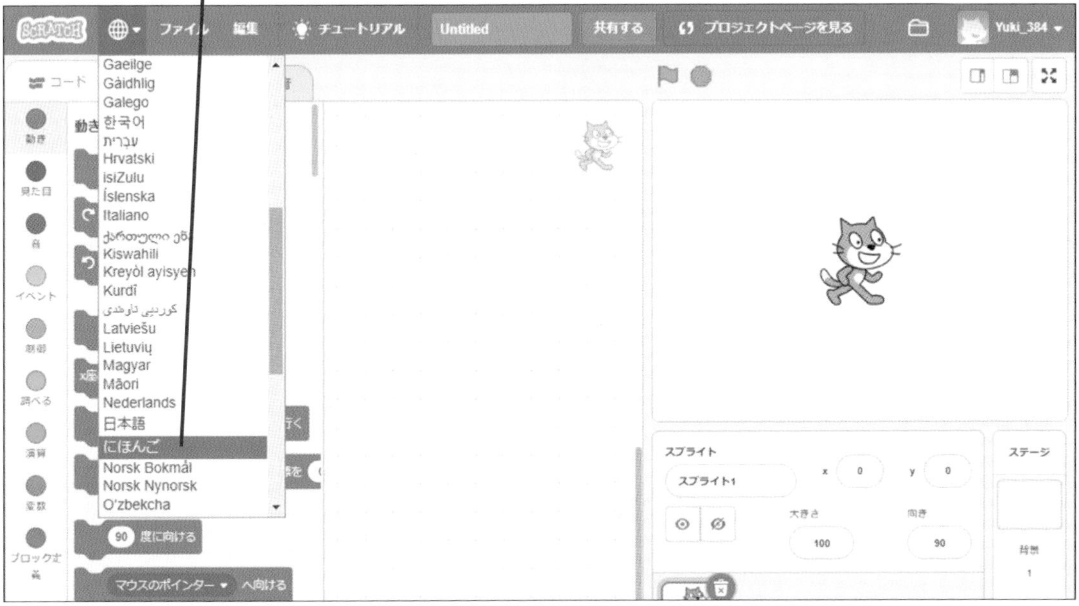

レッスン 03 コスチュームの画面《がめん》を表示《ひょうじ》しよう

やった日《ひ》
月《がつ》　日《にち》

ステージで動《うご》くキャラクターをスプライトと呼《よ》ぶよ。ここでは、新《あたら》しくスプライトを作《つく》るよ。

このレッスンで覚《おぼ》えたい用語《ようご》	
スプライト	P.185
スプライトリスト	P.186
コスチューム	P.186

1 スクラッチキャットを削除《さくじょ》しよう

1 にマウスカーソルを合わせよう

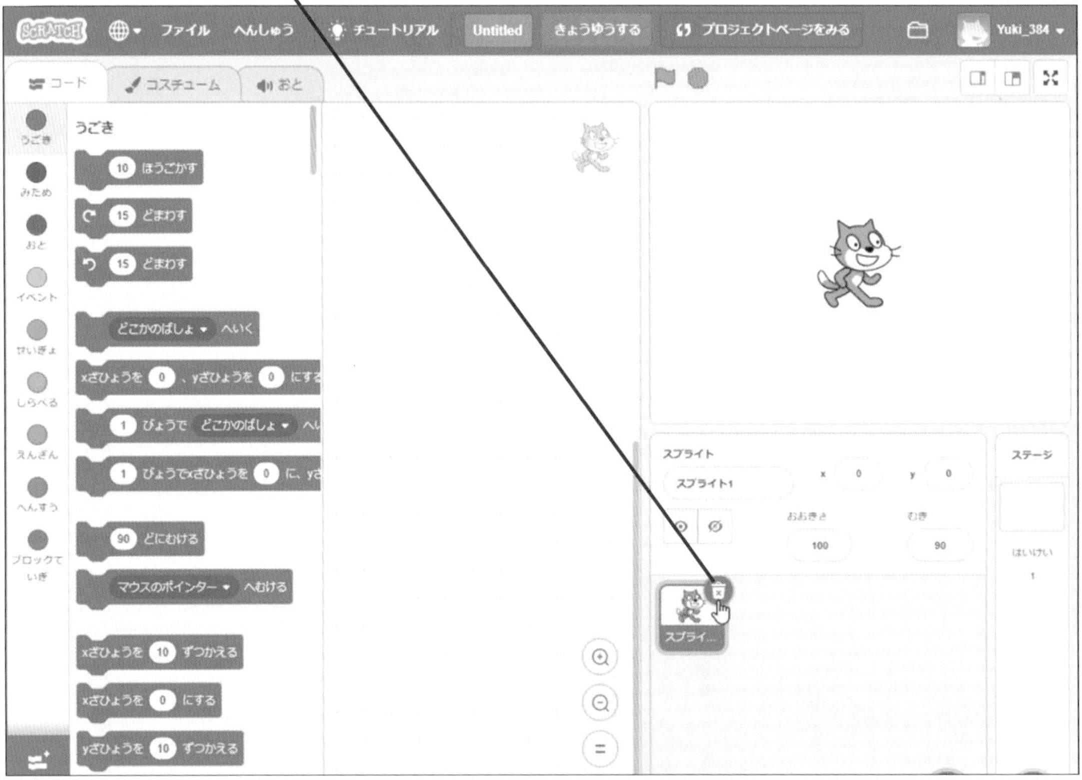

2 そのままクリックしよう

スプライトが削除《さくじょ》されるよ

2 [コスチューム]の画面《がめん》を表示《ひょうじ》しよう

1 [スプライトをえらぶ]にマウスカーソルを合《あ》わせよう

メニューが表示《ひょうじ》されるよ

2 [えがく]をクリックしよう

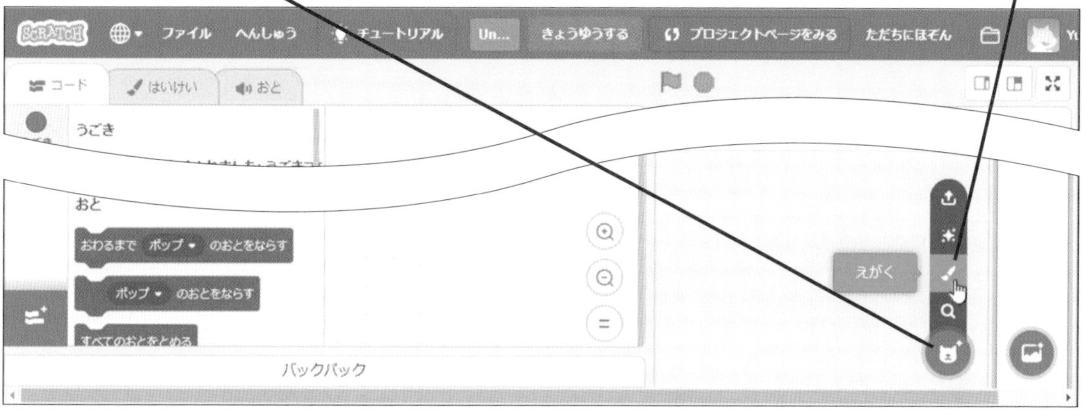

[コスチューム]の画面《がめん》が表《ひょう》示《じ》されたよ

3 ここをクリックしよう

ステージが小《ちい》さくなるよ

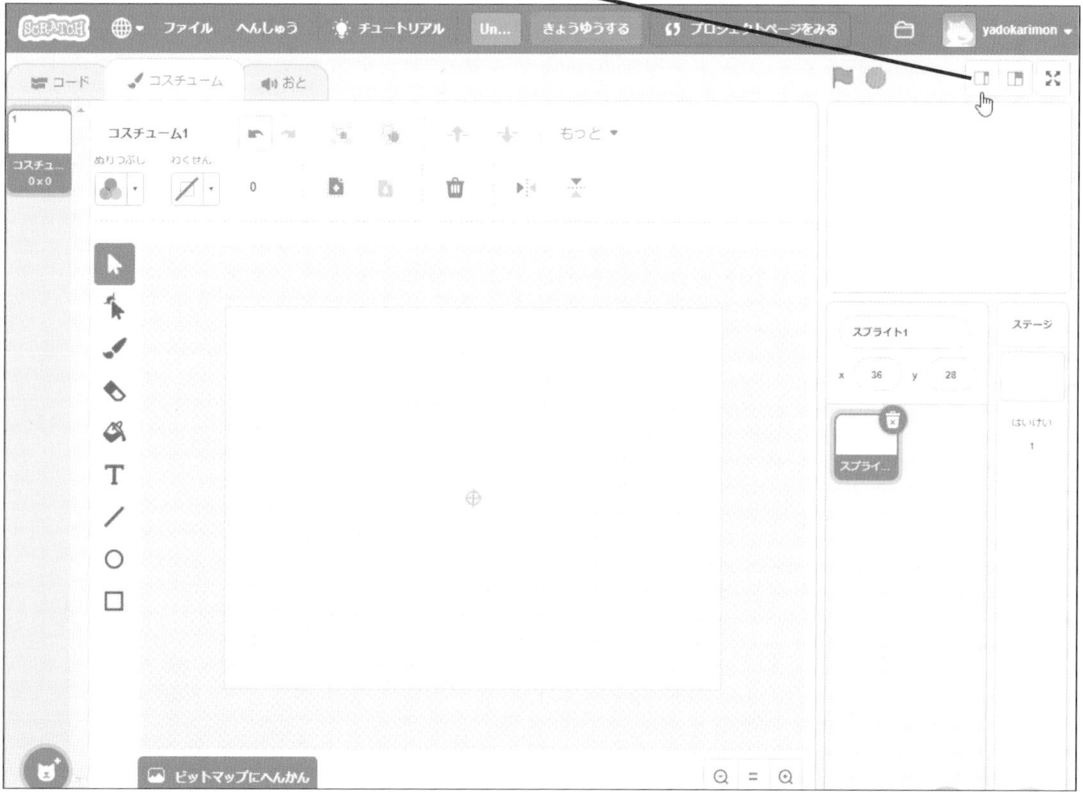

レッスン 04

おむすびをかく準備《じゅんび》をしよう

やった日《ひ》
月《がつ》　日《にち》

おむすびをかく準備《じゅんび》をするよ！まちがえても、やり直《なお》せるから大丈夫《だいじょうぶ》。いろんなものがかけそうだね！

このレッスンで覚《おぼ》えたい用語《ようご》	
スプライト	P.185
コスチューム	P.186

1 筆《ふで》を選《えら》ぼう

1 [ふで]をクリックしよう

絵《え》がかけるようになるよ

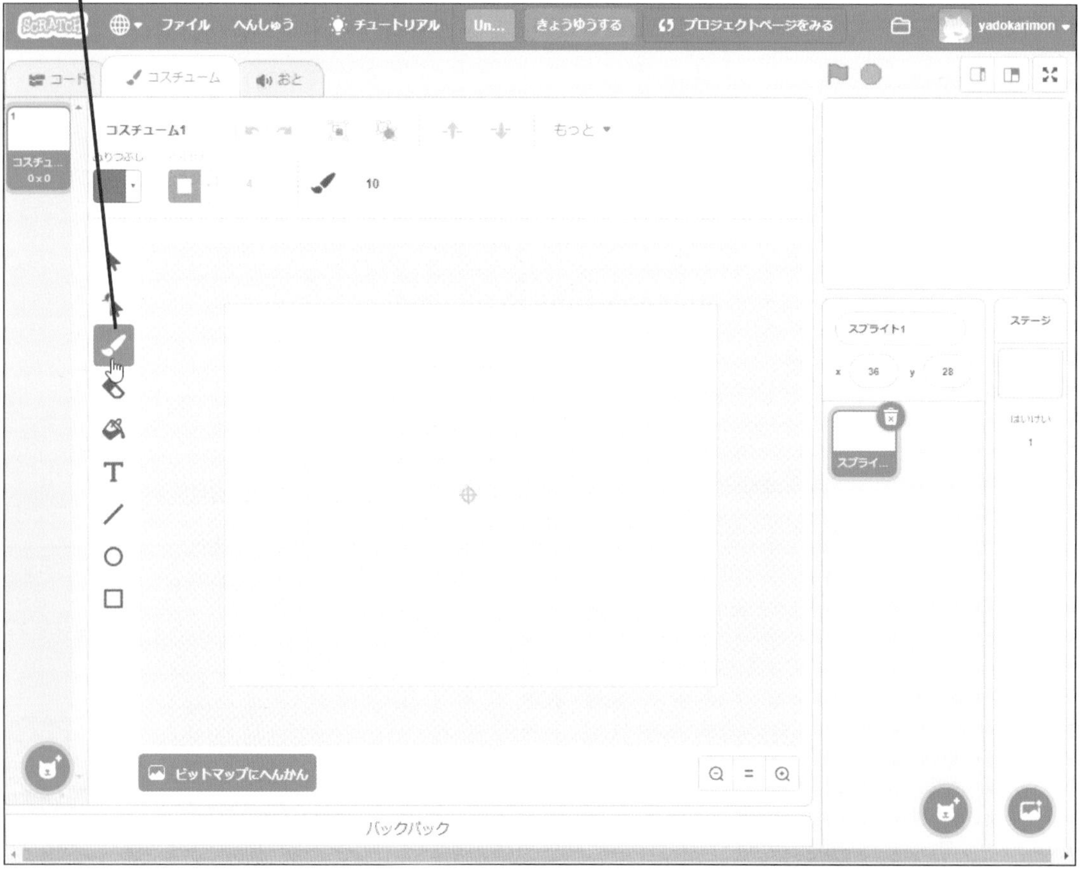

2 色《いろ》を選《えら》ぼう

1 ここをクリックしよう

色《いろ》が選《えら》べるよ

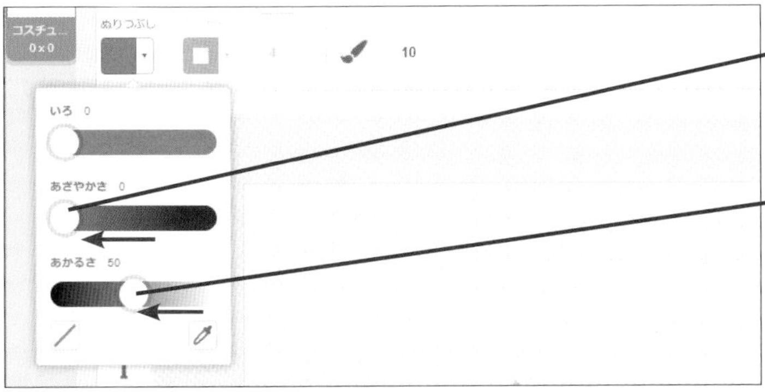

2 ここを左《ひだり》はしまで動《うご》かそう

3 ここを「50」になるまで動《うご》かそう

色《いろ》が灰色《はいいろ》になったよ

3 筆《ふで》の大《おお》きさを変《か》えよう

1 ここをクリックしよう

クリックするごとに数字《すうじ》が増《ふ》えるよ

「30」まで増《ふ》やそう

レッスン

05 おむすびをかこう

やった日《ひ》
月《がつ》　日《にち》

おむすびをかいてみよう。マウスボタンを押《お》しながらマウスを動《うご》かすと線《せん》をかけるよ。

このレッスンで覚《おぼ》えたい用語《ようご》	
スプライト	P.185
コスチューム	P.186

1 線《せん》を引《ひ》こう

1 マウスボタンを押《お》しながら画面《がめん》に線《せん》を引《ひ》こう

マウスカーソルを動《うご》かしたところに線《せん》が引《ひ》けるよ

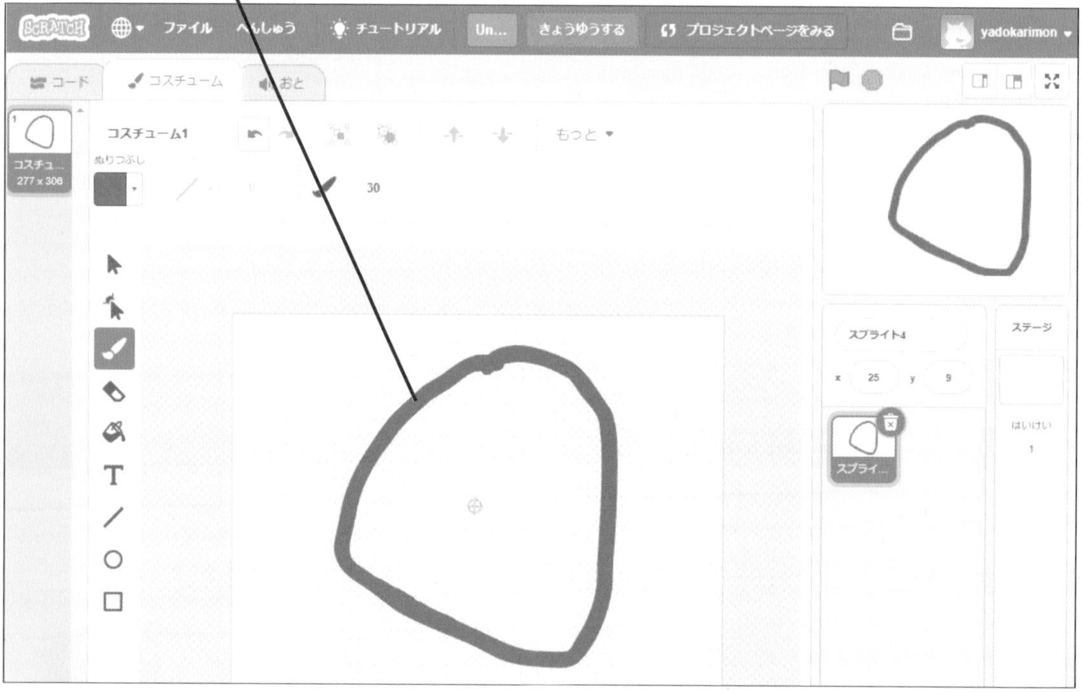

おもしろーい！

周《まわ》りからかくのがコツだよー

② おむすびの形《かたち》を整《ととの》えよう

1 のりの内側《うちがわ》までぬりつぶそう

はみ出《で》たところは下《した》の「テクニック」で消《け》そう

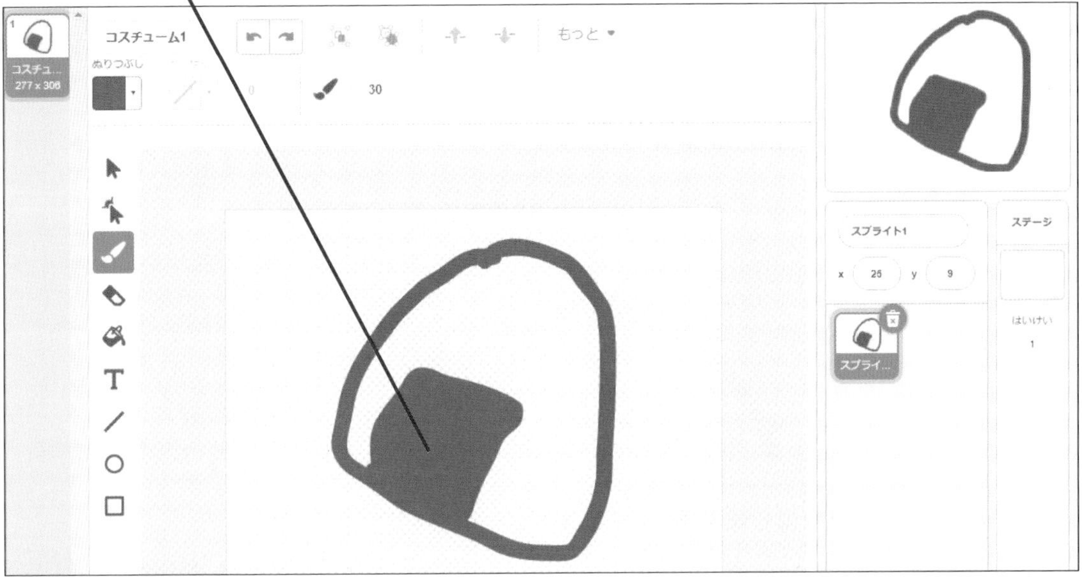

テクニック 消《け》しゴムの使《つか》い方《かた》

1 ［けしごむ］をクリックしよう

2 マウスボタンを押《お》しながら消《け》したい場所《ばしょ》をなぞろう

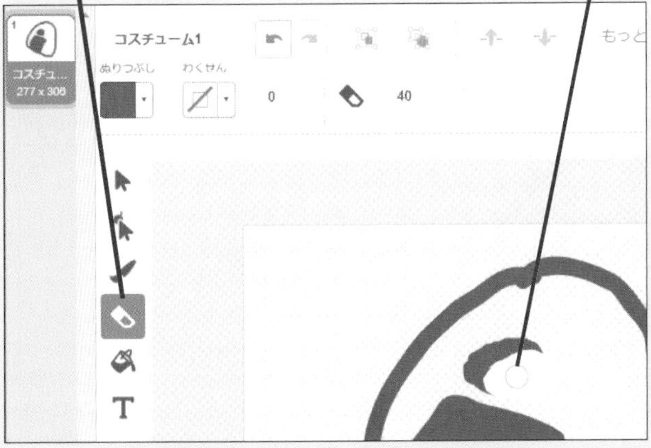

［けしごむ］を使《つか》うときは、マウスボタンを押《お》しながら、消《け》したいところをなぞろう。まちがえて消《け》したくないところまで消《け》さないように気《き》をつけてね！

消《け》しゴムがかかる場所《ばしょ》は白《しろ》く表示《ひょうじ》されるよ

3 ご飯《はん》の色《いろ》を作《つく》ろう

1 ここをクリックしよう

2 ここをクリックして右《みぎ》はしまで動《うご》かそう

4 のりをかこう

1 マウスボタンを押《お》しながら白《しろ》くぬろう

ご飯《はん》の部分《ぶぶん》をぬりつぶそう

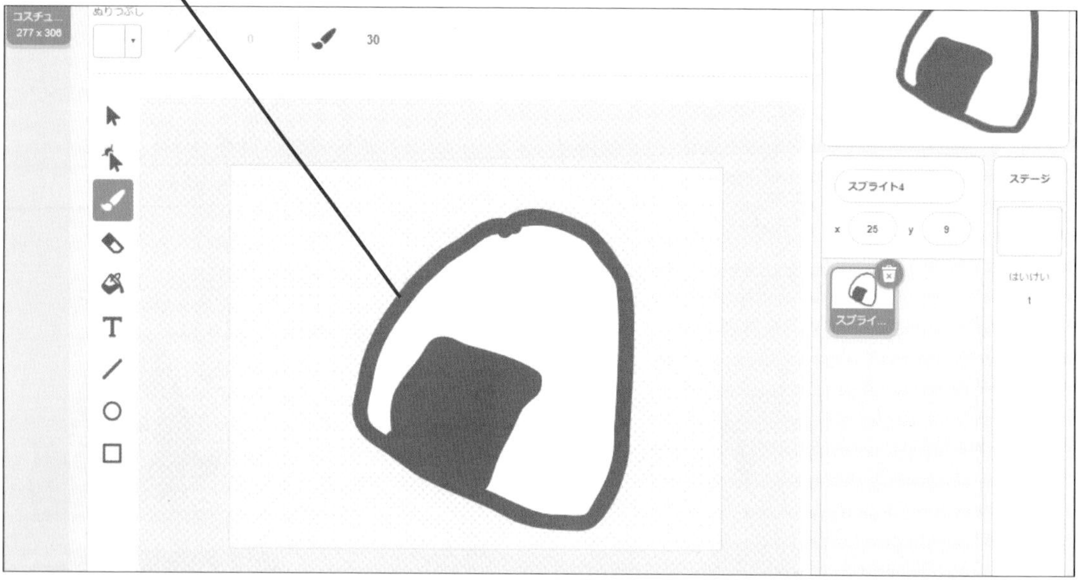

5 おむすびを選《えら》ぼう

おむすびの絵《え》ができあがった

全体《ぜんたい》に小《ちい》さくしたい

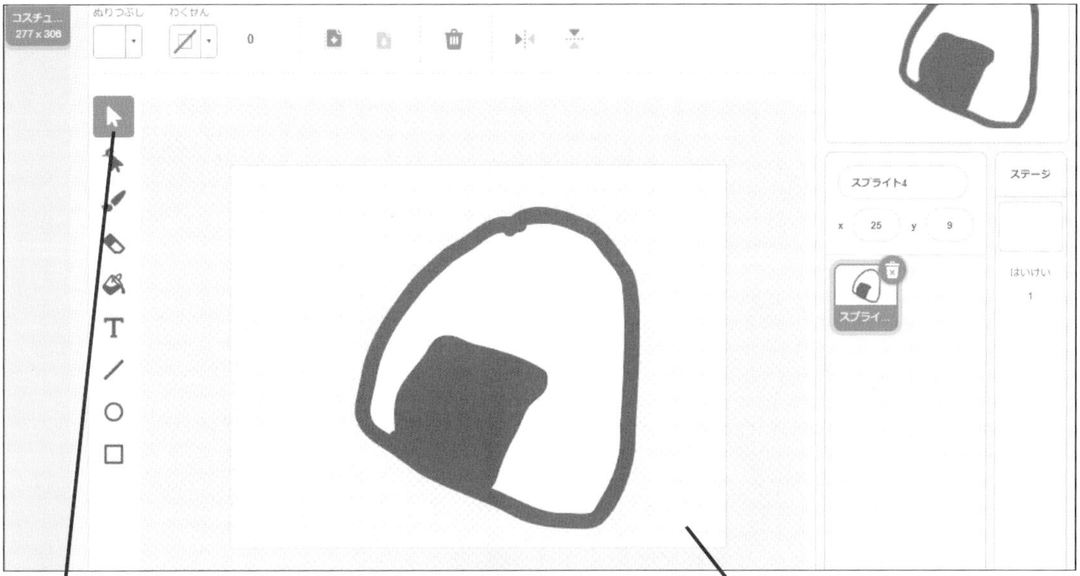

1 [せんたく]をクリックしよう

2 ここをクリックしよう

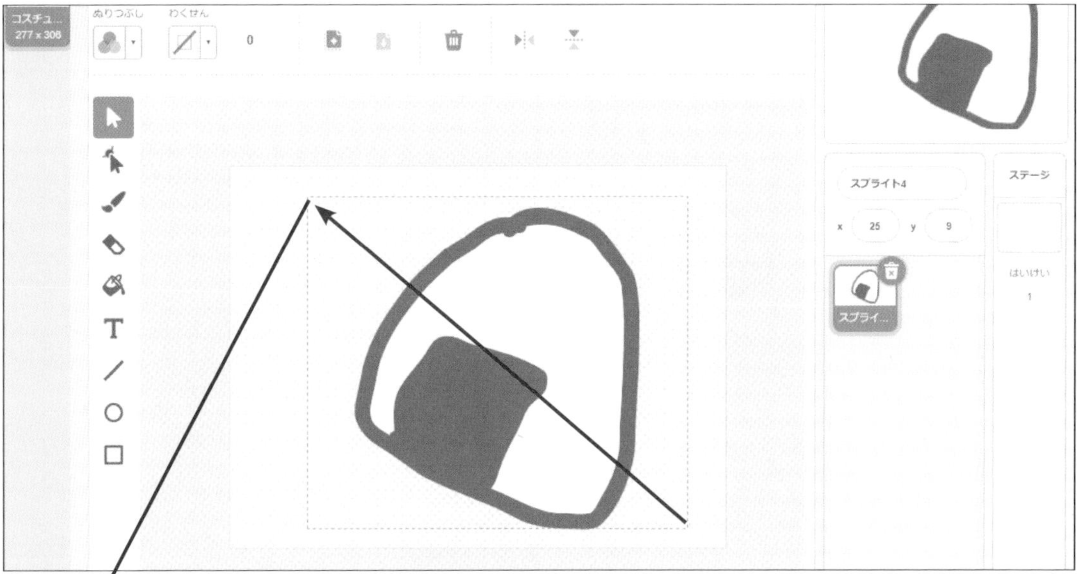

3 マウスボタンを押《お》しながら矢印《やじるし》のように左上《ひだりうえ》に向《む》かって動《うご》かそう

次《つぎ》のページに続《つづ》く

6 おむすびの大《おお》きさを変《か》えよう

おむすびが選《えら》ばれた

1 ここをクリックしよう

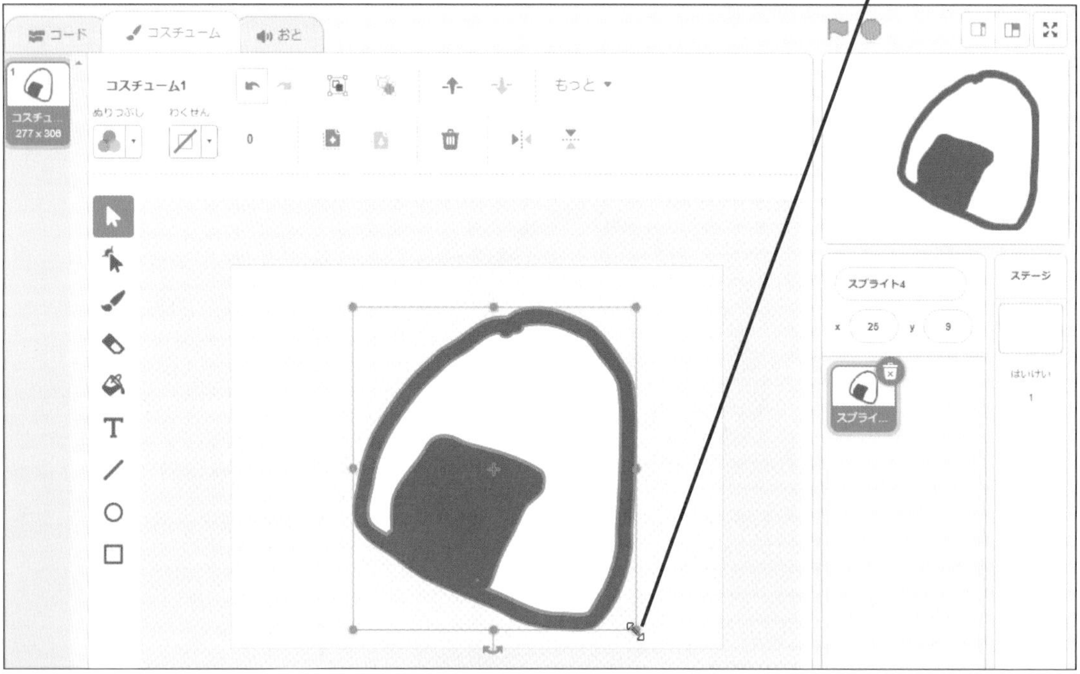

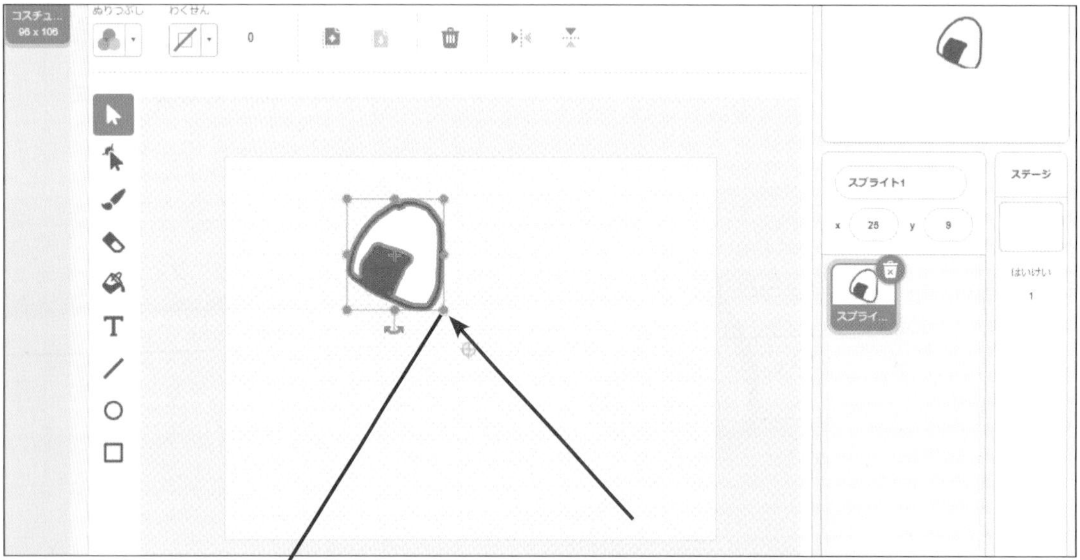

2 マウスボタンを押《お》しながら矢印《やじるし》のように左上《ひだりうえ》に向《む》かって動《うご》かそう

おむすびが小《ちい》さくなった

7 おむすびを画面《がめん》の真《ま》ん中《なか》に動《うご》かそう

1 ここをクリックしよう

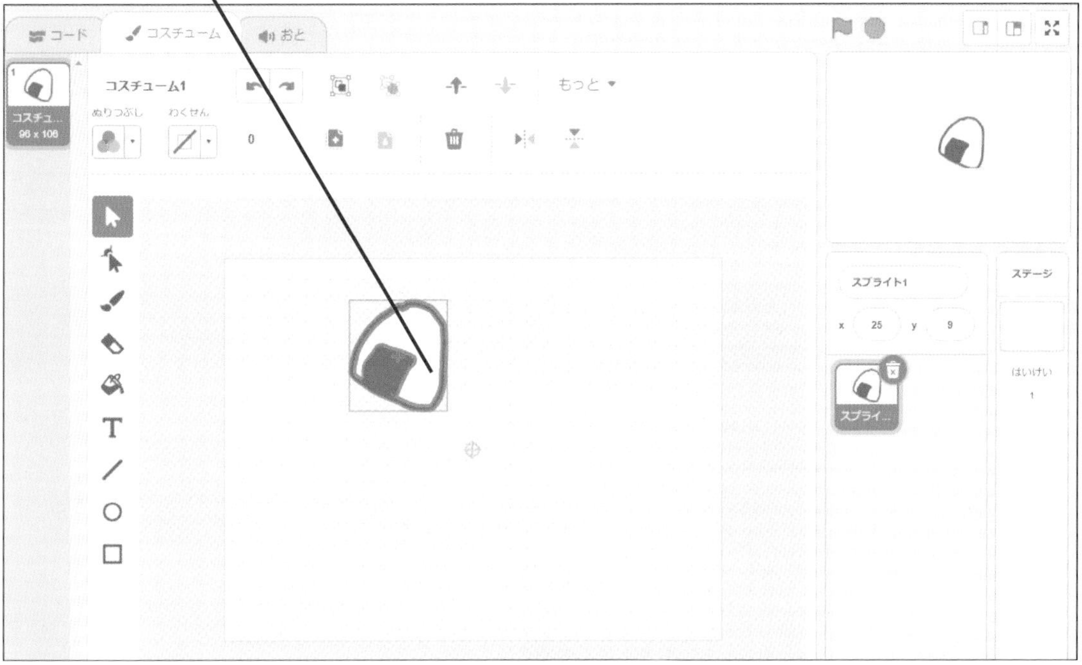

2 マウスボタンを押《お》しながら画面《がめん》の真《ま》ん中《なか》に動《うご》かそう

3 おむすびの「+」のマークと画面《がめん》の「+」のマークを合《あ》わせよう

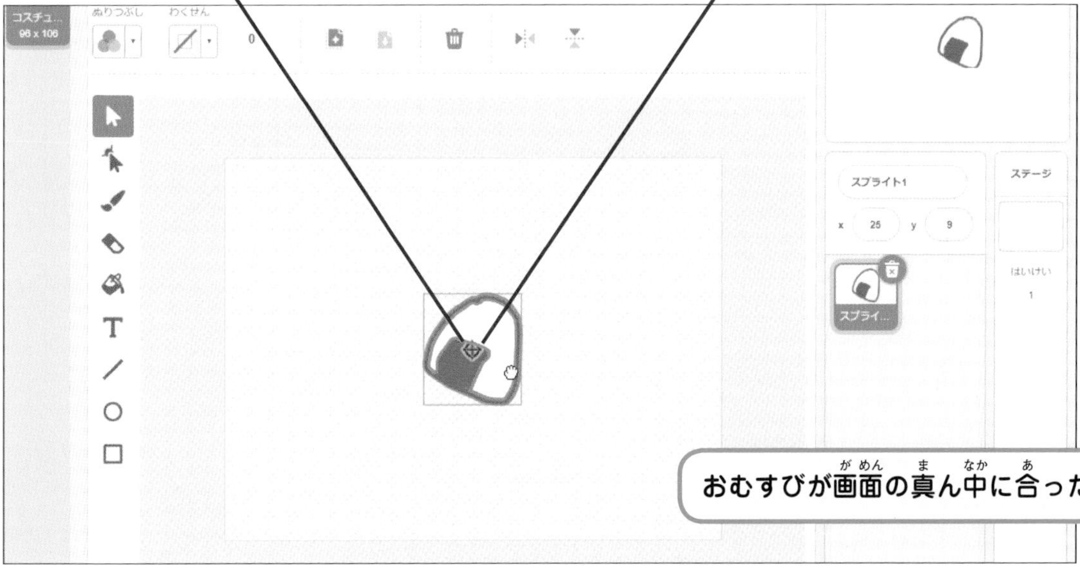

おむすびが画面《がめん》の真《ま》ん中《なか》に合《あ》った

レッスン

06 お皿《さら》をかこう

やった日《ひ》
月《がつ》　日《にち》

レッスンで使《つか》う
練習用《れんしゅうよう》ファイル
レッスン 06.sb3

背景《はいけい》にお皿《さら》をかくよ。
おむすびをかいたときと仕組《しく》みは変《か》わらないよ。

このレッスンで覚《おぼ》えたい用語《ようご》

ステージ	P.185
スプライト	P.185
背景《はいけい》	P.186

1 背景《はいけい》を選《えら》ぼう

1 [ステージ]をクリックしよう

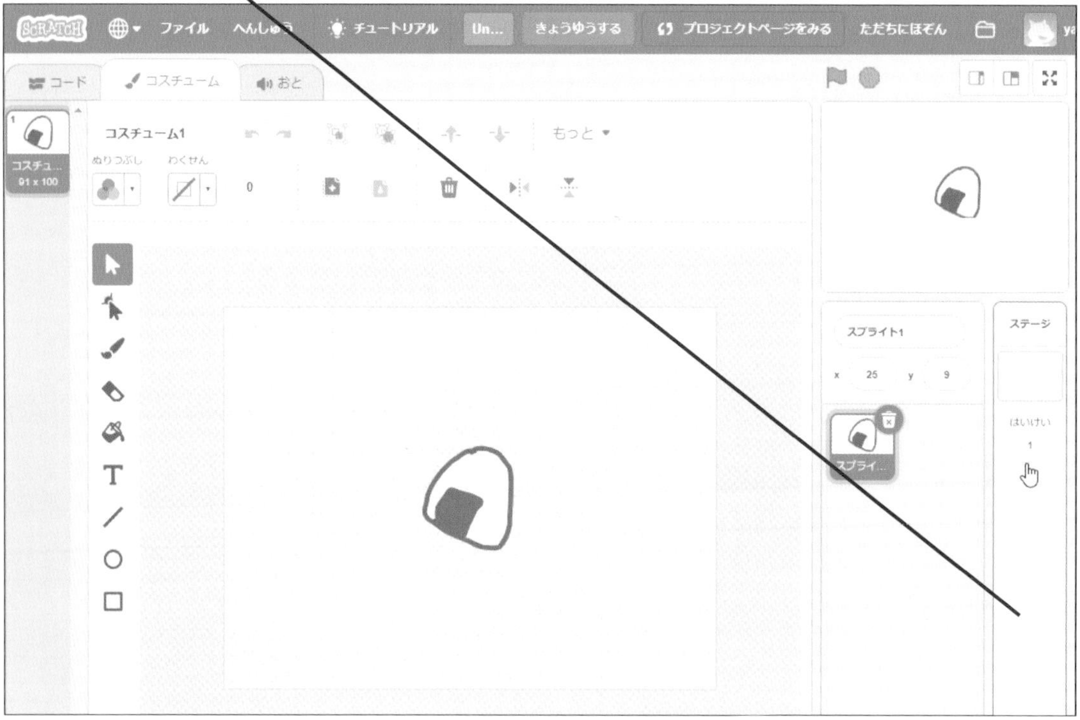

ヒント!
背景《はいけい》とスプライトは同《おな》じ
仕組《しく》みで絵《え》がかけるよ

2 円《えん》を選《えら》ぼう

1 [えん]をクリックしよう

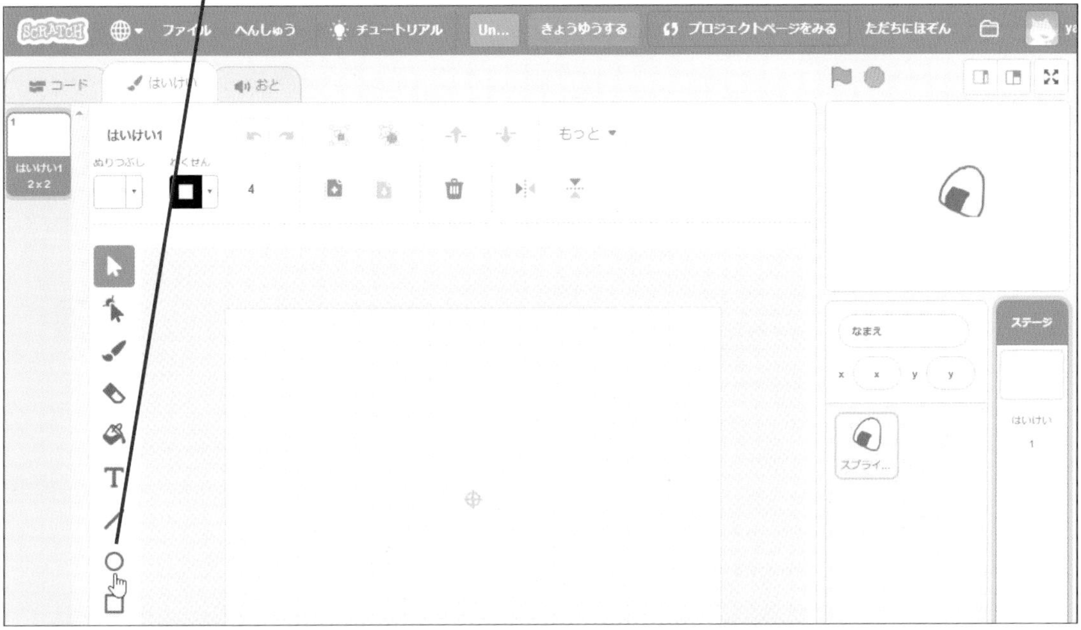

3 線《せん》の太《ふと》さを変《か》えよう

1 ここをクリックしよう

2 数字《すうじ》が「6」になるまでクリックしよう

次《つぎ》のページに続《つづ》く

④ お皿《さら》の外側《そとがわ》をかこう

❶ マウスボタンを押《お》しながら画面《がめん》に大《おお》きく円《えん》をかこう

黒《くろ》い線《せん》の円《えん》がかけた

中心《ちゅうしん》の「+」マークを背景《はいけい》の「+」マークに合《あ》わせておこう

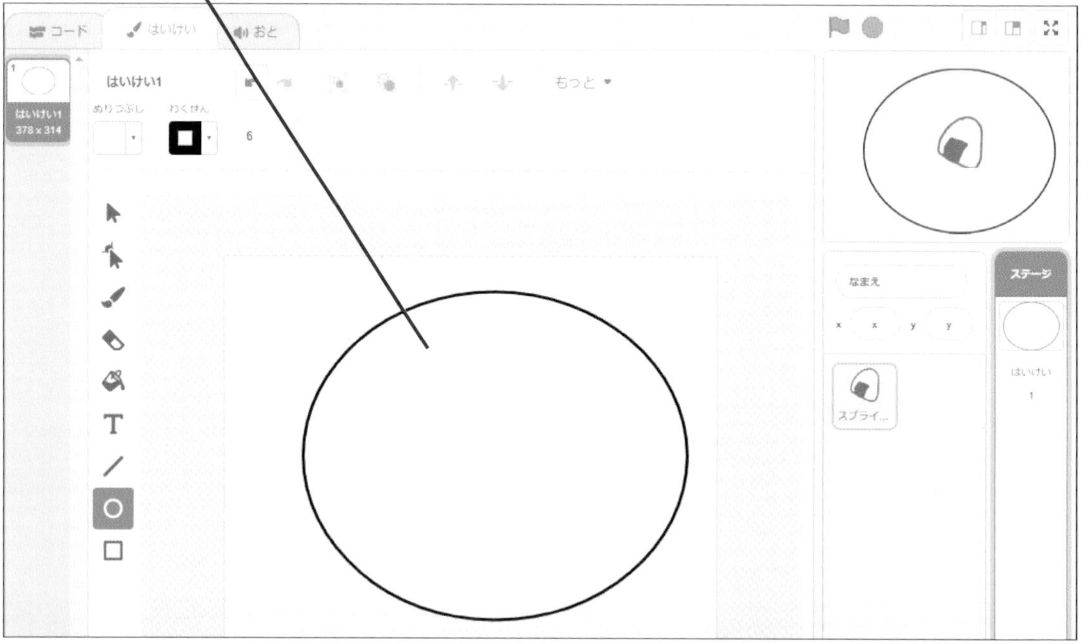

⑤ 色《いろ》を変《か》えよう

画面《がめん》のなにもないところをクリックしておこう

❶ ここをクリックしよう

❷ ここをクリックして左《ひだり》のはしまで動《うご》かそう

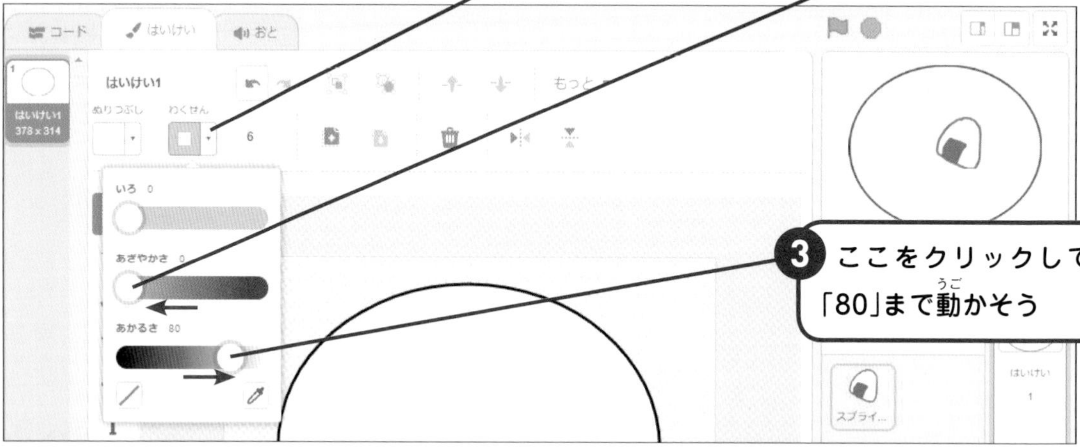

❸ ここをクリックして「80」まで動《うご》かそう

6 お皿《さら》の内側《うちがわ》をかこう

1 マウスボタンを押《お》しながら画面《がめん》に大《おお》きく円《えん》をかこう

灰色《はいいろ》の線《せん》の円《えん》がかけた

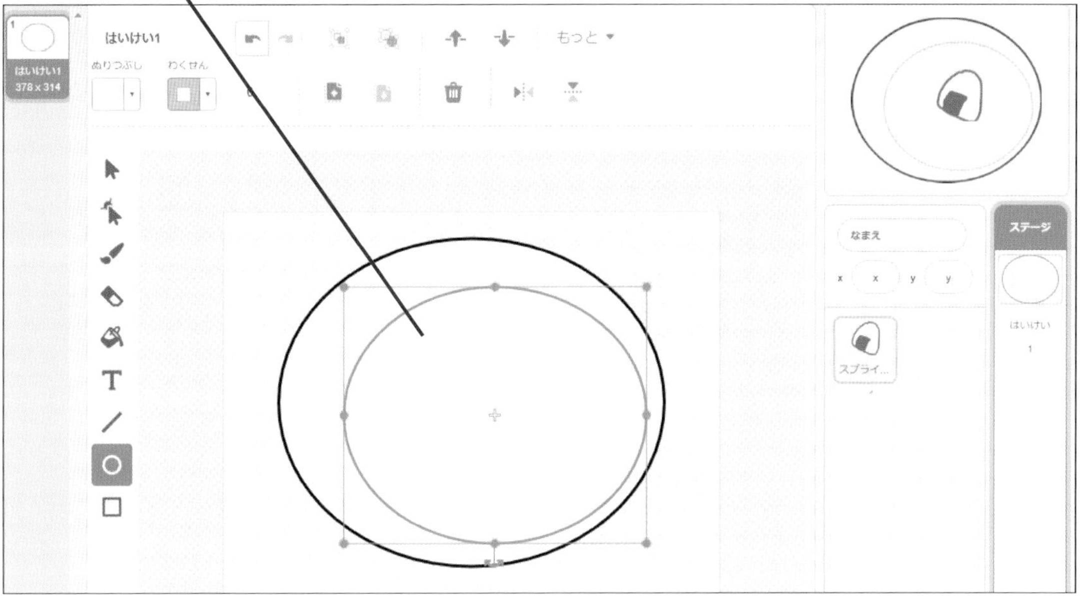

中心《ちゅうしん》の「+」マークを背景《はいけい》の「+」マークに合《あ》わせておこう

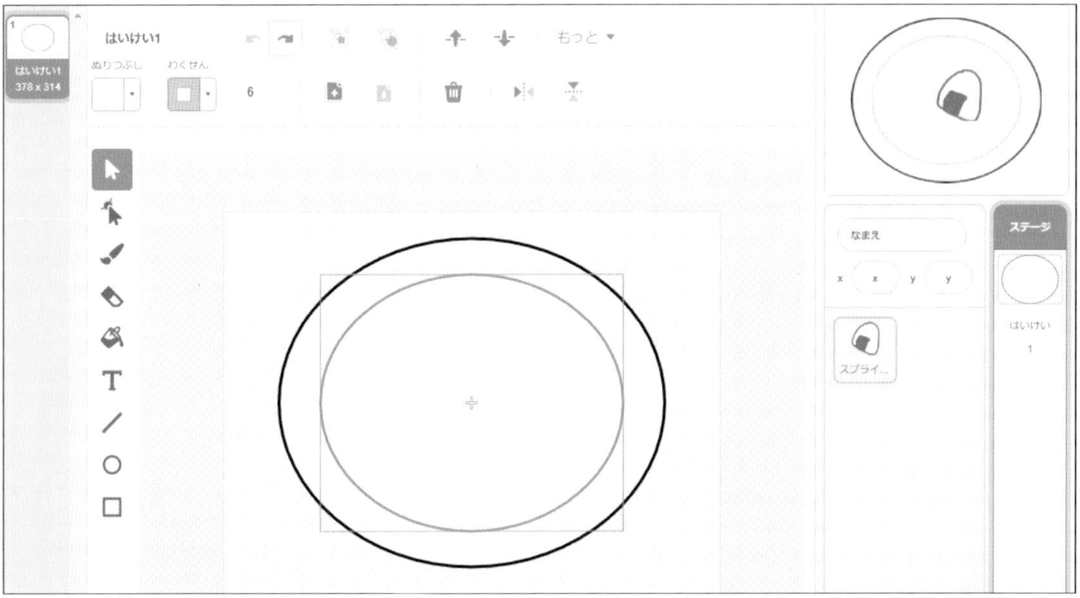

次《つぎ》のページに続《つづ》く

7 絵《え》を確認《かくにん》しよう

1 おむすびとお皿《さら》を確認《かくにん》しよう

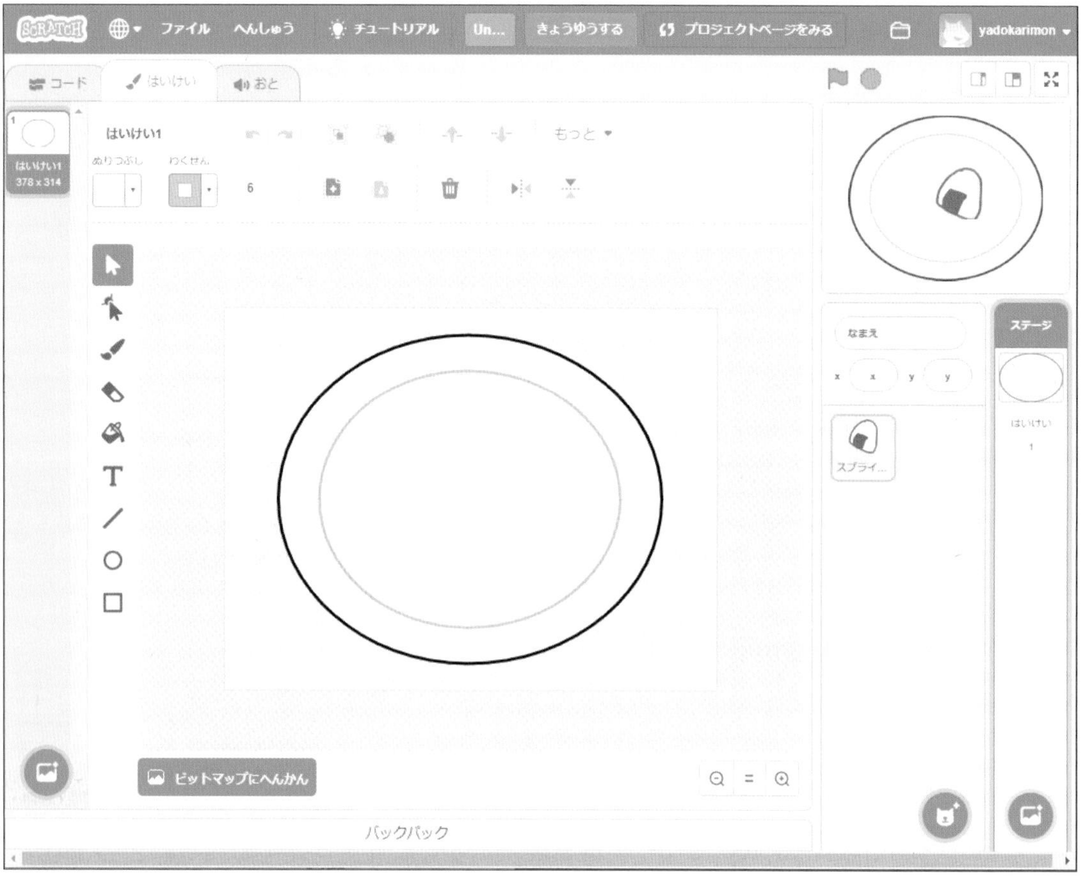

確認《かくにん》したら[コード]をクリックしておこう

できたー！

ここではおむすびの絵《え》をかいたけど、好《す》きな食《た》べ物《もの》の絵《え》をかいてもいいよ！

おまけプログラミング 四角《しかく》や直線《ちょくせん》を使《つか》ってかいてみよう

[しかく]や[ちょくせん]でもかける

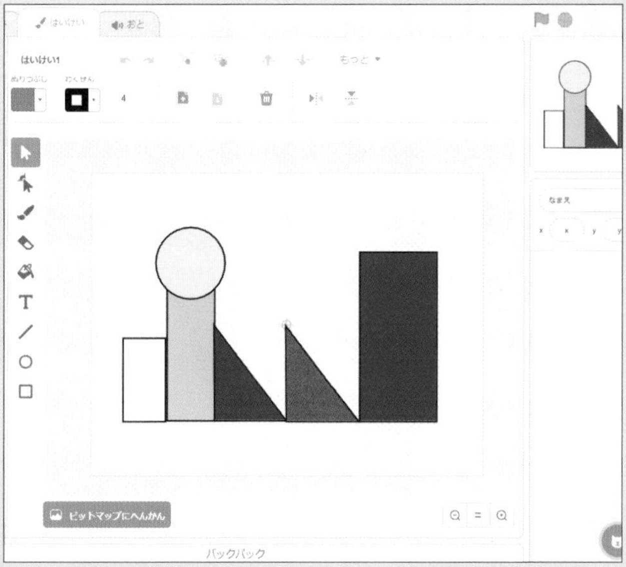

図形《ずけい》を組《く》み合《あ》わせても絵《え》をかけるよ。[しかく]をクリックして、マウスボタンを押《お》しながら動《うご》かすと、いろいろな色《いろ》の四角形《しかくけい》がかけるよ。[ちょくせん]をクリックすると、まっすぐな線《せん》がかけるよ。色《いろ》を変《か》えたり、図形《ずけい》を組《く》み合《あ》わせて、いろんな絵《え》を作《つく》ってみよう。

いろいろな形《かたち》を作《つく》ってみよう！

おまけプログラミング ちょっとだけやり直《なお》したいときは

ここをクリックすると直前《ちょくぜん》の動作《どうさ》が取《と》り消《け》される

ここをクリックすると取《と》り消《け》した動作《どうさ》をもう一度《いちど》おこなう

[とりけし] を使《つか》うときは、左矢印《ひだりやじるし》のボタンをクリックすると、動作《どうさ》が取《と》り消《け》されるよ。まちがえて取《と》り消《け》しても、やり直《なお》せるんだ。[やりなおし] は、右矢印《みぎやじるし》のボタンをクリックすると、取《と》り消《け》した動作《どうさ》をもう一度《いちど》やり直《なお》せるよ。

ちょっとずつかくのがコツだよ！

クイズにトライ！ おはしをかいてみよう

お皿《さら》の上《うえ》におはしの絵《え》をかこう。
どうやればできるかな？

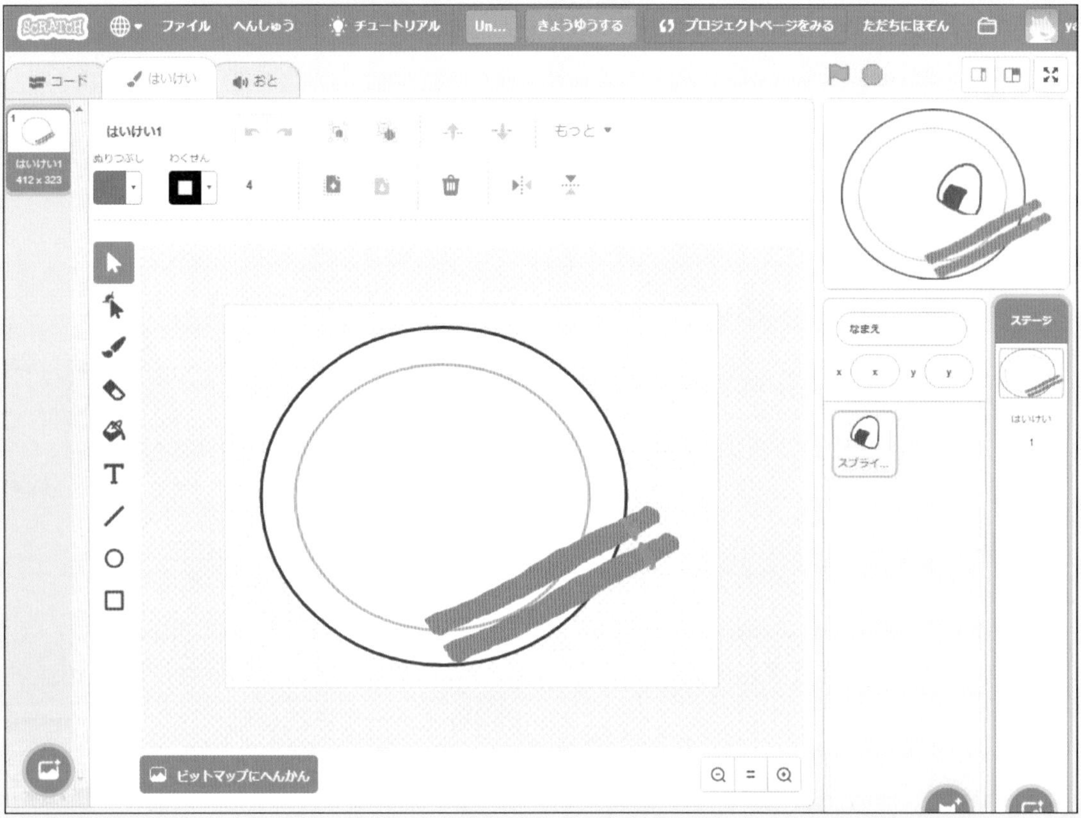

かくときは「ふで」や「しかく」を使《つか》うとかきやすいよ。色《いろ》も好《す》きなものにしよう！

お皿《さら》の上《うえ》にかこうねー！

→答《こた》えは175ページ

お絵《え》かきはできたかなー？
今度《こんど》はおむすびを動《うご》かすよ！

第2章

おむすびゲームを作《つく》ろう

この章《しょう》では、書《か》いたおむすびをプログラムして動《うご》かす方法《ほうほう》を学《まな》ぶよ。プログラムの動《うご》かし方《かた》やブロックの使《つか》い方《かた》、繰《く》り返《かえ》しブロックの動《うご》きについても学《まな》ぶよ。

この章《しょう》でやること

◉おむすびを動《うご》かすよ
◉おむすびが画面《がめん》のはしで折《お》り返《かえ》すようにするよ

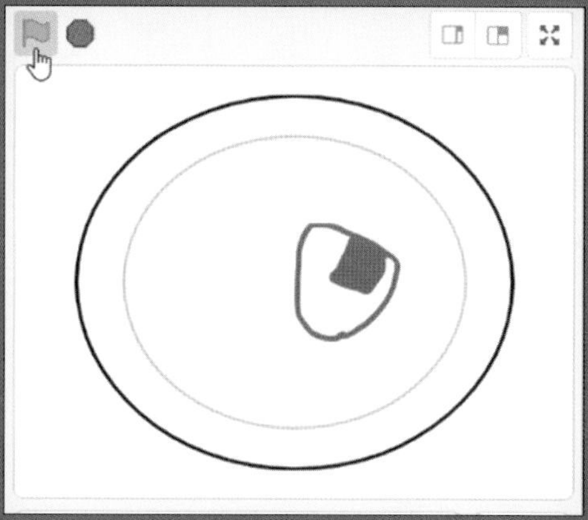

レッスン

■完成《かんせい》したプログラムはこちら https://scratch.mit.edu/projects/404034278

レッスン 07

ブロックを設置《せっち》しよう

やった日《ひ》
月《がつ》　日《にち》

レッスンで使《つか》う
練習用《れんしゅうよう》ファイル
レッスン07.sb3

ここでは、プログラムの一番上《いちばんうえ》のブロックを設置《せっち》するよ。プログラムを動《うご》かすために必要《ひつよう》だから、覚《おぼ》えておこう。

このレッスンで覚《おぼ》えたい用語《ようご》

カテゴリー	P.185
プログラム	P.186
緑《みどり》の旗《はた》ボタン	P.186

1 カテゴリーを選《えら》ぼう

[コード]をクリックしておこう

1 マウスカーソルを［イベント］に合《あ》わせよう

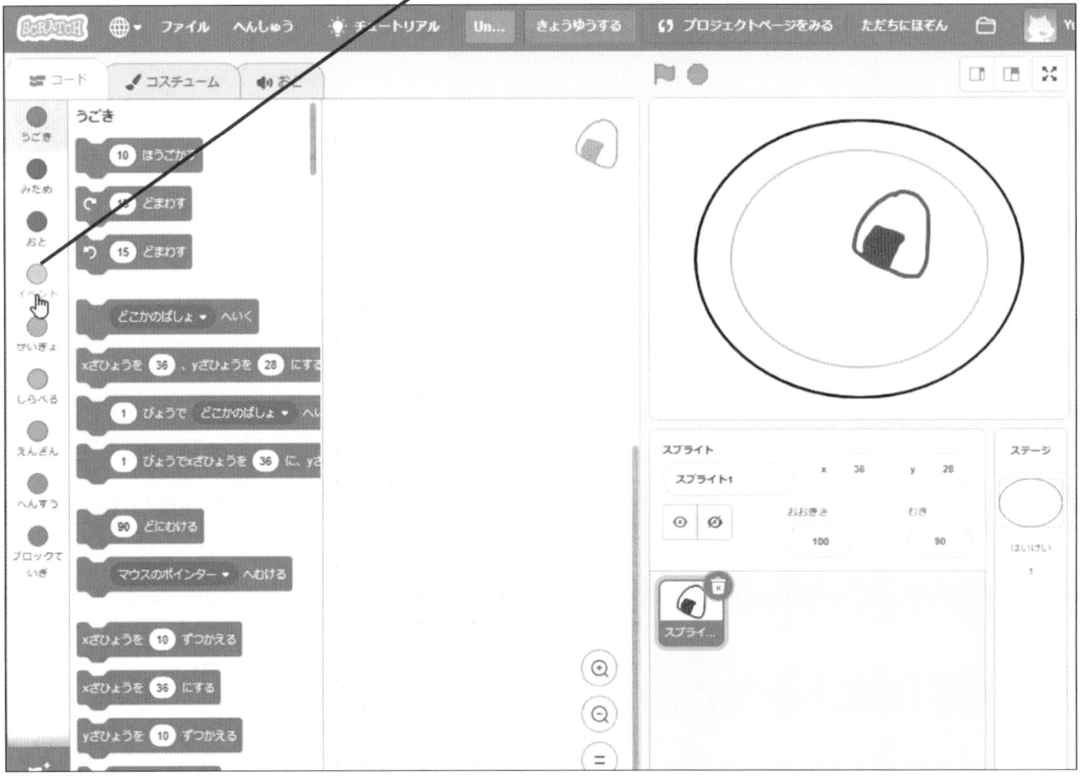

2 そのままクリックしよう

② ブロックを確認《かくにん》しよう

[イベント]のブロックが表示《ひょうじ》されたよ

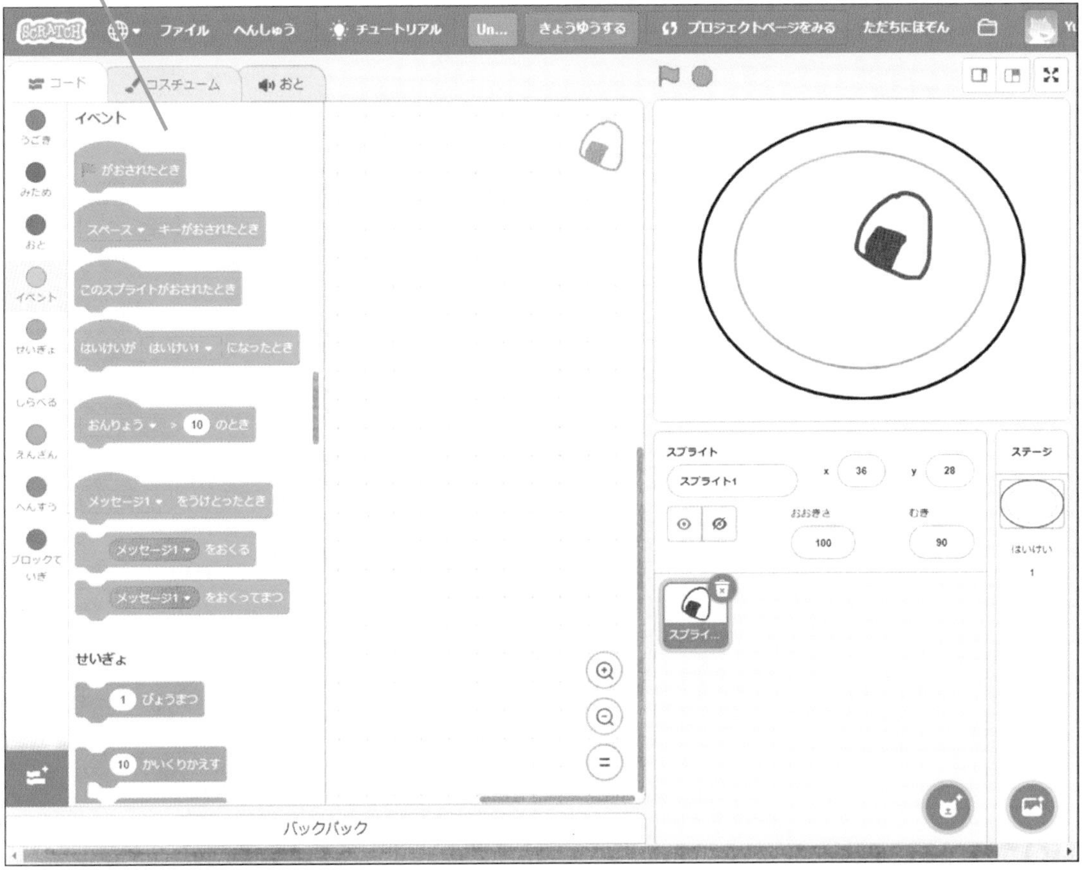

ブロックの色《いろ》と種類《しゅるい》が変《か》わった！

カテゴリーの色《いろ》とブロックの色《いろ》は同《おな》じになっているよ。使《つか》う前《まえ》に確認《かくにん》しよう

次《つぎ》のページに続《つづ》く

③ ブロックを移動《いどう》しよう

1 マウスカーソルを[がおされたとき]に合《あ》わせよう

カーソルの形《かたち》が変《か》わったよ

2 マウスボタンを押《お》したままにしよう

カーソルの形《かたち》が変《か》わったよ

3 マウスボタンを押《お》したままマウスを右《みぎ》に動《うご》かそう

ブロックが右《みぎ》に動《うご》くよ

4 ブロックを設置《せっち》しよう

1 ブロックをここまで運《はこ》ぼう

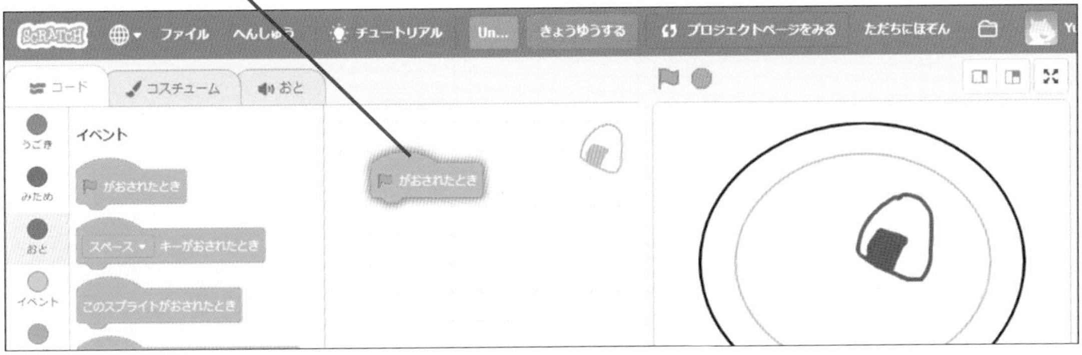

2 マウスボタンをはなそう

カーソルの形《かたち》が変《か》わったよ

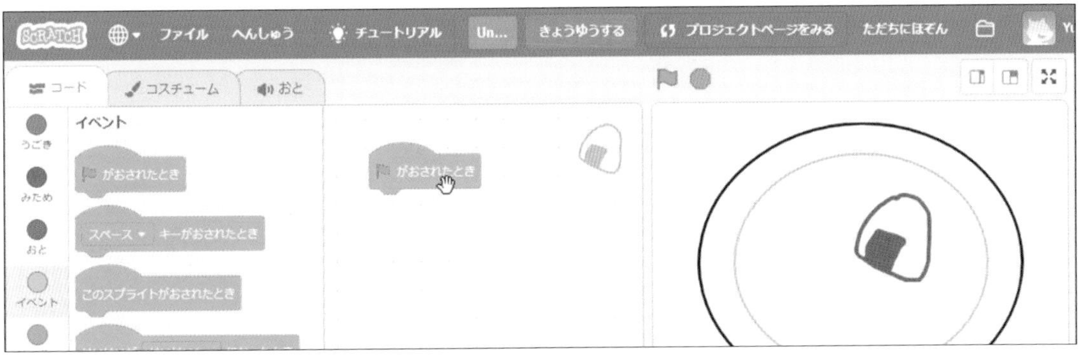

ブロックが設置《せっち》されたよ

マウスは思《おも》い切《き》り押《お》さなくてもいいよ。でもはなさないようにしよう！

レッスン

08 おむすびを動《うご》かそう

やった日《ひ》
月《がつ》　日《にち》

レッスンで使《つか》う
練習用《れんしゅうよう》ファイル

レッスン 08.sb3

ブロックにブロックをつなぐことで、プログラムが作《つく》れるよ。ここでは、動《うご》きのブロックをつなぐよ。

このレッスンで覚《おぼ》えたい用語《ようご》

カテゴリー	P.185
プログラム	P.186
緑《みどり》の旗《はた》ボタン	P.186

1 カテゴリーを選《えら》ぼう

1 マウスカーソルを［うごき］に合《あ》わせよう

2 そのままクリックしよう

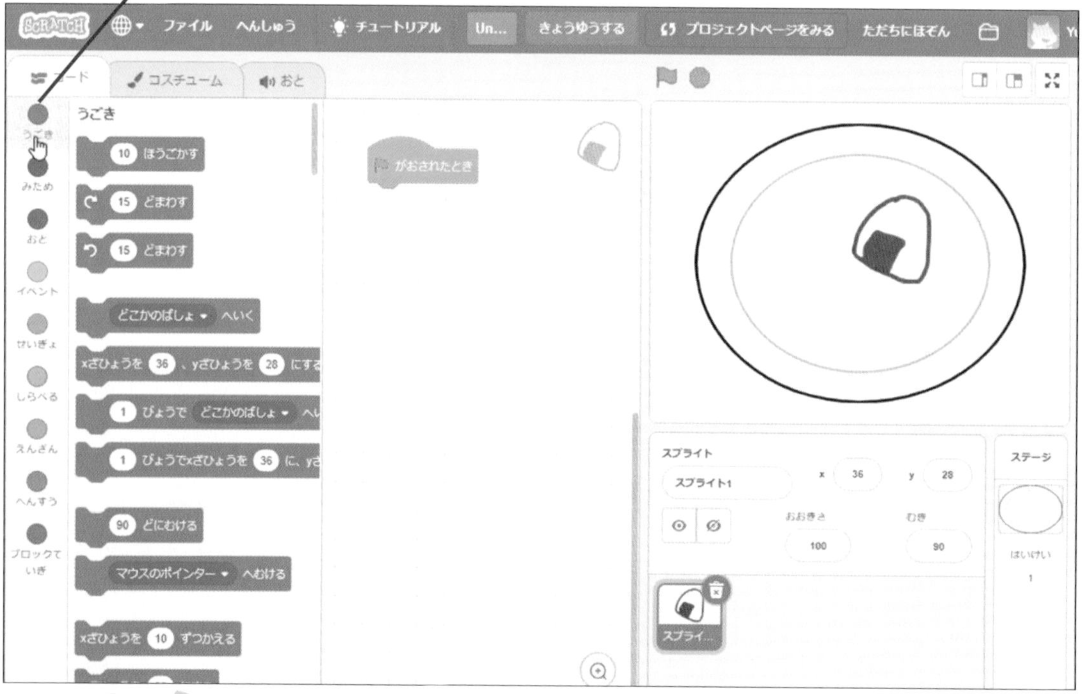

最初《さいしょ》のカテゴリーにもどってきたねー

② ブロックを選《えら》ぼう

1 マウスカーソルを［[10] ほうごかす］に合《あ》わせよう

2 マウスボタンを押《お》したまま マウスを右下《みぎした》に動《うご》かそう

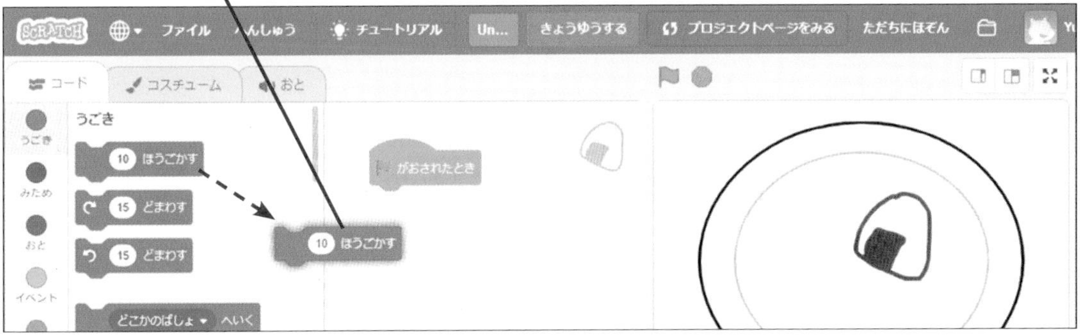

3 ここまで移動《いどう》したらマウスボタンをはなそう

次《つぎ》の手順《てじゅん》でブロックを接続《せつぞく》するよ

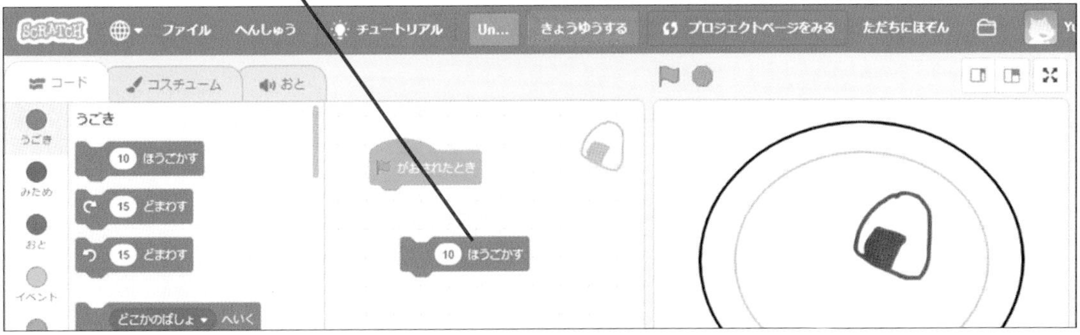

次《つぎ》のページに続《つづ》く

3 ブロックを接続《せつぞく》しよう

1 ブロックをクリックしてそのまま左上《ひだりうえ》に移動《いどう》しよう

くっつく場所《ばしょ》がグレーで表示《ひょうじ》されたよ

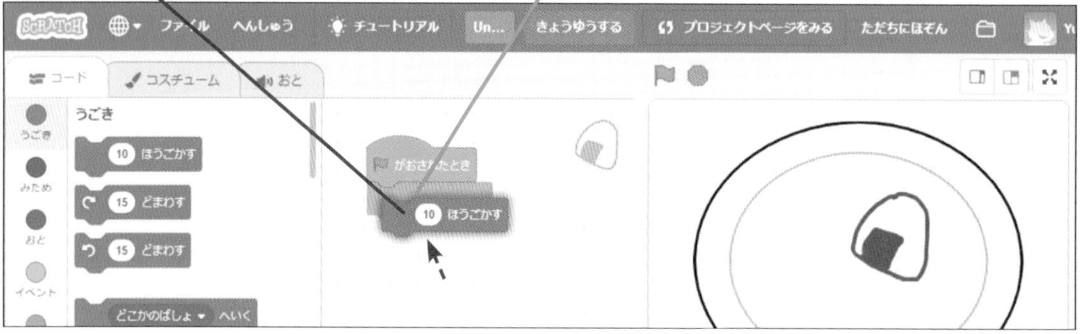

2 マウスボタンをはなそう

ブロックが自動《じどう》で接続《せつぞく》されたよ

上《うえ》のブロックの出《で》っ張《ぱ》りと、下《した》のブロックのへこんだところを合《あ》わせるとうまくいくよ！

1行《ぎょう》だけど、これでプログラムが1つできました！　さっそく動《うご》かしてみよう！

4 プログラムを実行《じっこう》しよう

1 にマウスカーソルを合《あ》わせよう

カーソルの形《かたち》が変《か》わったよ

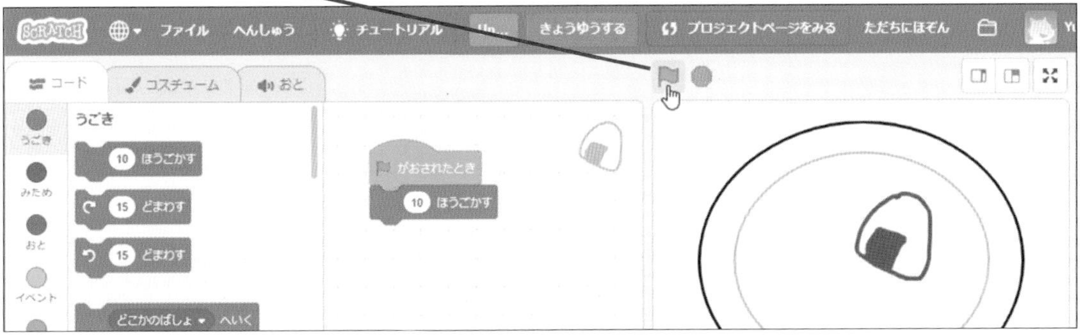

2 そのままクリックしよう

おむすびが右《みぎ》に動《うご》くよ

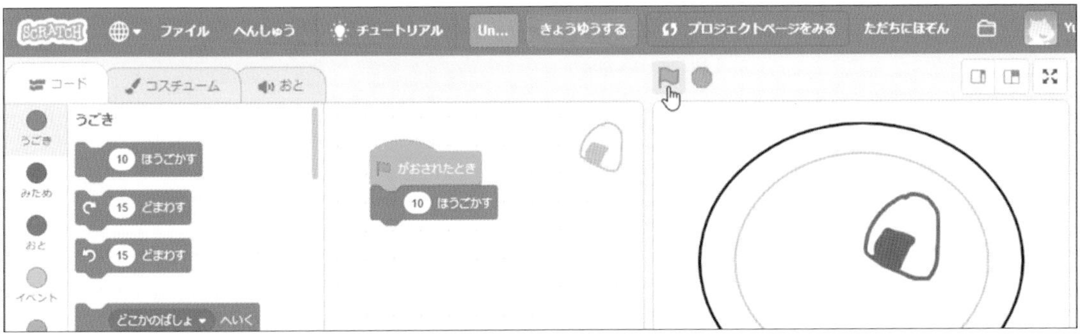

すごーい！クリックするたびに動《うご》くよー！

毎回《まいかい》クリックしていると指《ゆび》がつかれちゃうね。次《つぎ》のレッスンで自動的《じどうてき》に動《うご》くようにするよ。

レッスン 09

自動《じどう》で動《うご》くようにしよう

やった日《ひ》
月《がつ》　日《にち》

レッスンで使《つか》う練習用《れんしゅうよう》ファイル
レッスン 09.sb3

おむすびを自動《じどう》でたくさん動《うご》くようにするよ。
ブロックを組《く》み合《あ》わせよう！

このレッスンで覚《おぼ》えたい用語《ようご》	
カテゴリー	P.185
座標《ざひょう》	P.185
プログラム	P.186

1 ブロックを選《えら》ぼう

1 ［せいぎょ］をクリックしよう

［せいぎょ］のブロックが表示《ひょうじ》されたよ

2 ［ずっと］をここに動《うご》かそう

ほかのブロックにくっつかないように注意《ちゅうい》してね

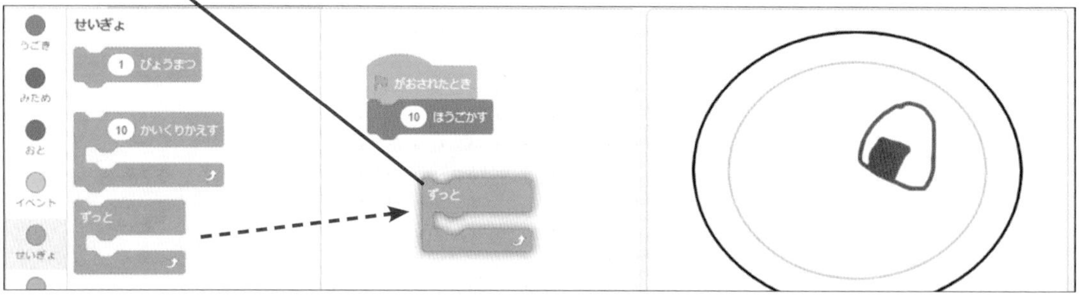

② ブロックを接続《せつぞく》しなおそう

[[10] ほうごかす] の
ブロックを外《はず》すよ

❶ ここをクリックしよう

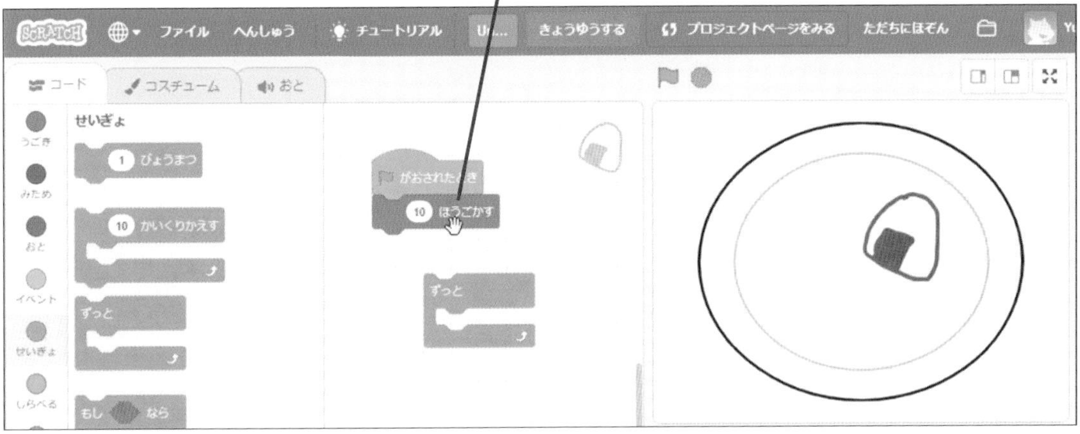

❷ マウスボタンを押《お》したまま
右下《みぎした》に動《うご》かそう

[[10] ほうごかす] の
ブロックが外《はず》れるよ

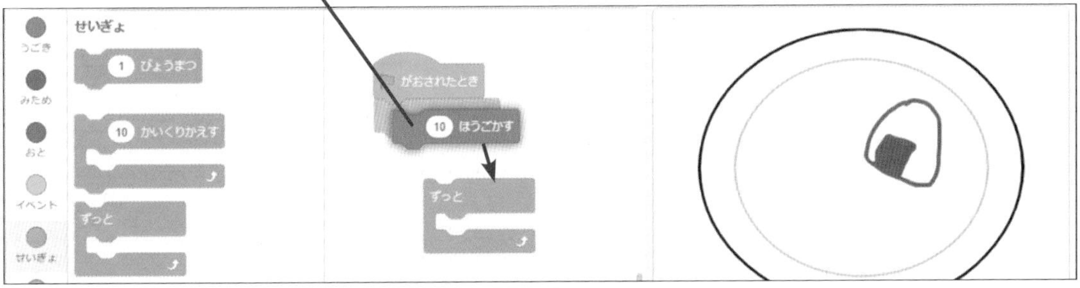

グレーのマークが出《で》たら
マウスボタンをはなそう

❸ ここまで動《うご》かそう

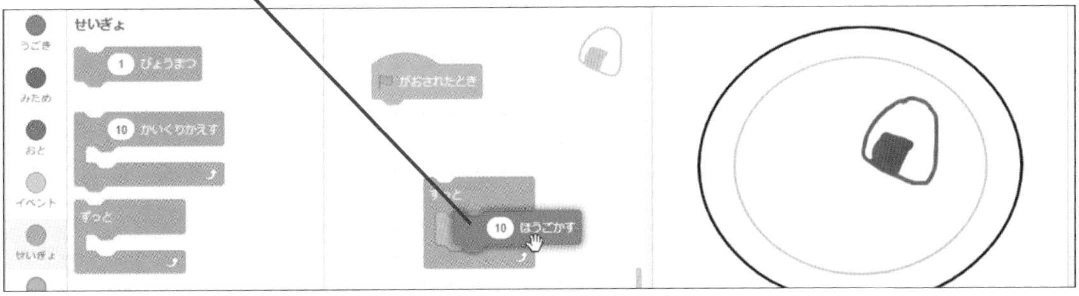

次《つぎ》のページに続《つづ》く

③ ブロックを接続《せつぞく》しよう

[がおされたとき]ブロックに接続《せつぞく》するよ

❶ ここをクリックしよう

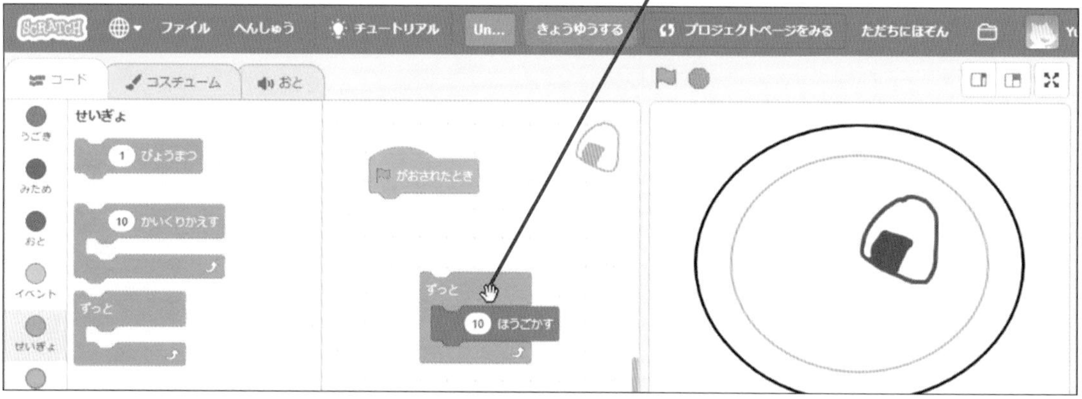

❷ マウスボタンを押《お》したままここまで動《うご》かすよ

グレーのマークが出《で》たらマウスボタンをはなそう

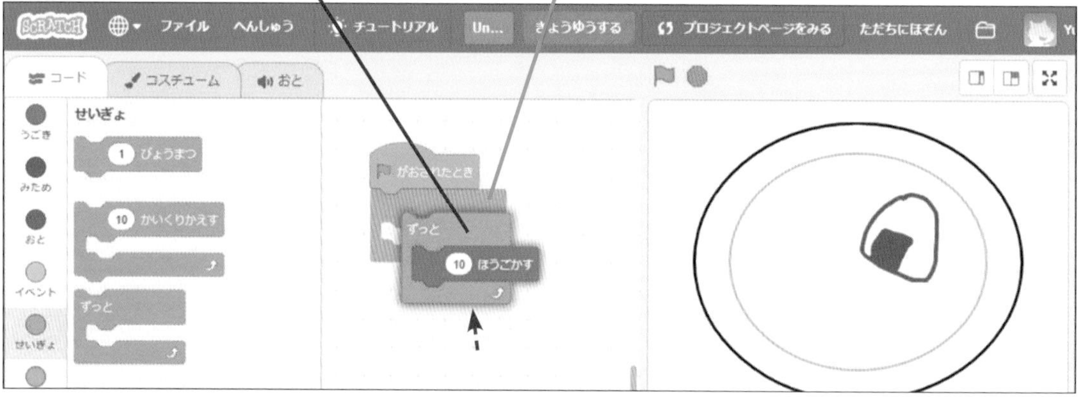

ブロックが全部《ぜんぶ》接続《せつぞく》できたよ

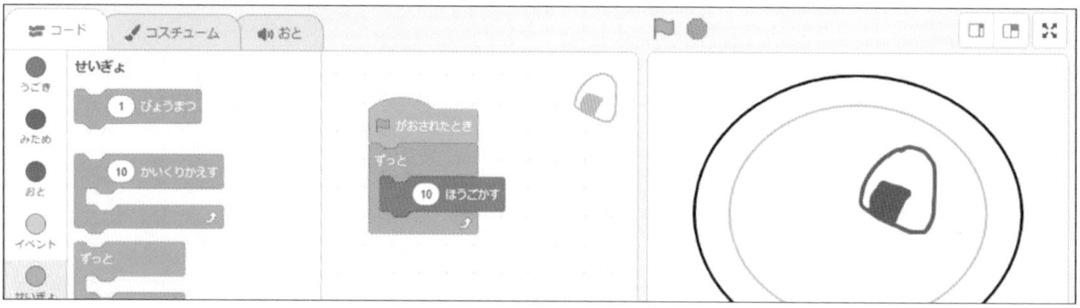

4 プログラムを実行《じっこう》しよう

1 をクリックしよう

やったー！
ずっと動《うご》くよー！

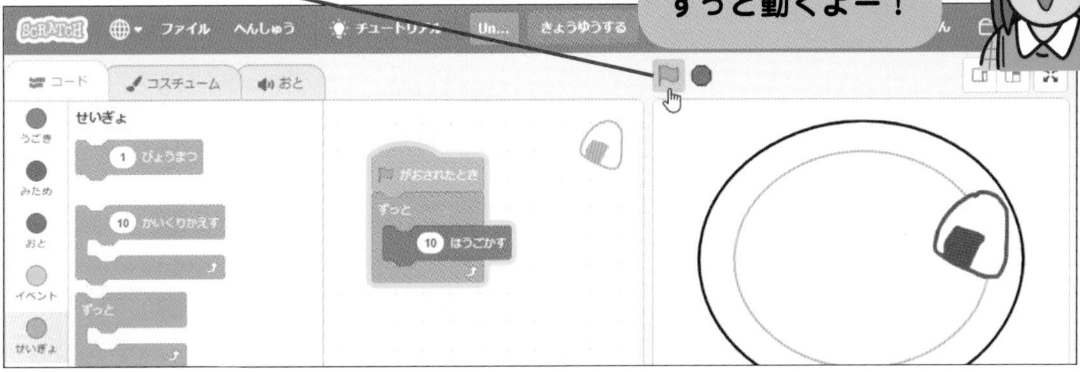

おっと！　このままだと画面《がめん》の外《そと》に出《で》ちゃうな。
赤《あか》いボタンを押《お》してプログラムを止《と》めよう！

2 をクリックしよう

プログラムが止《と》まるよ

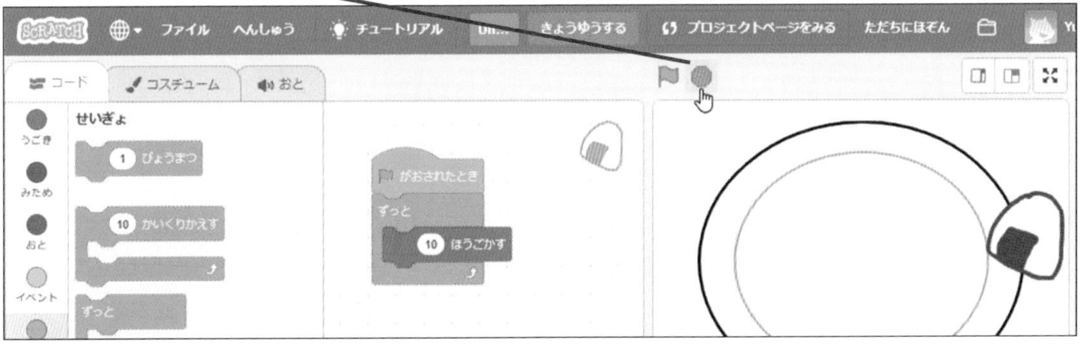

ヒント！

画面《がめん》の外《そと》に出《で》ちゃったときは座標《ざひょう》を変《か》えよう。座標《ざひょう》はスプライトの場所《ばしょ》をあらわす値《あたい》で、スプライトリストの右上《みぎうえ》にある［x］と［y］の数字《すうじ》のことだよ。両方《りょうほう》「0」にすると、真《ま》ん中《なか》にもどってくるよ。

1 両方《りょうほう》「0」にしよう

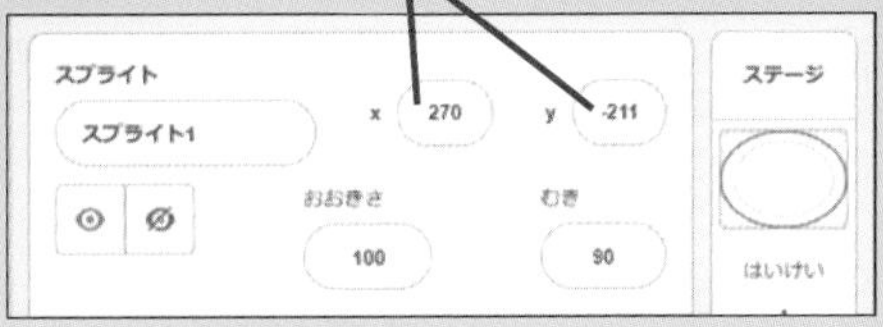

レッスン
10
画面《がめん》のはしで折《お》り返《かえ》すようにしよう

やった日《ひ》
月《がつ》　日《にち》

レッスンで使《つか》う練習用《れんしゅうよう》ファイル
レッスン 10.sb3

[もしはしについたら、はねかえる]ブロックをつかってみるよ。どんな動《うご》きをするかな？

このレッスンで覚《おぼ》えたい用語《ようご》	
コード	P.185
プログラム	P.186
向《む》き	P.186

1 ブロックを選《えら》ぼう

1 [うごき]をクリックしよう

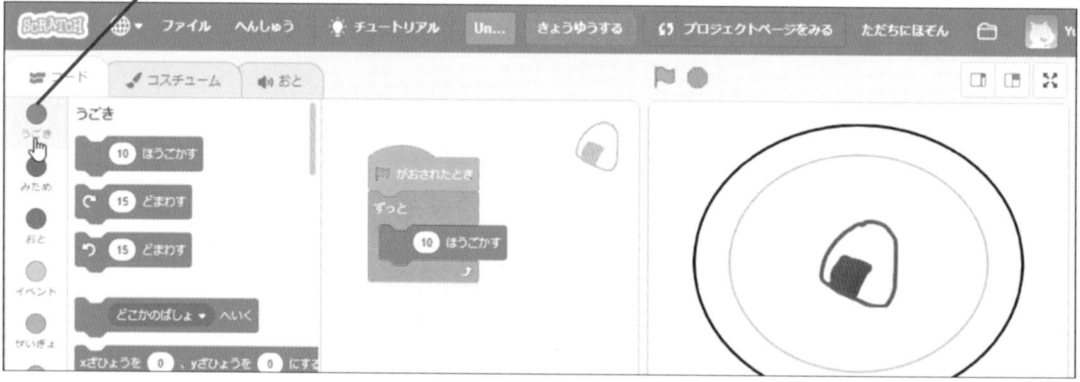

2 ここをクリックして下《した》に動《うご》かそう

新《あたら》しいブロックが表示《ひょうじ》されるよ

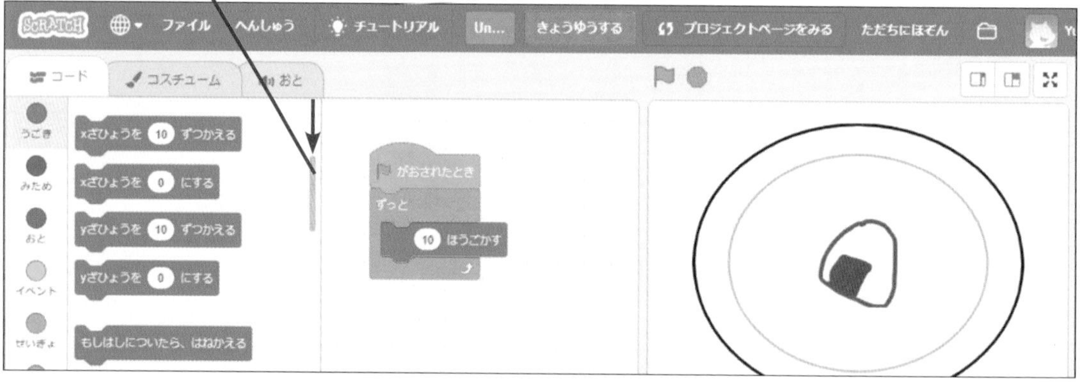

② ブロックを接続《せつぞく》しよう

1 ［もしはしについたら、はねかえる］をクリックして右《みぎ》に動《うご》かそう

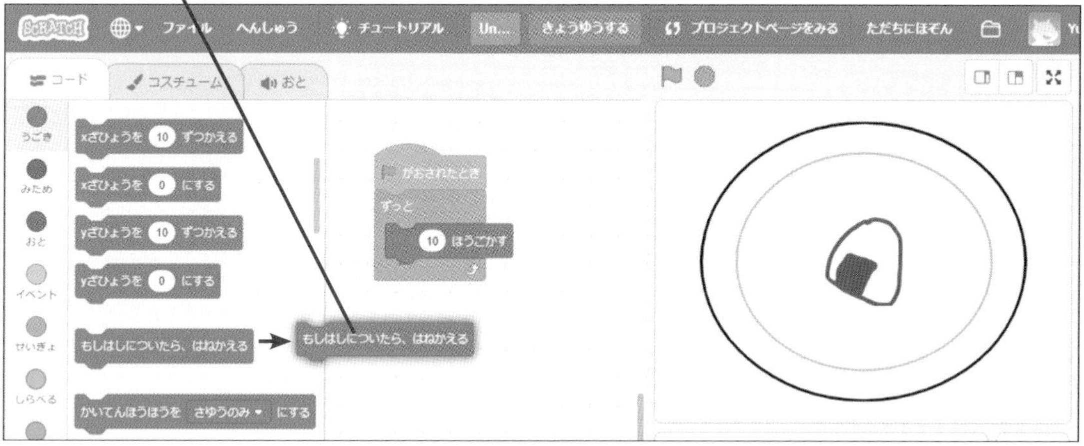

2 ここまで動《うご》かそう

グレーのマークが出《で》たら
マウスボタンをはなそう

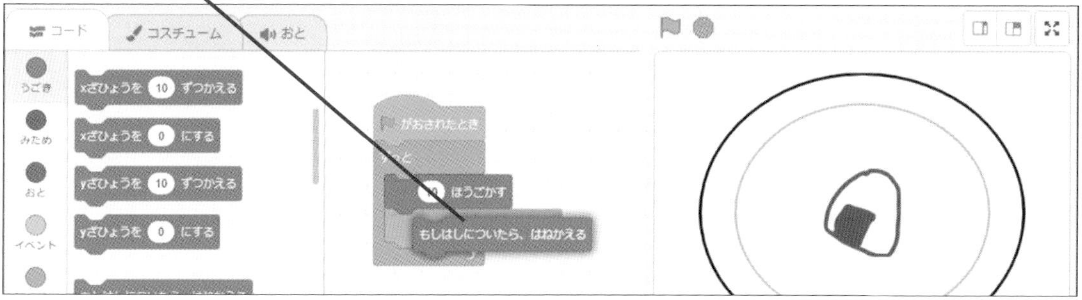

ブロックが接続《せつぞく》できたよ

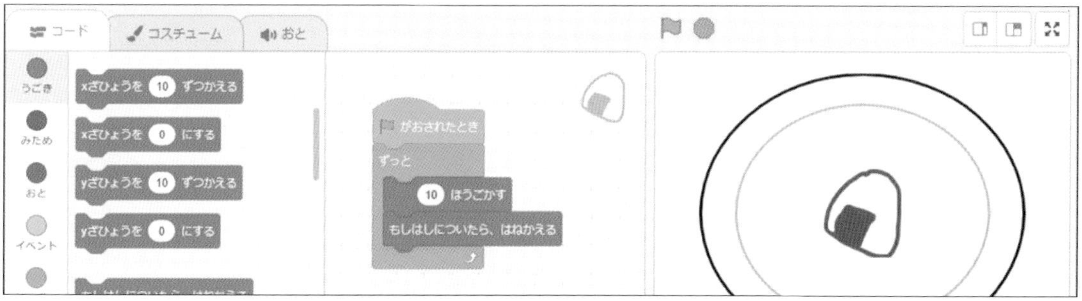

次《つぎ》のページに続《つづ》く

3 プログラムを実行《じっこう》しよう

1 を押《お》してコードを実行《じっこう》しよう

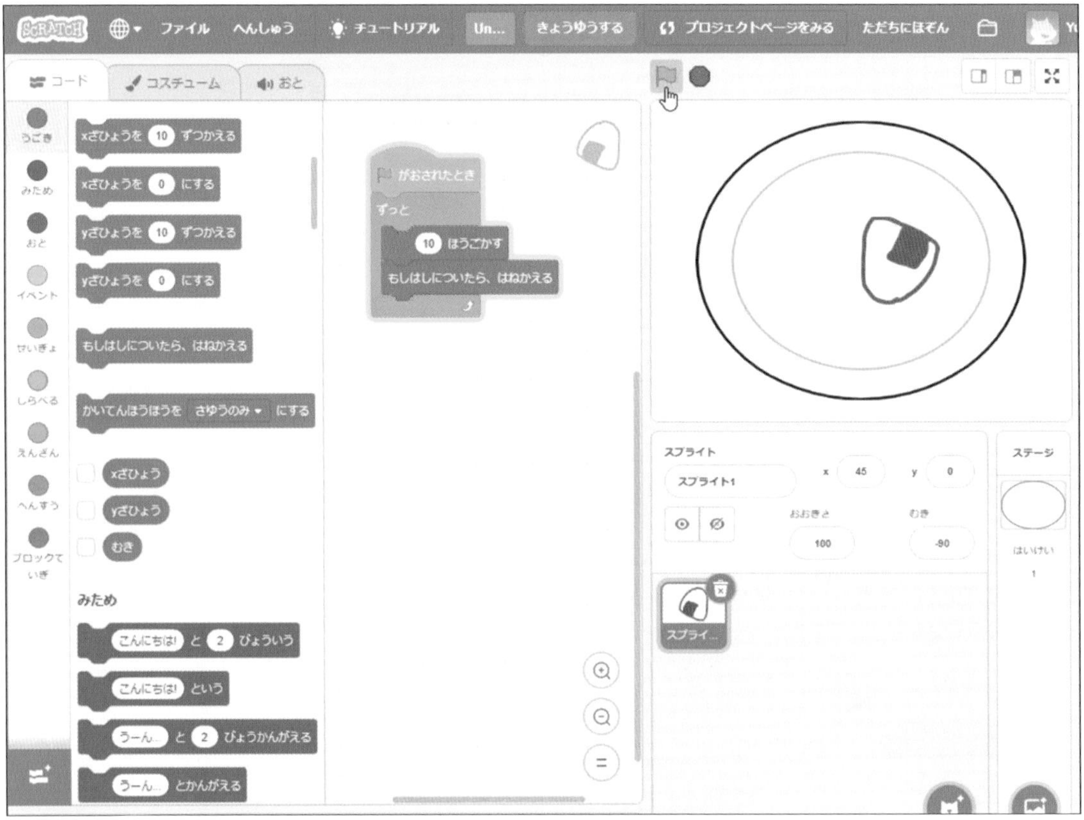

確認《かくにん》したらをクリック
しておこう

はじめてのプログラムが
これで完成《かんせい》したよ！

ずっと動《うご》いてるね、
すごい！

おまけプログラミング　ブロックをクリックしても実行《じっこう》できる

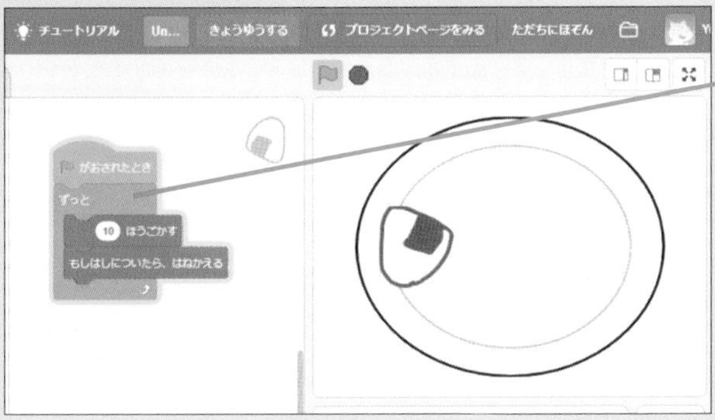

ブロックの固《かた》まりをクリックするとプログラムが実行《じっこう》される

もう一度《いちど》クリックすると止《と》まる

ブロックをクリックすると、そのブロックと、ブロックにつながっているプログラムが実行《じっこう》されるよ。プログラムが動《うご》いているときに、もう一度《いちど》クリックすると止《と》まるよ。動《うご》きを確認《かくにん》したいときに便利《べんり》だね。

まちがえて外《はず》さないように気《き》を付《つ》けよう！

おまけプログラミング　おむすびが回転《かいてん》しないようにするには

ここをクリックするとスプライトが回転《かいてん》しなくなる

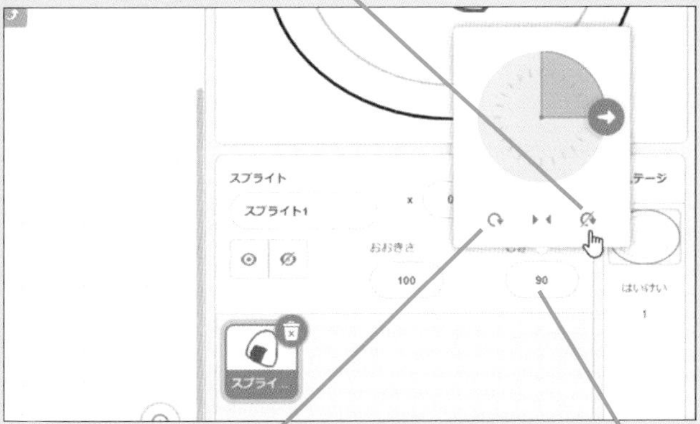

回転《かいてん》するようにするにはここをクリックする

ここを「90」にするとスプライトの向《む》きが元《もと》にもどる

スプライトリストの上《うえ》にある［むき］の数字《すうじ》をクリックすると、矢印《やじるし》と3つのマークがでてくるよ。一番右《いちばんみぎ》のマークをクリックすると、回転《かいてん》しなくなるよ。

回転《かいてん》のしかたを変《か》えたら、コードを実行《じっこう》して動《うご》きを見《み》てみよう！

クイズにトライ!

ブロックはどれだろう？

おむすびがずっと動《うご》くようにするよ。
どのブロックを使《つか》えばいいかな？

①ずっと

②[　]まで
くりかえす

③[10]かい
くりかえす

どのブロックも使《つか》えそう
だけど… …

分《わ》からないときはレッスン
10を見《み》よう！

→答《こた》えは175ページ

第**3**章

おむすびをクリックしたときに音《おと》が出《で》て、点数《てんすう》も入《はい》るようにするよ！

おむすびゲームを改造《かいぞう》しよう

この章《しょう》では、音《おと》の鳴《な》らし方《かた》や、ゲームで点数《てんすう》が入《はい》る仕組《しく》みを紹介《しょうかい》するよ。
ファイルをアップロードする方法《ほうほう》や、
スプライトをクリックしたときにプログラムが動《うご》く方法《ほうほう》も学《まな》ぶよ。

この章《しょう》でやること

◉おむすびをクリックしたときに音《おと》が出《で》るようにするよ

◉おむすびをクリックするたびに得点《とくてん》が入《はい》るようにするよ

◉一定《いってい》の時間《じかん》で止《と》まるようにするよ

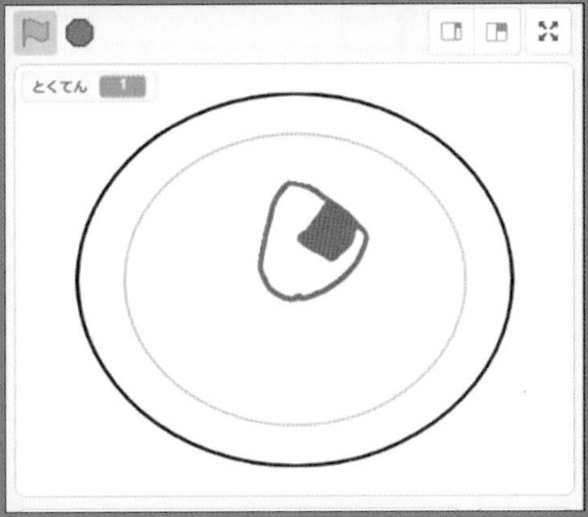

レッスン

■完成《かんせい》したプログラムはこちら https://scratch.mit.edu/projects/404034514

レッスン 11

クリックしたら音《おと》が出《で》るようにしよう

やった日《ひ》
月《がつ》　日《にち》

レッスンで使《つか》う練習用《れんしゅうよう》ファイル
レッスン11.sb3

クリックしたら音《おと》が出《で》るようにプログラムするよ。鳴《な》らすための音《おと》をアップロードするやり方《かた》を学《まな》ぶよ。

このレッスンで覚《おぼ》えたい用語《ようご》	
アップロード	P.185
コード	P.185
スプライト	P.185

1 ブロックを設置《せっち》しよう

レッスン10までに作《つく》った「おむすびゲーム」を表示《ひょうじ》しておこう

1 ［イベント］をクリックしよう

2 ［このスプライトがおされたとき］をここに置《お》こう

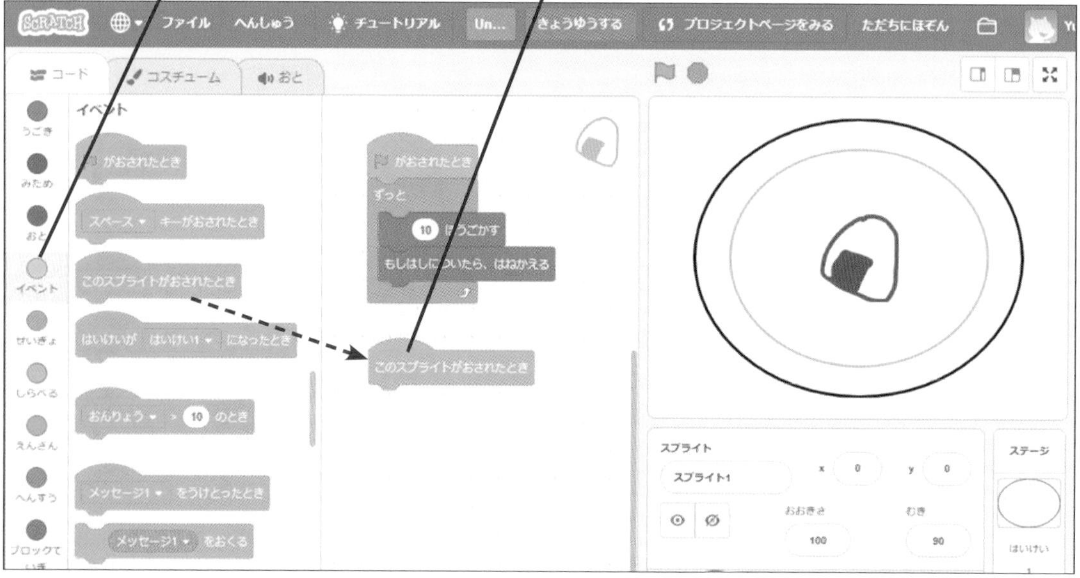

このレッスン用《よう》の練習用《れんしゅうよう》ファイルを使《つか》っても始《はじ》められるよ！

2 もともとの音《おと》を削除《さくじょ》しよう

1 [おと]をクリックしよう

スプライトの音《おと》が表示《ひょうじ》されるよ

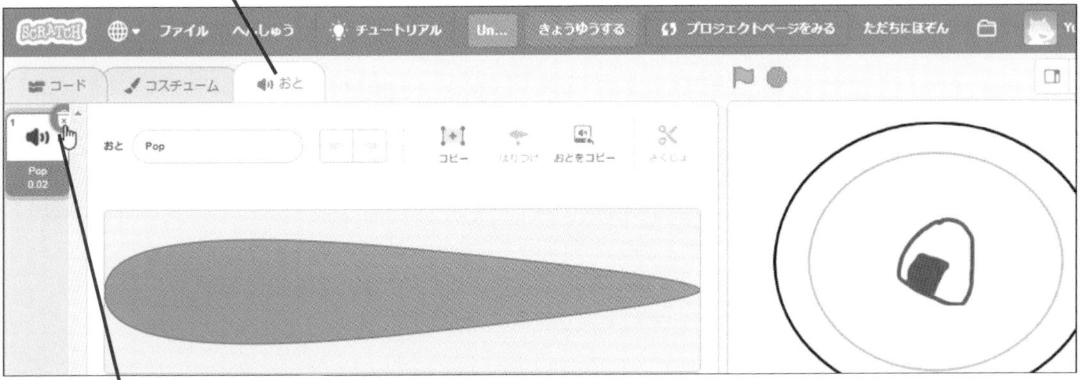

2 🗑をクリックしよう

音《おと》が削除《さくじょ》されるよ

ヒント！

練習用《れんしゅうよう》ファイルを使《つか》った場合《ばあい》はこの操作《そうさ》はしなくていいよ。
次《つぎ》の手順《てじゅん》③に進《すすむ》もう。

3 音《おと》をアップロードする準備《じゅんび》をしよう

28ページを参考《さんこう》に練習用《れんしゅうよう》ファイルを
ダウンロードして展開《てんかい》しておこう

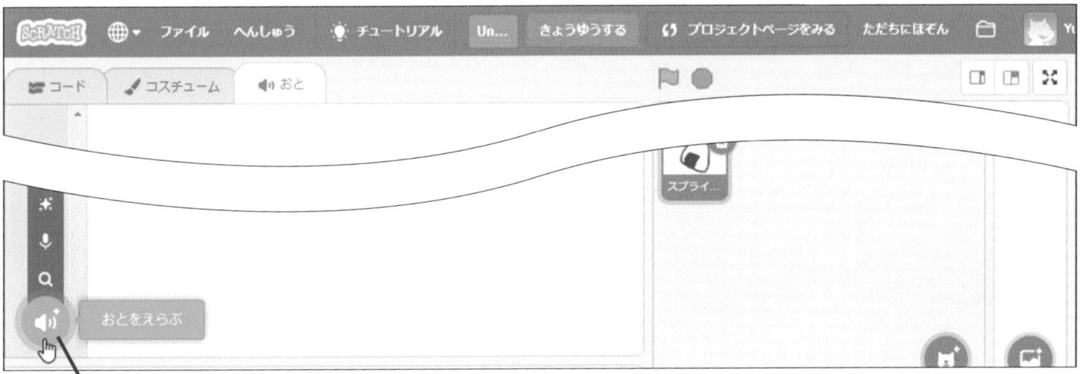

1 [おとをえらぶ]にマウスカーソルを合《あ》わせよう

次《つぎ》のページに続《つづ》く

4 音《おと》をアップロードしよう

1 [おとをアップロードする]をクリックしよう

練習用《れんしゅうよう》ファイルのフォルダーを表示《ひょうじ》しよう

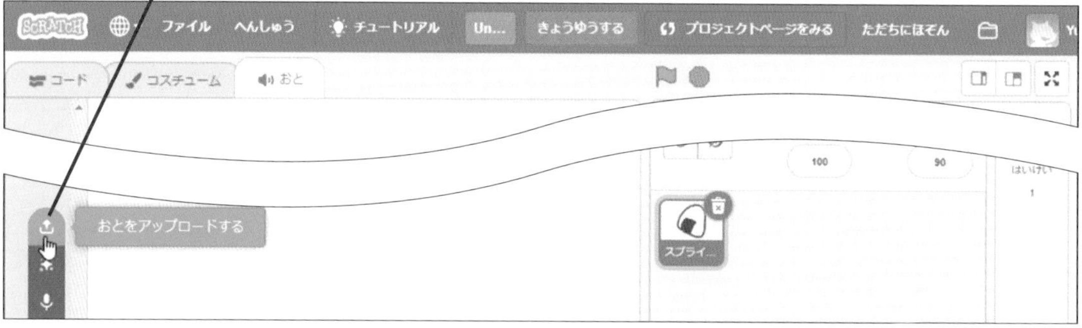

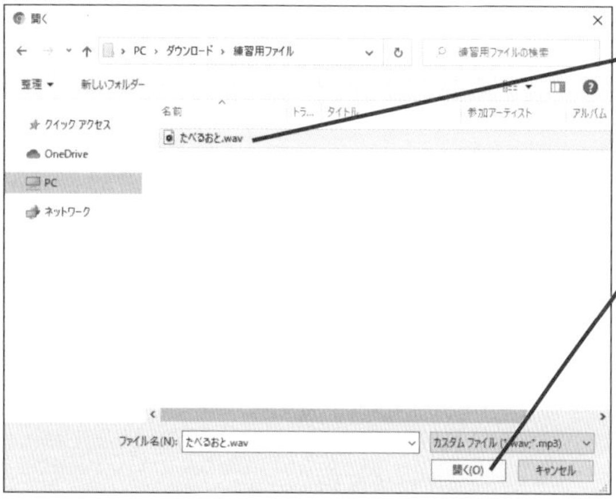

2 [たべるおと.wav] をクリックしよう

3 [開《ひら》く]をクリックしよう

わからないときは大人《おとな》の人《ひと》といっしょにやってね！

[たべるおと]がアップロードされたよ

4 [コード]をクリックしよう

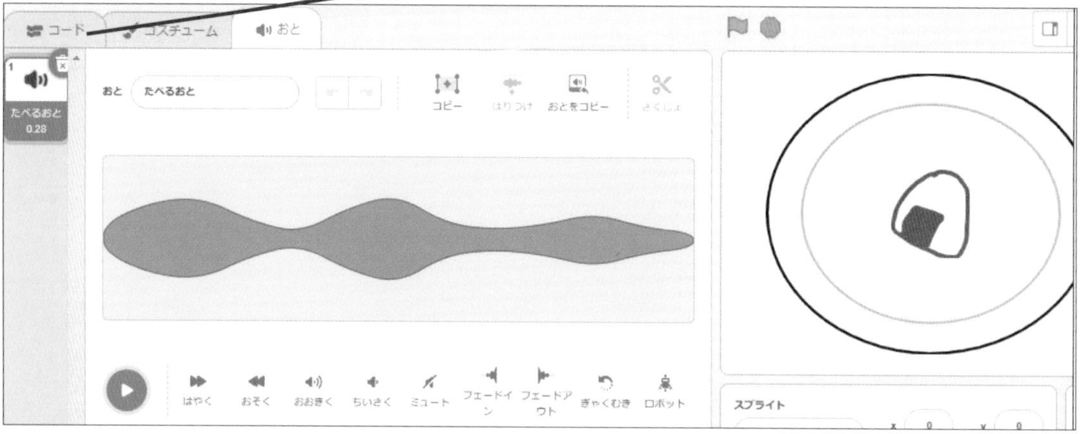

5 音《おと》が出《で》るようにしよう

1 [おと]をクリックしよう

[おと]のブロックが表示《ひょうじ》されるよ

2 [[たべるおと]のおとをならす]をここに接続《せつぞく》しよう

できあがったら🏳を押《お》してゲームを動《うご》かそう

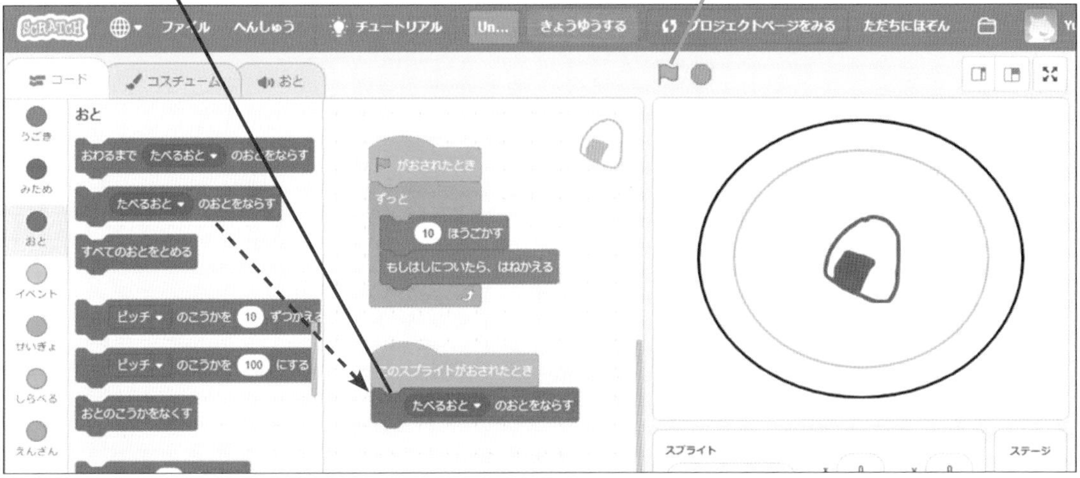

すごーい！　音《おと》が出《で》るようになったよ！

音《おと》が小《ちい》さいときはパソコンの音量《おんりょう》を大《おお》きくしよう

レッスン
12 クリックで別《べつ》の所《ところ》に現《あらわ》れるようにしよう

やった日《ひ》
月《がつ》　日《にち》

レッスンで使《つか》う
練習用《れんしゅうよう》ファイル
レッスン12.sb3

ゲームをもっと面白《おもしろ》くするために、おむすびをクリックしたら、消《き》えて別《べつ》の場所《ばしょ》に出《で》てくるようにするよ。

このレッスンで覚《おぼ》えたい用語《ようご》	
コード	P.185
スプライト	P.185
表示《ひょうじ》	P.186

1 どこかの場所《ばしょ》に現《あらわ》れるようにしよう

1 [うごき]をクリックしよう

2 [[どこかのばしょ]へいく]をここに接続《せつぞく》しよう

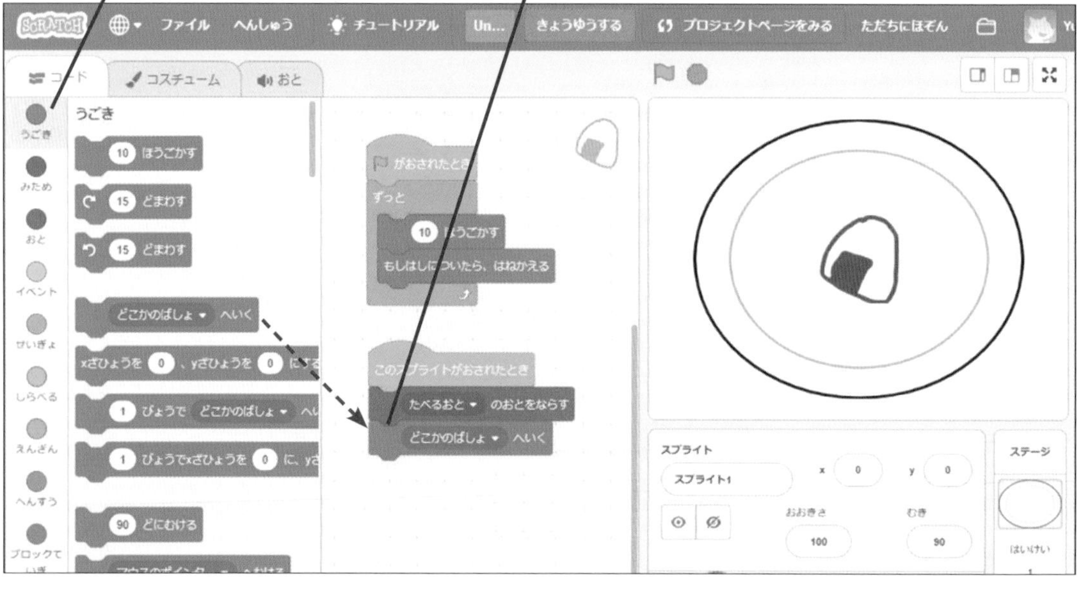

これでOK？

このままでもいいけど、もっと面白《おもしろ》くするよ！

2 おむすびを隠《かく》そう

1 [みため]をクリックしよう

ブロックが表示《ひょうじ》されたよ

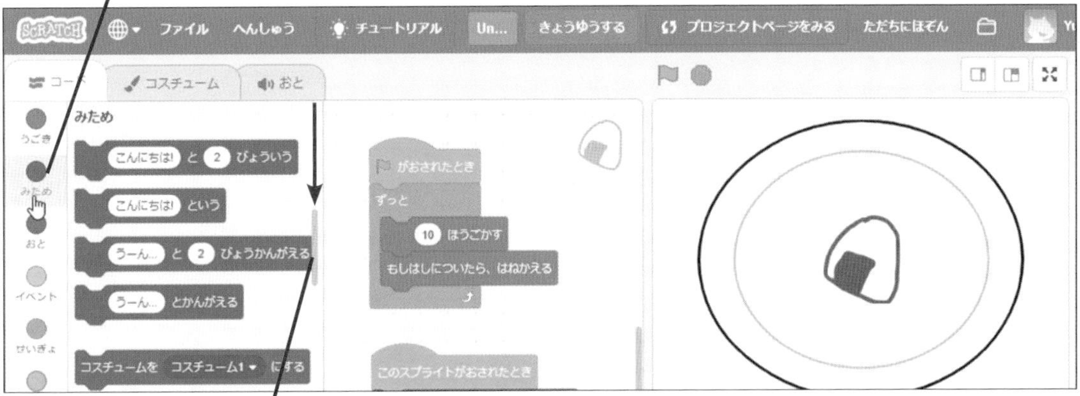

2 ここをクリックしたまま下《した》に動《うご》かそう

新《あたら》しいブロックが表示《ひょうじ》されたよ

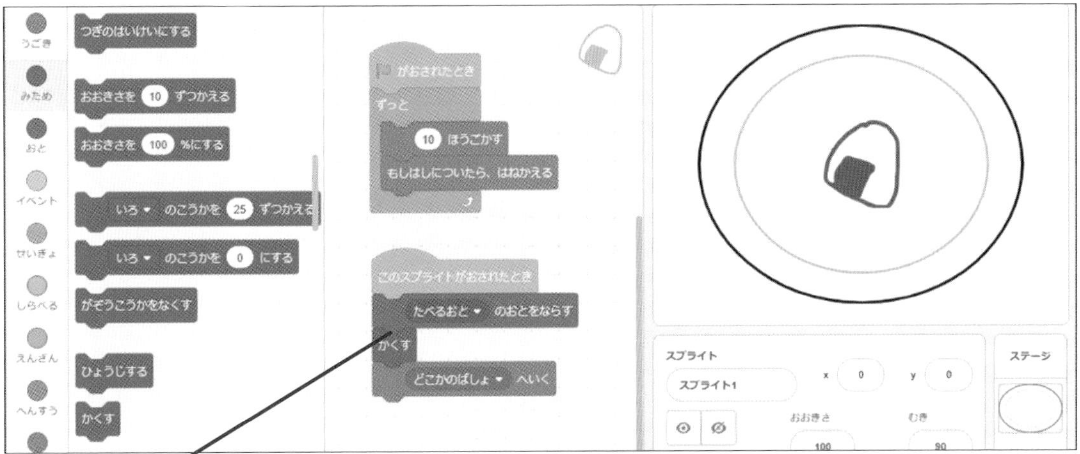

3 [かくす] をここに接続《せつぞく》しよう

ブロックを近《ちか》づけるとそのまま下《した》のブロックとの間《あいだ》に接続《せつぞく》できるよ！

次《つぎ》のページに続《つづ》く

③ おむすびを表示《ひょうじ》しよう

❶ [ひょうじする]をここに接続《せつぞく》しよう

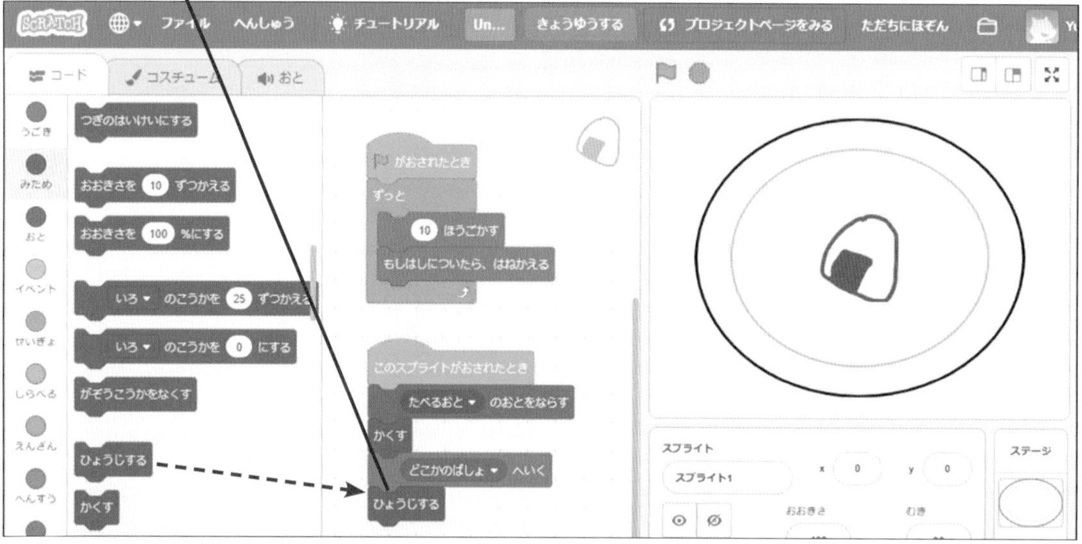

④ 表示《ひょうじ》されるタイミングを変《か》えよう

❶ [せいぎょ]をクリックしよう

ブロックが表示《ひょうじ》されたよ

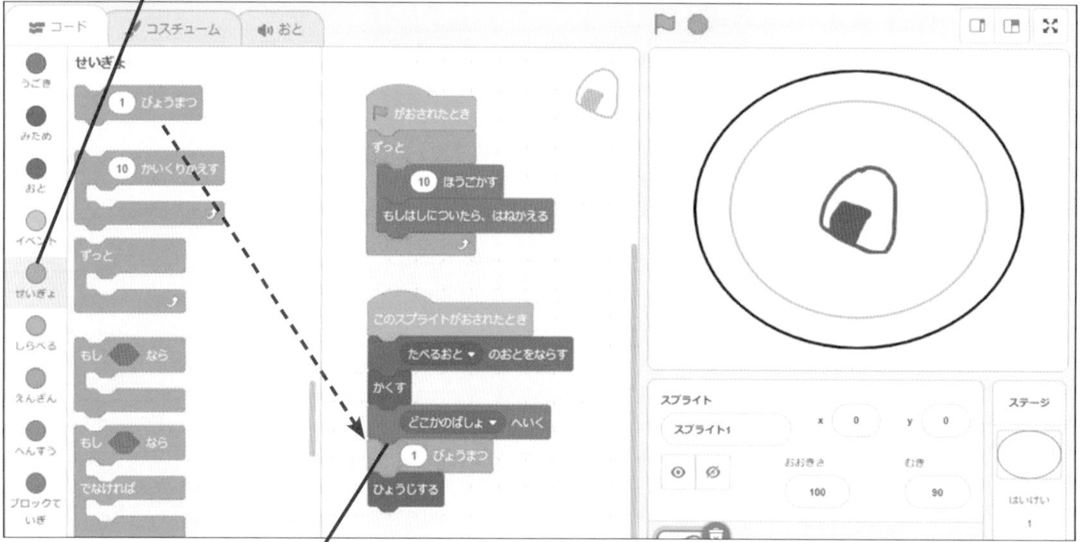

❷ [[1]びょうまつ]をここに接続《せつぞく》しよう

5 コードを実行《じっこう》しよう

1 🏳をクリックしよう

動《うご》きを確認《かくにん》したら●をクリックして止《と》めよう

クリックすると消《き》えて別《べつ》の場所《ばしょ》に出《で》てくるね！

おむすびが見《み》えなくなったら、このページの「おまけプログラミング」で見《み》えるようにしよう

おまけプログラミング　おむすびを再表示《さいひょうじ》するには

ここをクリックするとスプライトが表示《ひょうじ》される

ここをクリックするとスプライトがかくされる

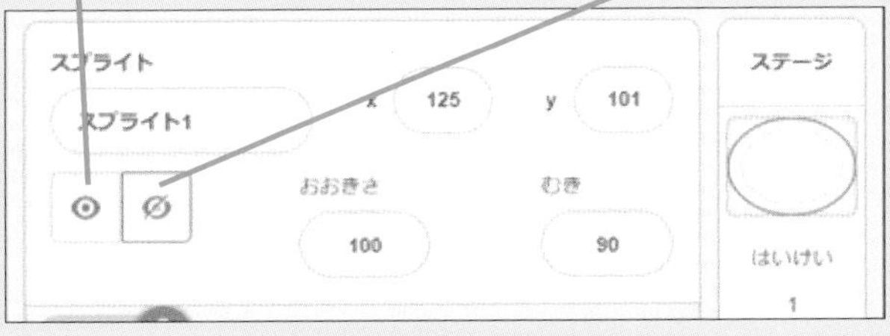

スプライトリストの上《うえ》にある目《め》のマーク（◎）をクリックすると、おむすびが見《み》えるようになるよ。目《め》になための線《せん》が入《はい》ったマーク（⊘）をクリックすると、見《み》えなくなるよ。

レッスン 13

クリックしたら点《てん》が入《はい》るようにしよう

やった日《ひ》
月《がつ》　日《にち》

レッスンで使《つか》う練習用《れんしゅうよう》ファイル
レッスン 13.sb3

おむすびをクリックしたら点《てん》が入《はい》るようにするよ。［変数《へんすう》］という、新《あたら》しい機能《きのう》を使《つか》うよ。

このレッスンで覚《おぼ》えたい用語《ようご》	
コードエリア	P.185
ステージ	P.185
変数《へんすう》	P.186

1 変数《へんすう》を表示《ひょうじ》しよう

1 ［へんすう］をクリックしよう

ブロックが表示《ひょうじ》されたよ

へんすうって何《なに》？

いろいろなものを入《い》れる「はこ」のことだよ。

ヒント！

変数《へんすう》は、数《かず》や文字《もじ》が入《はい》る「はこ」のこと。変数《へんすう》を使《つか》うといろんな場所《ばしょ》で同《おな》じ数《かず》や文字《もじ》を使《つか》えるよ。

② 変数《へんすう》をつくろう

1 [へんすうをつくる]をクリックしよう

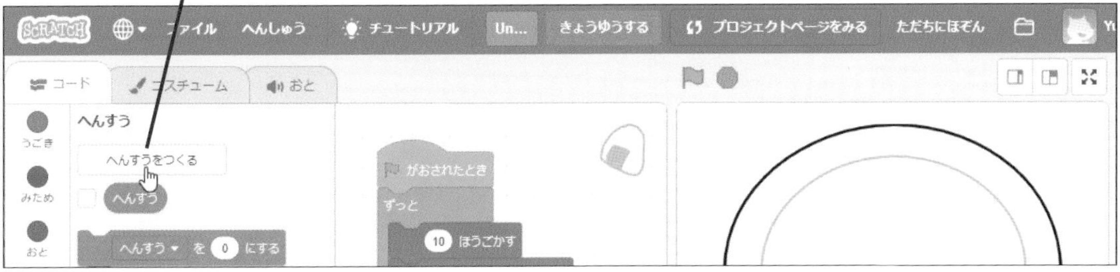

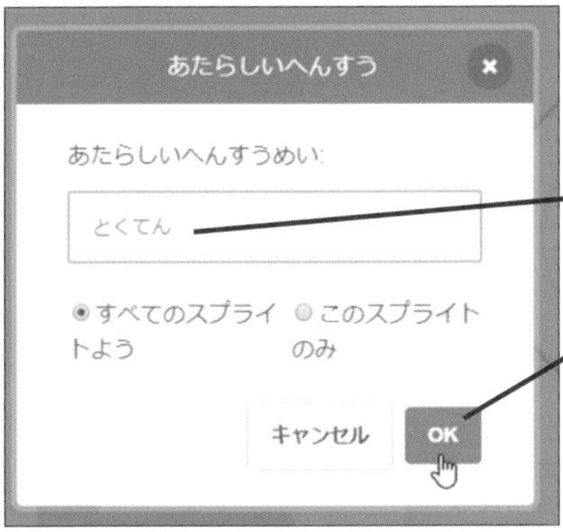

変数《へんすう》を作《つく》る画面《がめん》が表示《ひょうじ》されたよ

2 [とくてん]と入力《にゅうりょく》しよう

3 [OK]をクリック

元《もと》の画面《がめん》に戻《もど》るよ

おまけプログラミング　ひらがなを入力《にゅうりょく》するには

パソコンでは、キーボードで文字《もじ》を入力《にゅうりょく》できるよ。日本語入力《にほんごにゅうりょく》モードで文字《もじ》を入力《にゅうりょく》したら、Enterキーを押《お》して確定《かくてい》しよう。数字《すうじ》を入力《にゅうりょく》するときは、英語《えいご》や数字入力《すうじにゅうりょく》するモードにしよう。

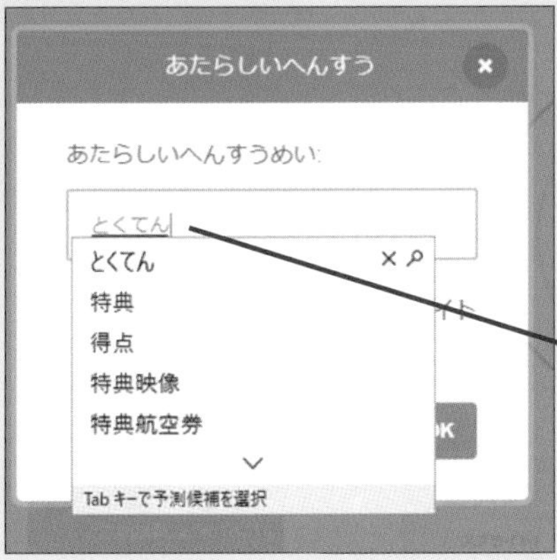

1 T O K U T E N N の順《じゅん》にキーボードを押《お》そう

2 「とくてん」と表示《ひょうじ》されたら Enter キーを押《お》そう

12ページのキーボードの動《うご》かし方《かた》も見《み》てね

次《つぎ》のページに続《つづ》く

③ 得点《とくてん》が増《ふ》えるようにしよう

変数《へんすう》[とくてん]のブロックができた

ステージの表示《ひょうじ》とブロックの種類《しゅるい》を確認《かくにん》しよう

1 [[とくてん]を[1]ずつかえる]をここに接続《せつぞく》しよう

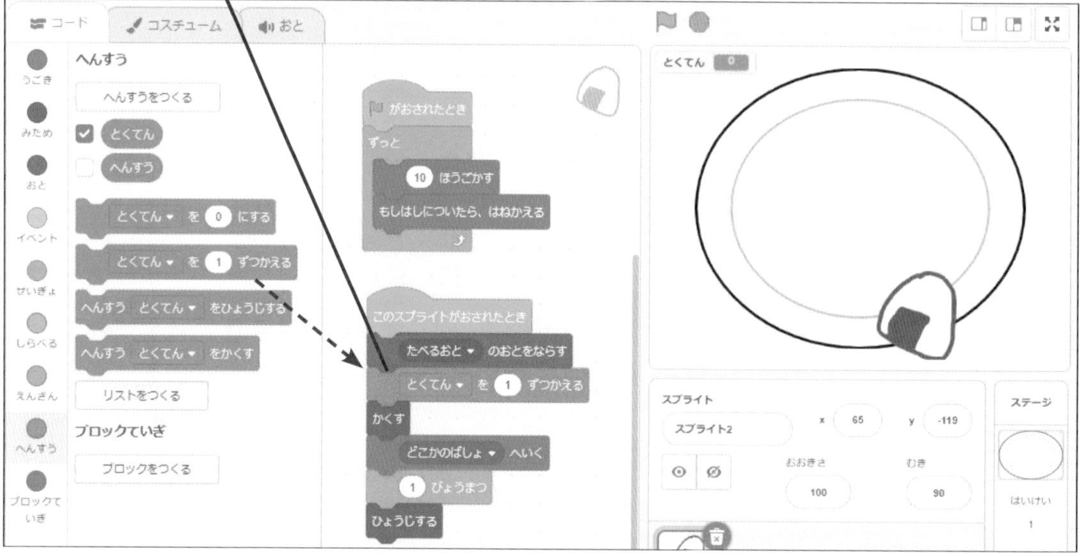

おっと！　このままだと得点《とくてん》が増《ふ》えたままになるよ。次《つぎ》の手順《てじゅん》で必《かなら》ずリセットしよう！

4 得点《とくてん》がリセットされるようにしよう

1 [[とくてん]を[0]にする]をここに接続《せつぞく》しよう

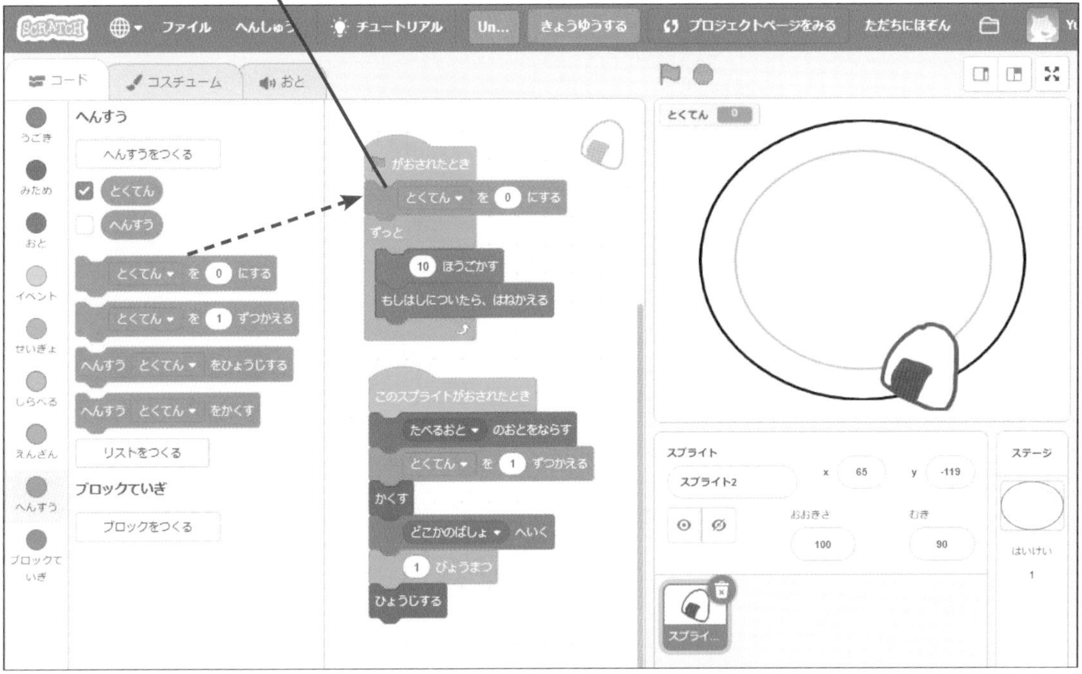

おまけプログラミング ブロックをきれいに並《なら》べるには

[きれいにする] を使《つか》うとブロックをそろえられるよ。コードエリアの何《なに》もないところで右《みぎ》クリックをして、[きれいにする] をクリックすると、ブロックがきれいに並《なら》ぶよ。

1 コードエリアの何《なに》もないところを右《みぎ》クリック

2 [きれいにする]をクリック

ブロックがきれいに並《なら》ぶ

レッスン 14

一定《いってい》の時間《じかん》で止《と》まるようにしよう

やった日《ひ》
月《がつ》　日《にち》

レッスンで使《つか》う練習用《れんしゅうよう》ファイル

レッスン 14.sb3

ある程度《ていど》時間《じかん》がたったら、ゲームが止《と》まるようにしてみよう。タイマーという機能《きのう》を使《つか》ってプログラムするよ。

このレッスンで覚《おぼ》えたい用語《ようご》	
カテゴリー	P.185
コード	P.185
プログラム	P.186

1 ブロックを設置《せっち》しよう

1 [イベント]をクリックしよう

ブロックが表示《ひょうじ》されたよ

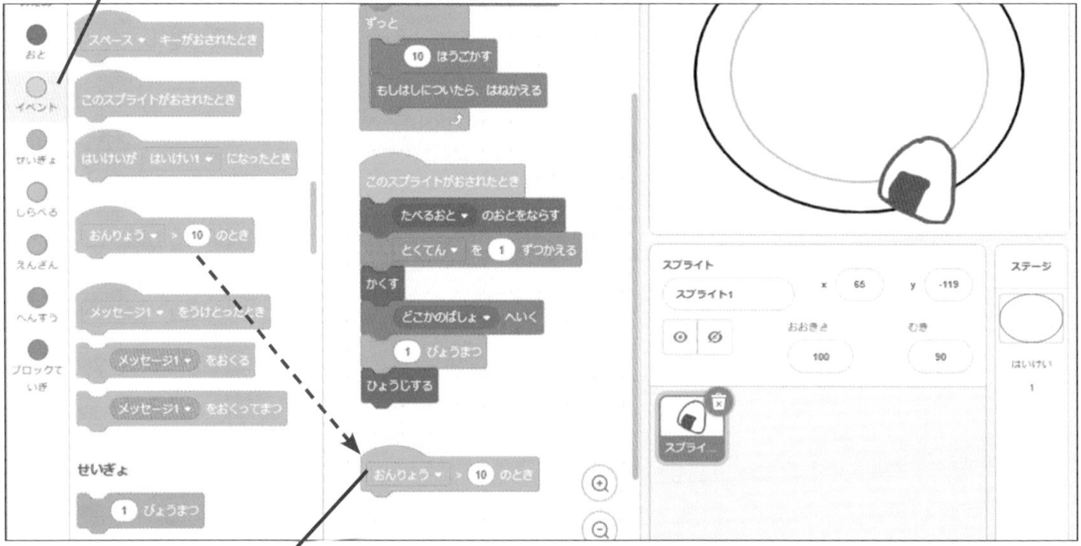

2 [[おんりょう]>[10]のとき]をここに置《お》こう

おんりょう？

音《おと》の大《おお》きさのことだけど、ここでは別《べつ》のブロックにするよ

2 ブロックの内容《ないよう》を変《か》えよう

1 [ここ]をクリックしよう

ちがう内容《ないよう》が表示《ひょうじ》されるよ

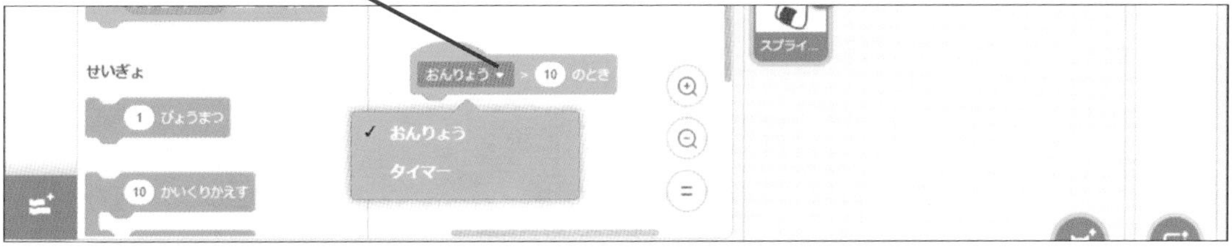

2 [タイマー]をクリックしよう

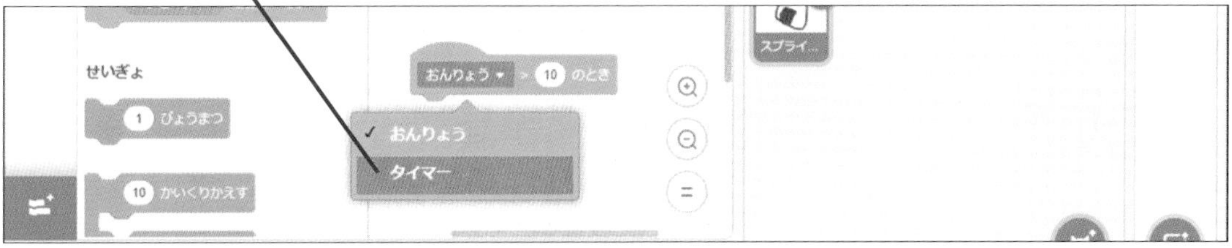

[おんりょう]が[タイマー]に変《か》わったよ

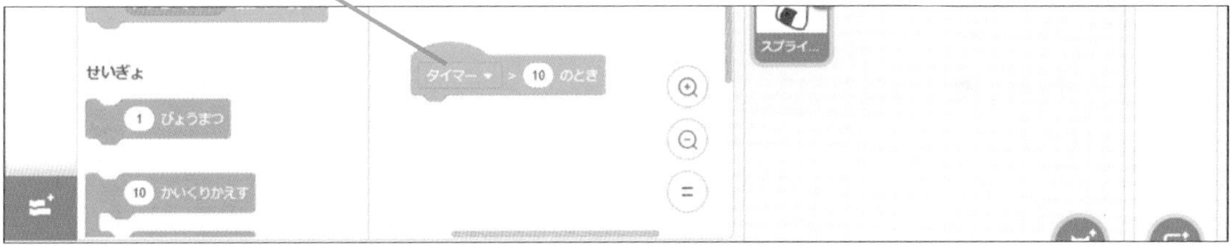

おまけプログラミング　タイマーって何《なに》？

[タイマー]は秒数《びょうすう》を自動《じどう》で数《かぞ》えているブロックだよ。[しらべる]をクリックして、[タイマー]の左側《ひだりがわ》の四角《しかく》をクリックしよう。ステージに表示《ひょうじ》されたかな？

ここをクリックしてチェックマークをつける

ステージにタイマーが表示《ひょうじ》される

次《つぎ》のページに続《つづ》く

3 一定《いってい》の時間《じかん》で止《と》まるようにしよう

1 [せいぎょ]をクリックしよう

ブロックが表示《ひょうじ》されたよ

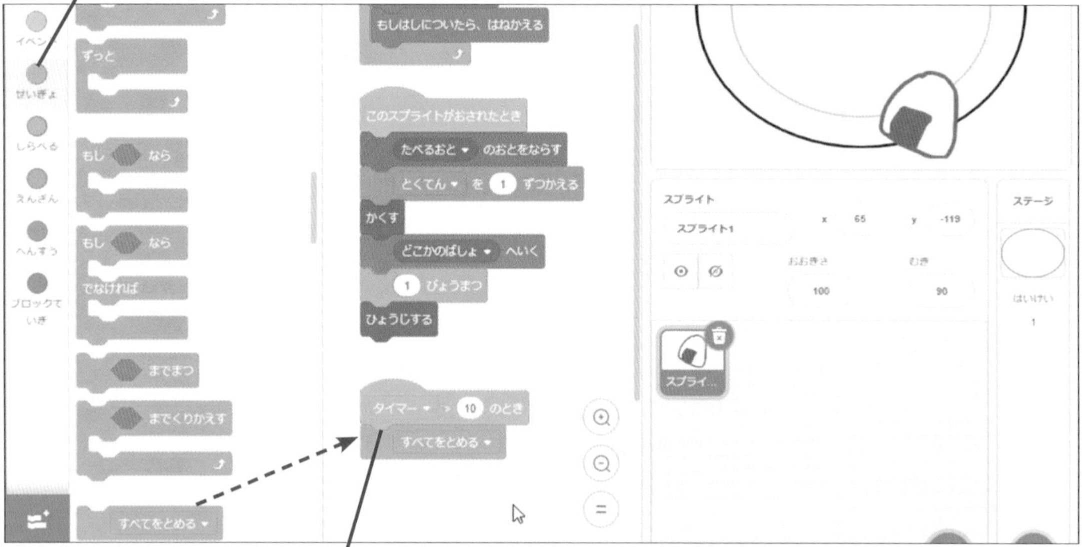

2 [[すべてをとめる]]をここに接続《せつぞく》しよう

4 コードを実行《じっこう》しよう

1 [旗]をクリックしよう

おむすびをクリックしよう

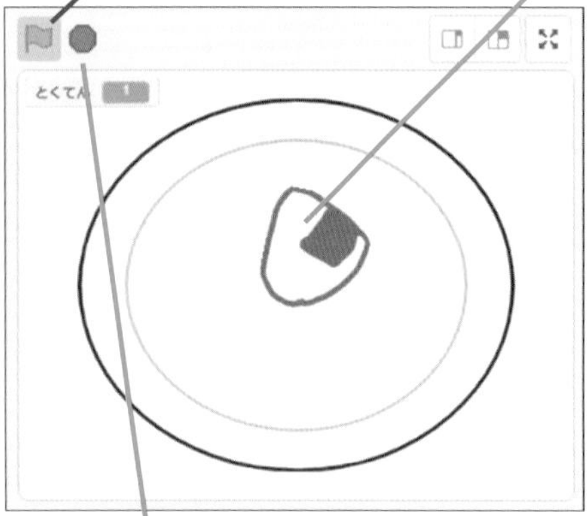

動《うご》きを確認《かくにん》したら[停止]をクリックして止《と》めよう

おまけプログラミング ゲームを完全《かんぜん》な形《かたち》にしよう

［えんざん］や［しらべる］ブロックを活用《かつよう》して、クリックされたら点数《てんすう》を入《い》れるプログラムを、ゲームの時間中《じかんちゅう》だけ動《うご》くようにしてみよう。下《した》の画面《がめん》を参考《さんこう》に作《つく》ってみてね。

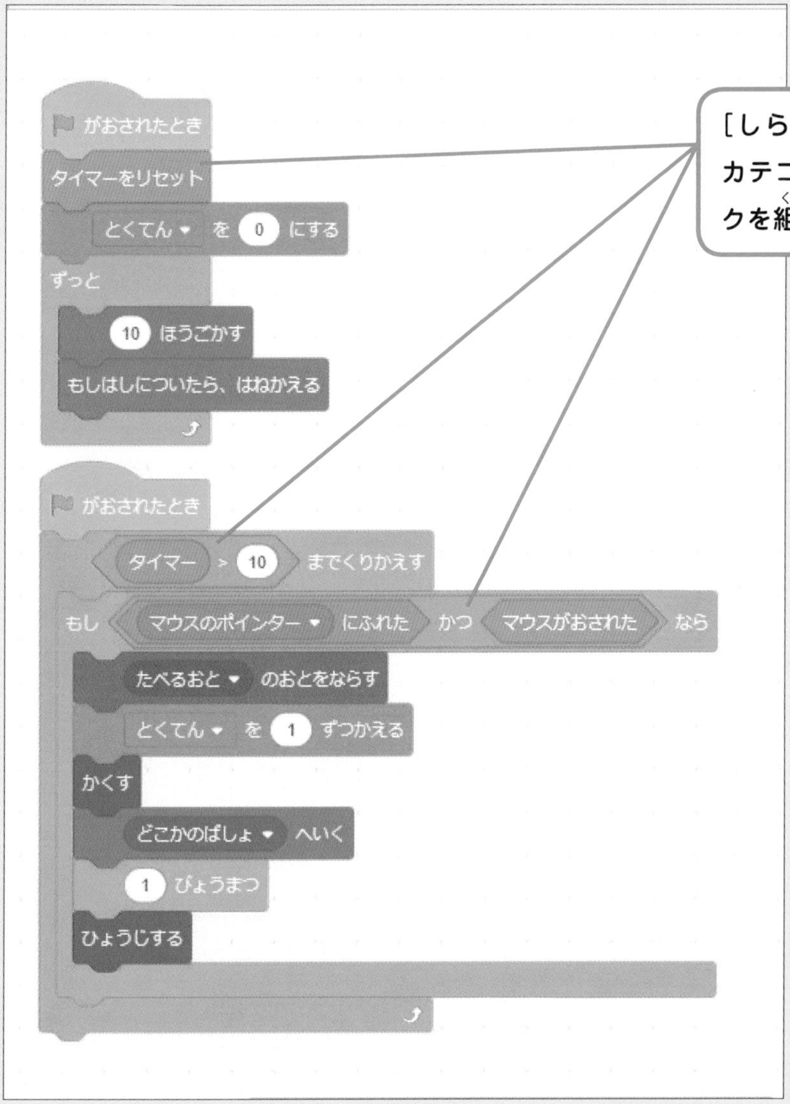
がおされたとき
タイマーをリセット
とくてん を 0 にする
ずっと
10 ほうごかす
もしはしについたら、はねかえる
がおされたとき
タイマー > 10 までくりかえす
もし マウスのポインター にふれた かつ マウスがおされた なら
たべるおと のおとをならす
とくてん を 1 ずつかえる
かくす
どこかのばしょ へいく
1 びょうまつ
ひょうじする

［しらべる］［えんざん］カテゴリーにあるブロックを組《く》み合《あ》わせる

大人《おとな》の人《ひと》と作《つく》ってみよう！

クイズにトライ！ あてはまる言葉《ことば》を答《こた》えてね！

「とくてん」を増《ふ》やすために使《つか》う仕《し》組《く》み、
何《なに》だったっけ？

①さんすう　②へんすう　③ほんすう

え？　どれだったっけ

分《わ》からないときはレッスン13を見《み》よう！

スクラッチの画面《がめん》にも表示《ひょうじ》されてるね。

→答《こた》えは175ページ

どんどん降《ふ》ってくるおかしを
キャッチするよ！

第4章

おかしキャッチを作《つく》ろう

この章《しょう》では、キャラクターを動《うご》かして降《ふ》ってくるケーキを
キャッチするゲームを作《つく》るよ。複数《ふくすう》の条件《じょうけん》を使《つか》った条件分岐《じょうけんぶんき》や、
複製《ふくせい》のやり方《かた》、表示《ひょうじ》の切《き》り替《か》えを学《まな》ぼう。

この章《しょう》でやること

◎パソコンの←→キーで、できるもんが動《うご》くようにするよ
◎ケーキが次々《つぎつぎ》と降《ふ》ってきて、とると得点《とくてん》が増えるようにするよ
◎一定《いってい》の時間《じかん》で止《と》まるようにするよ

レッスン

■完成《かんせい》したプログラムはこちら　https://scratch.mit.edu/projects/404035070

レッスン 15

プログラミングの準《じゅん》備《び》をしよう

やった日《ひ》
月《がつ》　日《にち》

レッスンで使《つか》う練習用《れんしゅうよう》ファイル
レッスン 15.sb3

コードエリアを大《おお》きくして、コードを組《く》みやすくするよ。いろんな表示《ひょうじ》を使《つか》って、効率《こうりつ》よく作《つく》れるようにしよう。

このレッスンで覚《おぼ》えたい用語《ようご》	
アップロード	P.185
コードエリア	P.185
ステージ	P.185

1 画面《がめん》の大《おお》きさを変《か》えよう

24ページを参考《さんこう》に「できるもん」「ケーキ」「はいけい」をアップロードしておこう

1 ここをクリックしよう

コードエリアが大《おお》きくなるよ

2 [できるもん]をクリックしよう

2 ブロックを設置《せっち》しよう

1 [イベント]をクリックしよう

2 [🏴がおされたとき]を設置《せっち》しよう

3 繰《く》り返《かえ》し処理《しょり》の準備《じゅんび》をしよう

1 [せいぎょ]をクリックしよう

2 [ずっと]を接続《せつぞく》しよう

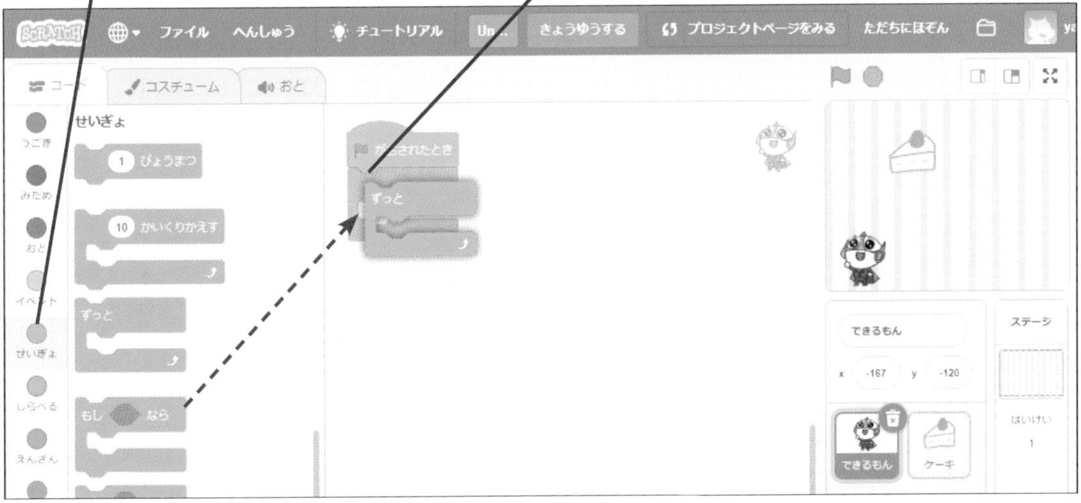

ヒント！

ステージの右上《みぎうえ》の一番右《いちばんみぎ》のボタン（⛶）をクリックすると、ステージが全《ぜん》画《が》面《めん》表《ひょう》示《じ》になるよ。コードエリアが見《み》えないから、完成《かんせい》したゲームで遊《あそ》ぶときに便利《べんり》だね。

レッスン16

できるもんを左右《さゆう》に動《うご》かそう

やった日《ひ》
月《がつ》　日《にち》

レッスンで使《つか》う練習用《れんしゅうよう》ファイル
レッスン16.sb3

できるもんが左右《さゆう》に動《うご》くようにするよ。右《みぎ》に動《うご》くプログラムを先《さき》に作《つく》って、それを複製《ふくせい》して使《つか》うよ。

このレッスンで覚《おぼ》えたい用語《ようご》	
向き	P.185
条件《じょうけん》	P.185
半角数字《はんかくすうじ》	P.186

1 [もし [　] なら] ブロックを接続《せつぞく》しよう

1 [せいぎょ] をクリックしよう

2 [もし[　]なら]ブロックをクリックしよう

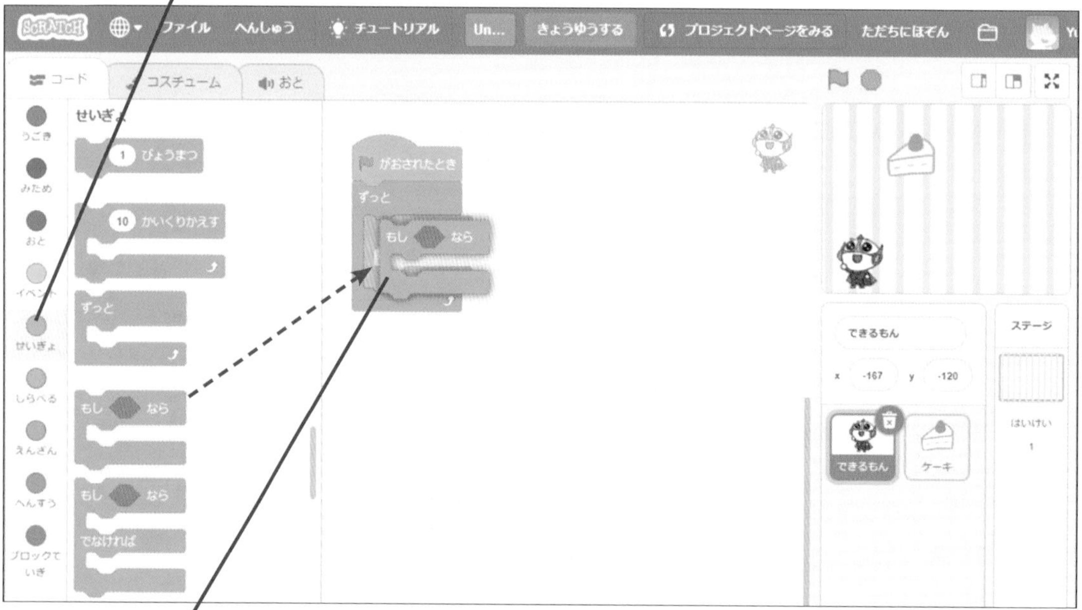

3 クリックしたままここまで動《うご》かそう

4 グレーの表示《ひょうじ》が出《で》たらマウスボタンをはなそう

② 条件《じょうけん》のブロックを組《く》み込《こ》もう

1 ［しらべる］をクリックしよう

2 ［［スペース］キーがおされた］ブロックをクリックしよう

3 クリックしたままここまで動《うご》かそう

4 わくが白《しろ》くなったらマウスボタンをはなそう

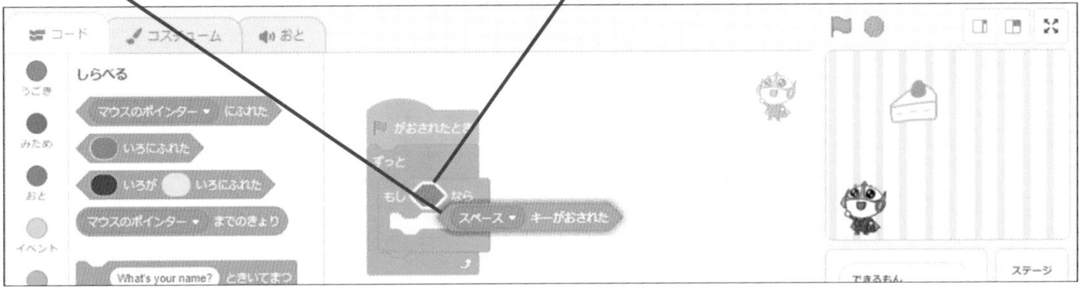

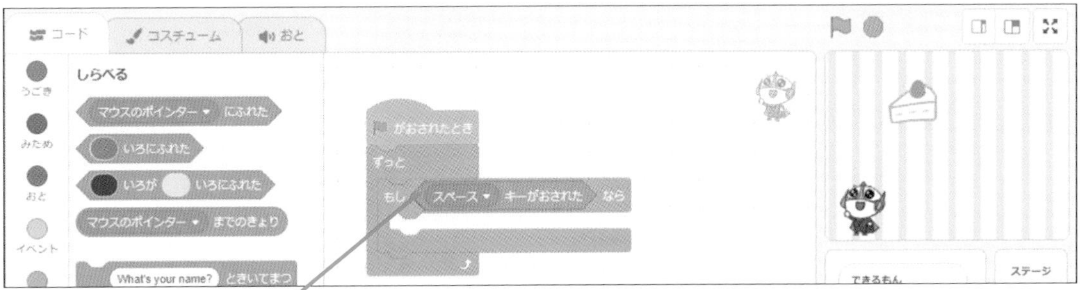

ブロックが組《く》み込《こ》めたよ

次《つぎ》のページに続《つづ》く

3 右《みぎ》向《む》きの動《うご》きを作《つく》ろう

1 [動《うご》き]をクリックしよう

2 [[10] ほうごかす] を ここに接続《せつぞく》しよう

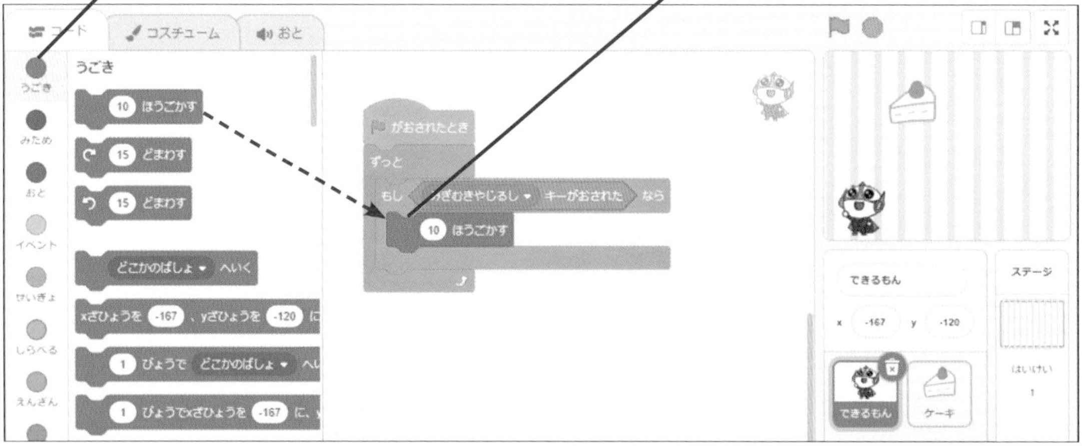

4 ブロックを右《みぎ》クリックしよう

1 ここにマウスカーソルを合《あ》わせよう

マウスカーソルの形《かたち》が変《か》わったよ

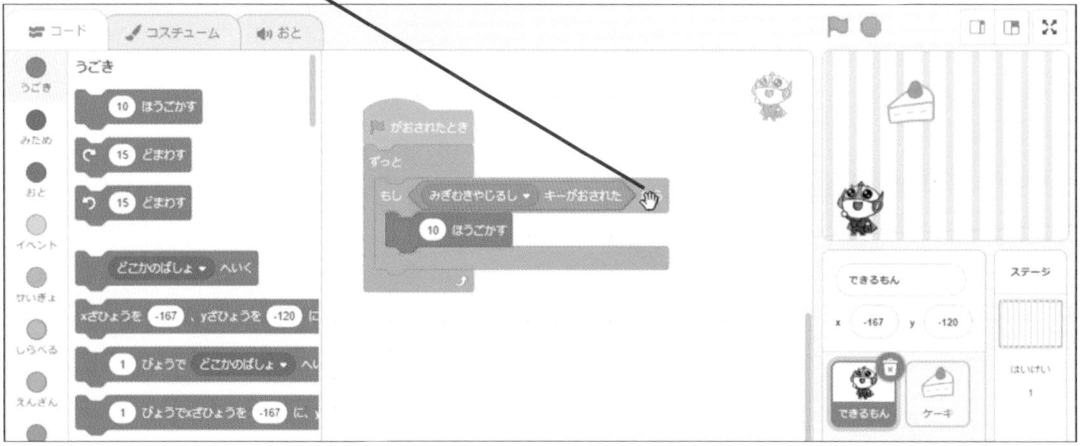

2 そのまま右《みぎ》クリックしよう

5 ブロックを複製《ふくせい》しよう

メニューが表示《ひょうじ》されたよ

1 [ふくせい]をクリックしよう

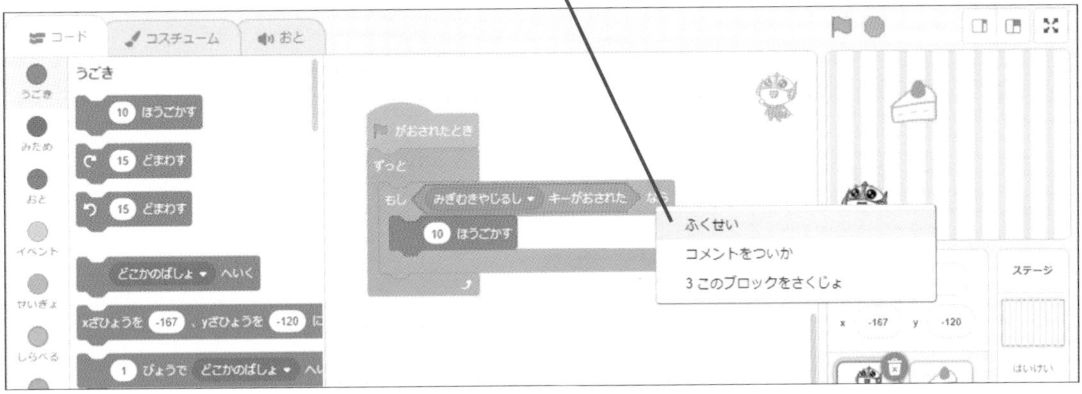

ブロックの固《かた》まりができたよ

2 ここまで動《うご》かそう

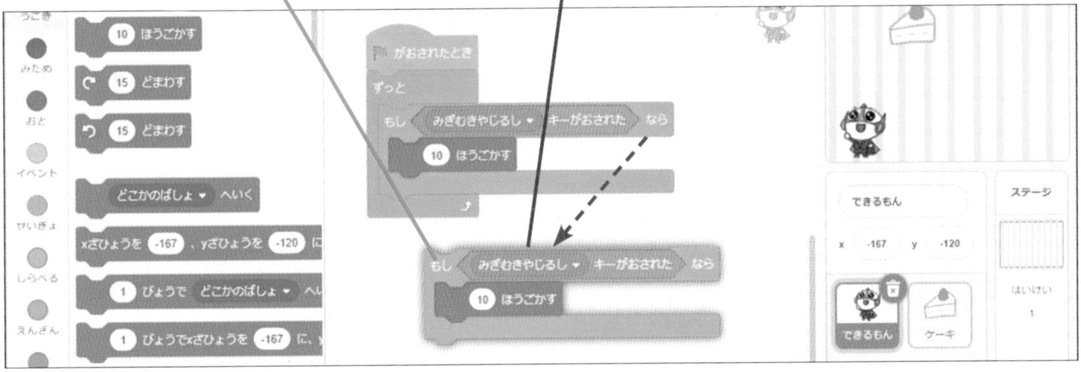

ブロックの固《かた》まりが複製《ふくせい》できたよ

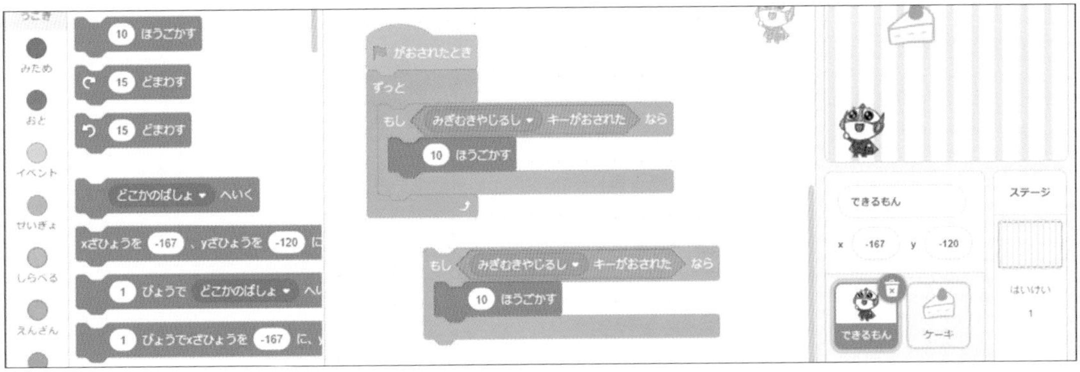

次《つぎ》のページに続《つづ》く

6 複製《ふくせい》したブロックを接続《せつぞく》しよう

複製《ふくせい》したブロックをクリックしておこう

1 クリックしたままここまで動《うご》かそう

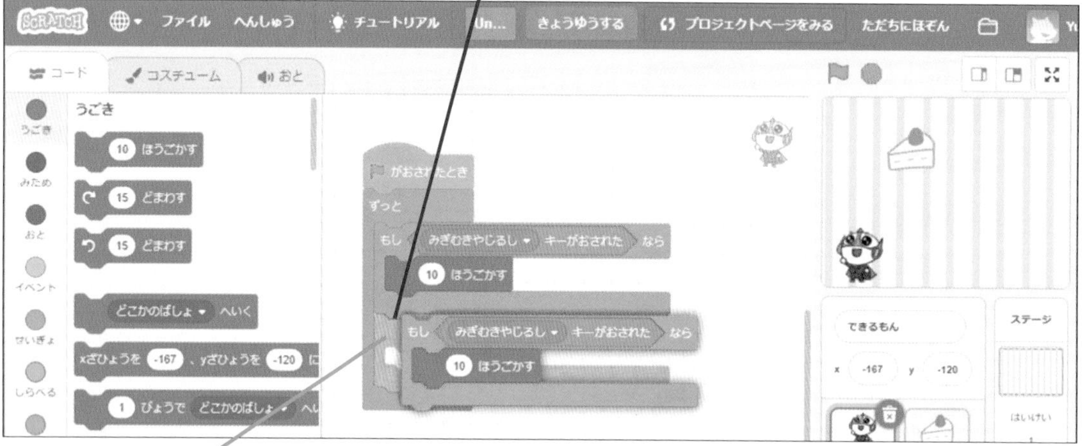

グレーの表示《ひょうじ》が出《で》たらマウスボタンをはなそう

ブロックが接続《せつぞく》されたよ

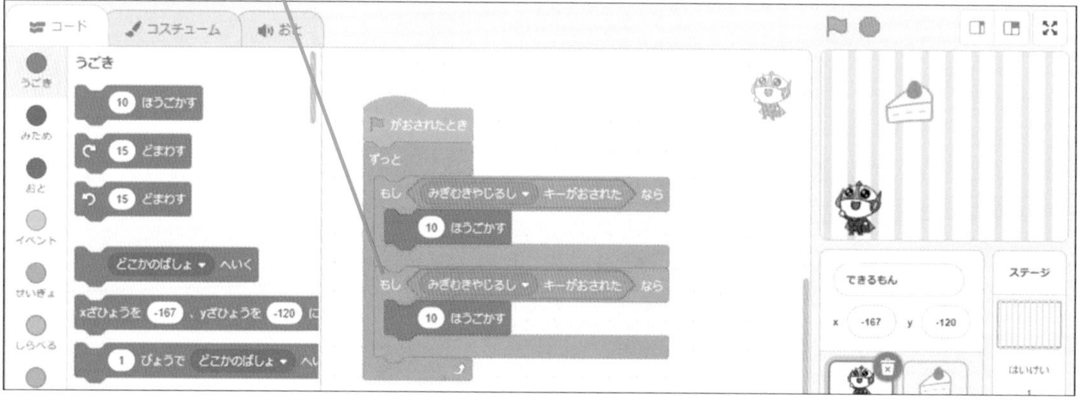

7 左《ひだり》向《む》きの動《うご》きを作《つく》ろう

1 ここをクリックしよう

メニューが表示《ひょうじ》されたよ

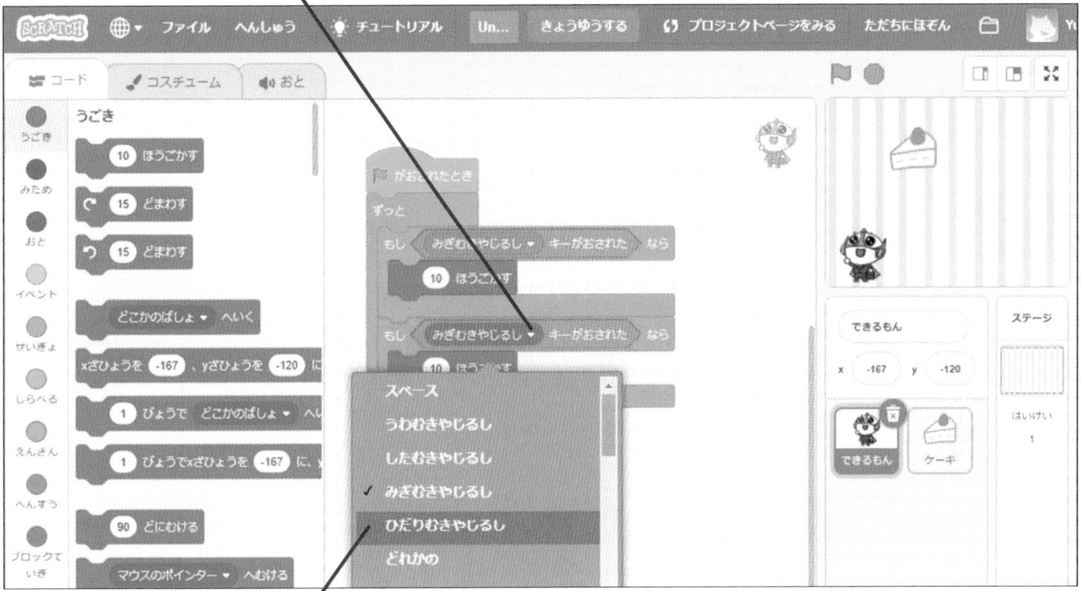

2 [ひだりむきやじるし]をクリックしよう

3 ここをクリックしよう

4 「-10」と入力《にゅうりょく》しよう

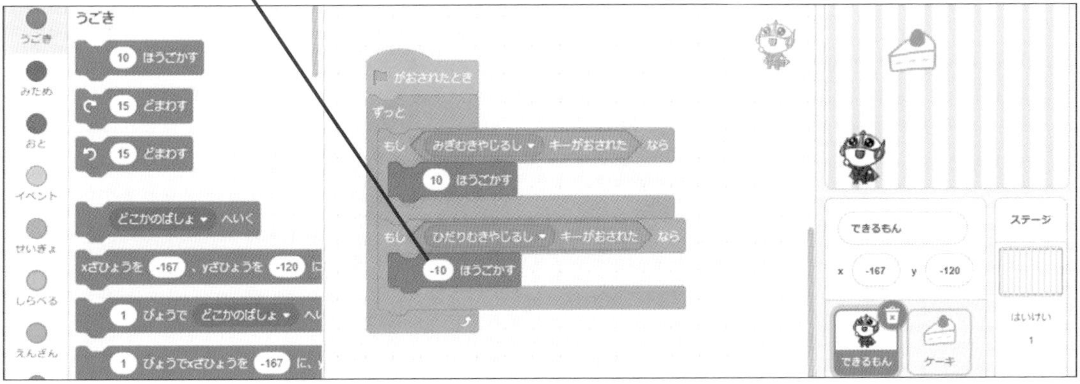

ヒント！

数字《すうじ》を入力《にゅうりょく》するときは、キーボードの一番上《いちばんうえ》か右側《みぎがわ》にある数字《すうじ》キーを使《つか》おう。スクラッチは英語《えいご》モードで入力《にゅうりょく》できる幅《はば》が小《ち》さい数字《すうじ》(半角数字《はんかくすうじ》)じゃないと動《うご》かないよ。

レッスン 17 ケーキが現《あらわ》れる場所《ばしょ》を決《き》めよう

やった日《ひ》
月《がつ》　日《にち》

レッスンで使《つか》う
練習用《れんしゅうよう》ファイル
レッスン 17.sb3

ケーキが画面《がめん》の一番上《いちばんうえ》のどこかに行《い》くようにするよ。「どこかのばしょ」に行《い》ってから、高《たか》さを設定《せってい》するよ。

このレッスンで覚《おぼ》えたい用語《ようご》	
座標《ざひょう》	P.185
スプライト	P.185
緑《みどり》の旗《はた》ボタン	P.186

1 [ずっと] ブロックを接続《せつぞく》しよう

[ケーキ]をクリックしておこう

1 [イベント]をクリックしよう

2 [がおされたとき]を設置《せっち》しよう

3 [せいぎょ]をクリックしよう

4 [ずっと]を接続《せつぞく》しよう

② ケーキがいろいろな場所《ばしょ》に現《あらわ》れるようにしよう

1 ［うごき］をクリックしよう

2 ［［どこかのばしょ］ へいく］を接続《せつぞく》しよう

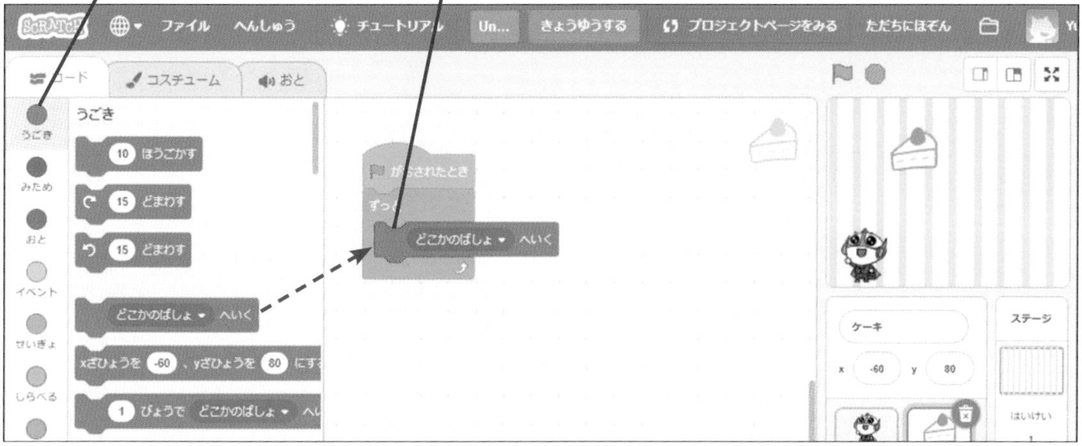

③ ケーキが現《あらわ》れる高《たか》さを一定《いってい》にしよう

1 ［yざひょうを［　］にする］を接続《せつぞく》しよう

2 「180」と入力《にゅうりょく》しよう

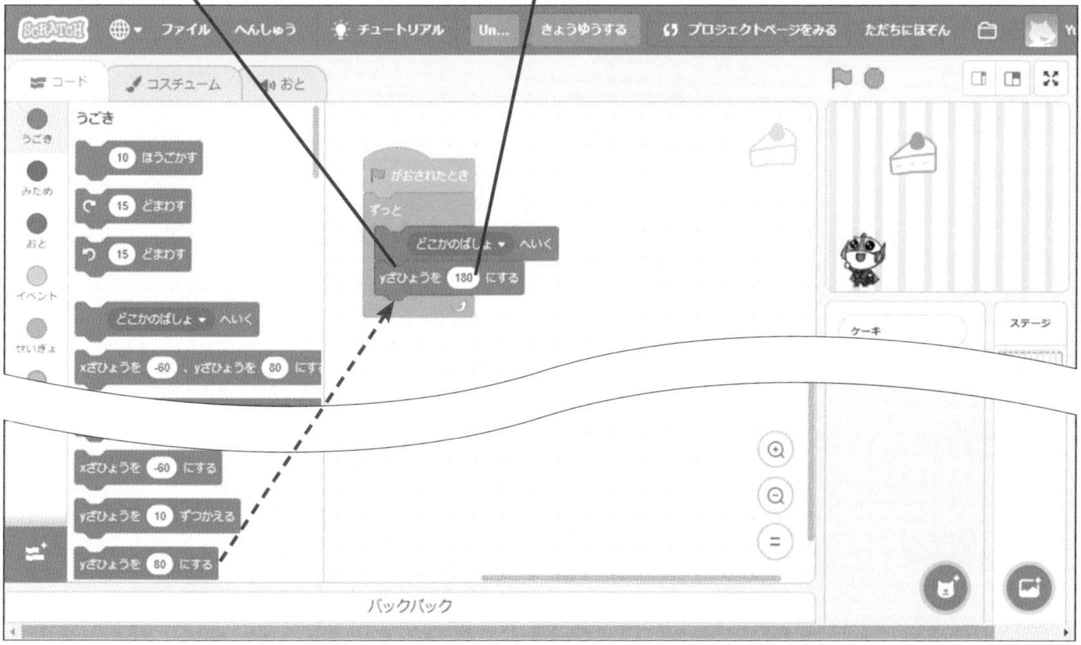

レッスン 18 ケーキの動《うご》きを作《つく》ろう

やった日《ひ》
月《がつ》　日《にち》

レッスンで使《つか》う練習用《れんしゅうよう》ファイル
レッスン 18.sb3

［［　］までくりかえす］ブロックを使《つか》ってケーキを動《うご》かすよ。このブロックは条件《じょうけん》が満《み》たされるまで実行《じっこう》されるよ。

このレッスンで覚《おぼ》えたい用語《ようご》

座標《ざひょう》	P.185
条件《じょうけん》	P.185
緑《みどり》の旗《はた》ボタン	P.186

1 ［［　］までくりかえす］ブロックを接続《せつぞく》しよう

1 ［せいぎょ］をクリックしよう

2 ［［　］までくりかえす］を接続《せつぞく》しよう

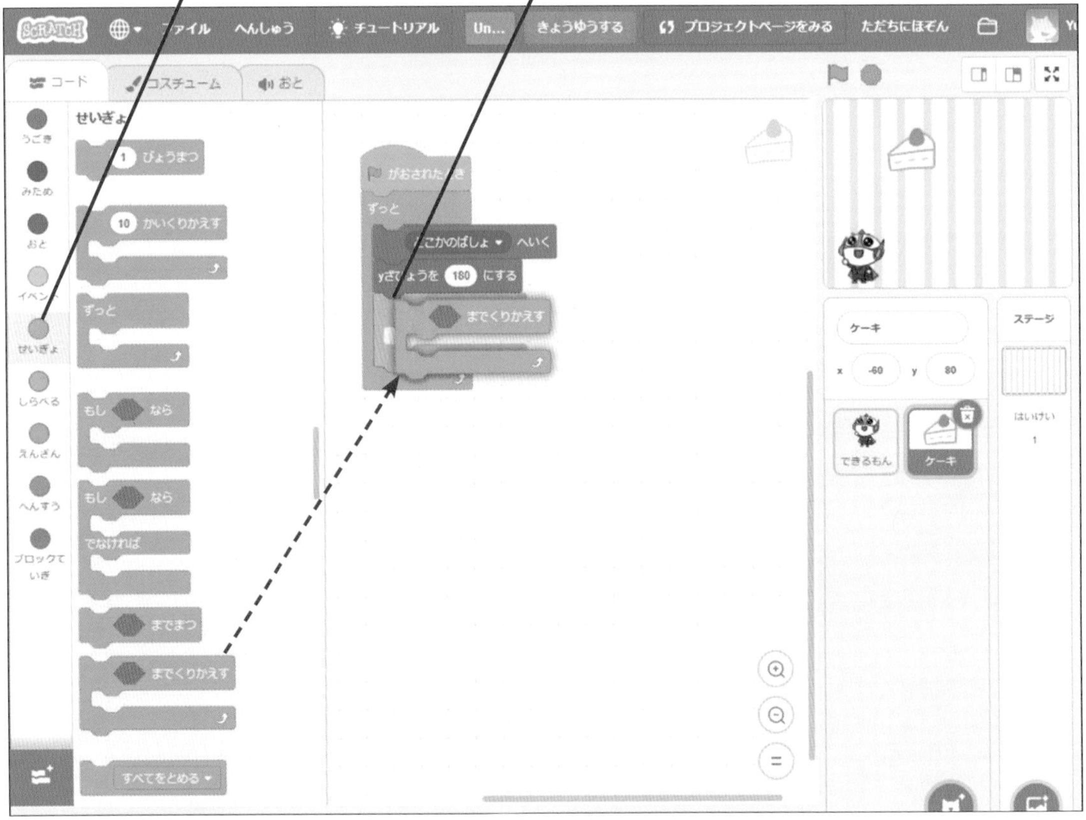

2 繰《く》り返《かえ》しの条件《じょうけん》を作《つく》ろう

1 [えんざん]をクリックしよう

2 [[　]<[50]]をここに置《お》こう

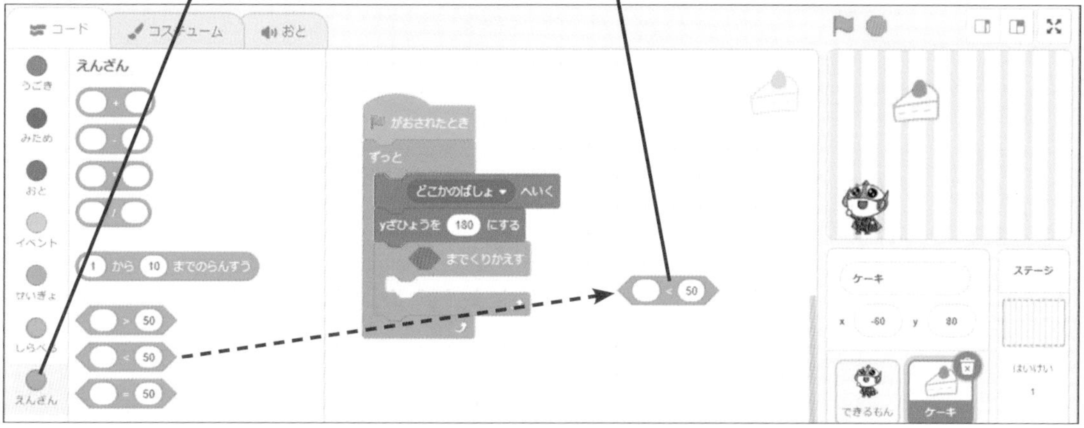

3 [うごき]をクリックしよう

4 ここをクリックして下《した》に動《うご》かそう

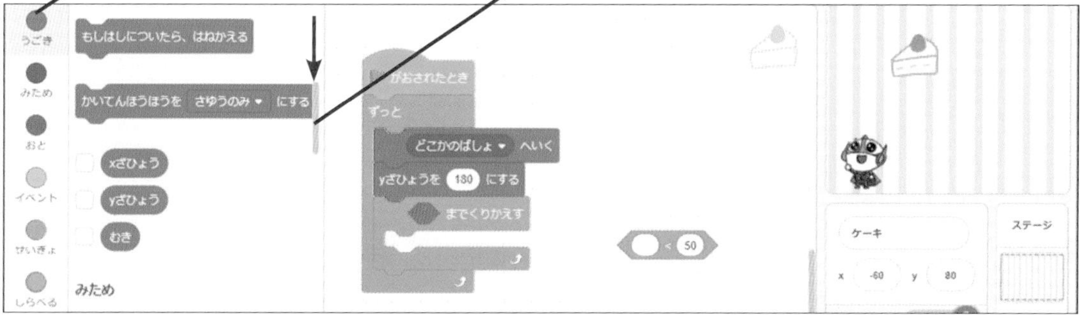

5 [yざひょう]をここまで動《うご》かそう

6 白《しろ》く表示《ひょうじ》されたらマウスボタンをはなそう

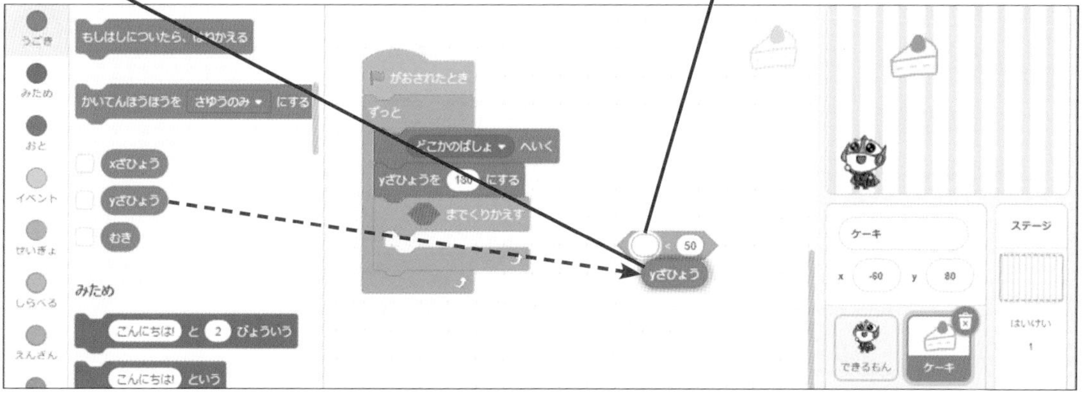

次《つぎ》のページに続《つづ》く

3 画面《がめん》の一番下《いちばんした》まで繰《く》り返《かえ》すようにしよう

座標《ざひょう》のブロックが組《く》み込《こ》まれたよ

1 「-180」と入力《にゅうりょく》しよう

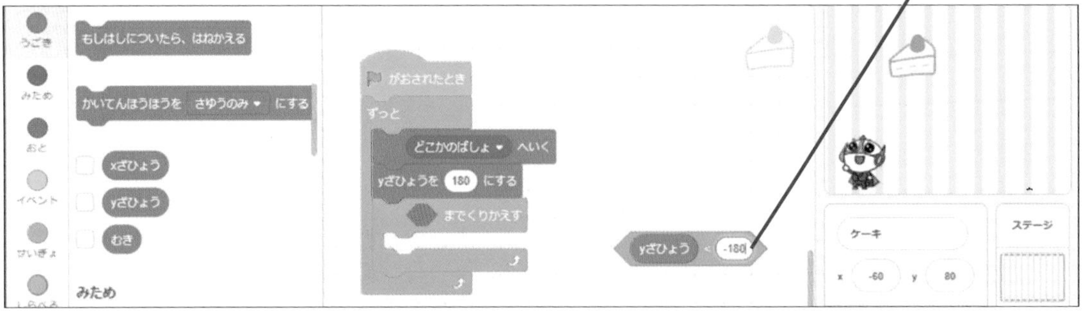

2 ブロックのここをクリックしよう

マウスカーソルの形《かたち》が変《か》わったよ

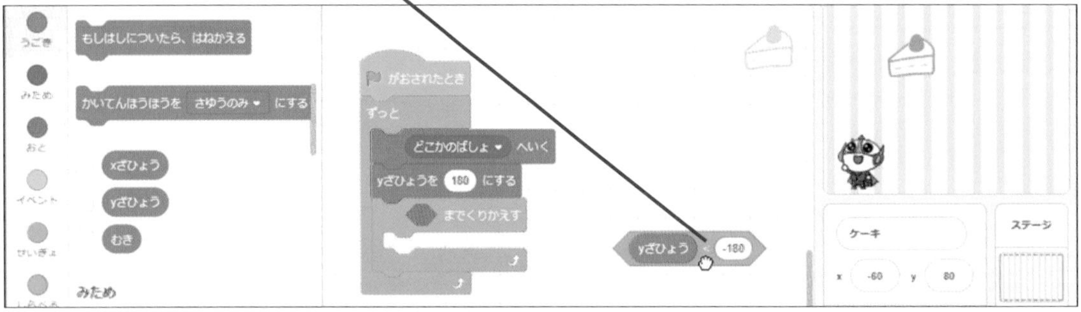

3 クリックしたままここに組《く》み込《こ》もう

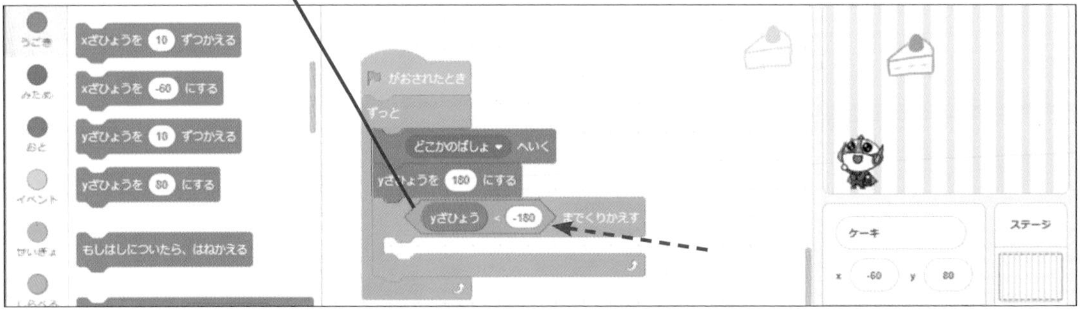

ヒント！

[xざひょう]（x座標《ざひょう》）はステージの横《よこ》、[yざひょう]は縦《たて》の位置《いち》を表《あらわ》すよ。ステージの一番上《いちばんうえ》は、y座標《ざひょう》が「180」だよ。

4 ケーキの動《うご》きを作《つく》ろう

1 ここを上《うえ》に移動《いどう》しよう

2 [yざひょうを［10］ずつかえる]を接続《せつぞく》しよう

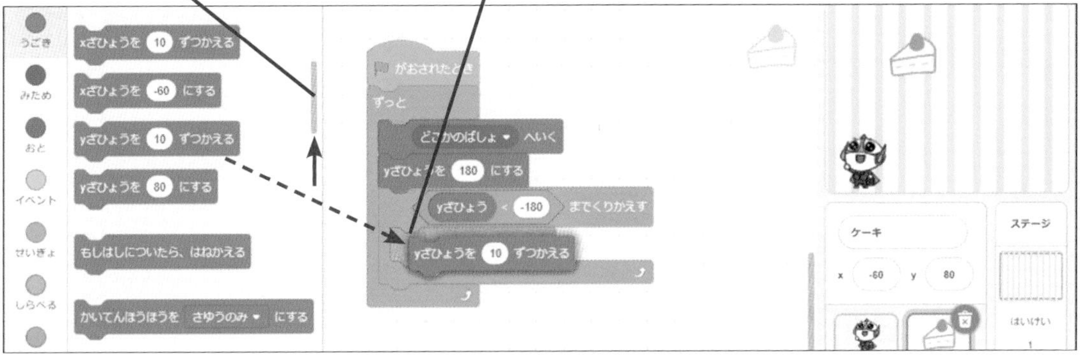

3 「-5」と入力《にゅうりょく》しよう

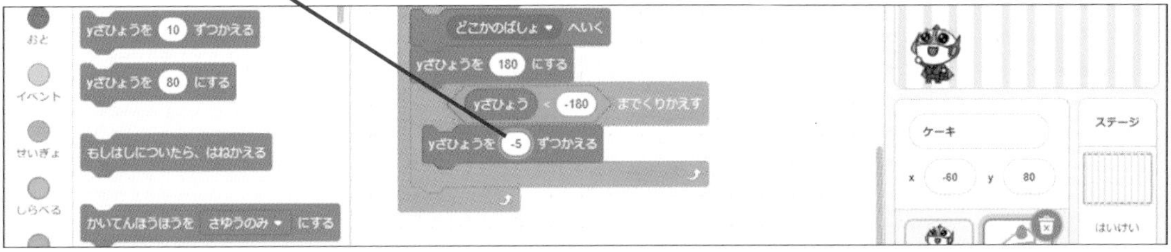

5 コードを動《うご》かしてみよう

1 をクリックしよう

ケーキが上《うえ》から続《つづ》けて出《で》てくるよ

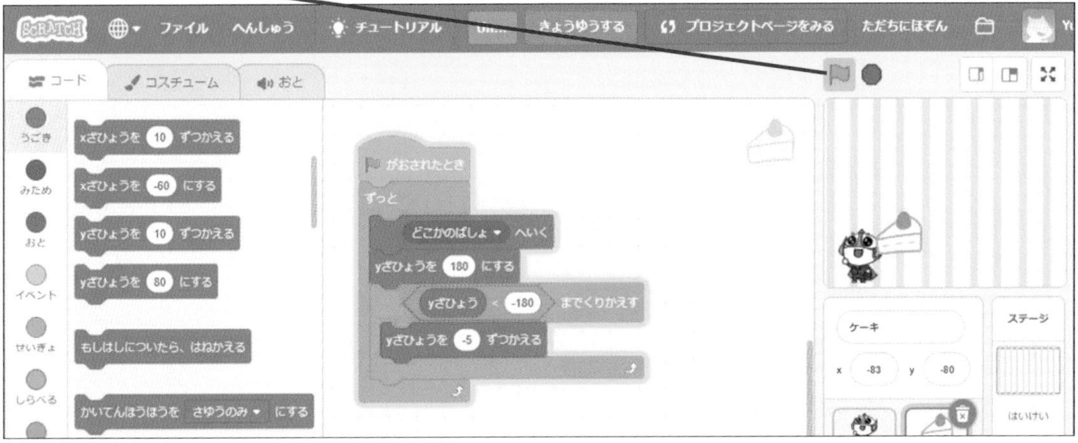

レッスン 19

得点《とくてん》の準備《じゅんび》をしよう

やった日《ひ》
月《がつ》　日《にち》

レッスンで使《つか》う
練習用《れんしゅうよう》ファイル
レッスン 19.sb3

おむすびゲームのときに学《まな》んだ「変《へん》数《すう》」を使《つか》って、ケーキをキャッチしたら点数《てんすう》が入《はい》るようにするよ。

このレッスンで覚《おぼ》えたい用語《ようご》	
カテゴリー	P.185
条件《じょうけん》	P.185
変数《へんすう》	P.186

1 得点《とくてん》の準備《じゅんび》をしよう

1 [へんすう] をクリックしよう

2 レッスン13を参考《さんこう》に変数《へんすう》[とくてん]を作《つく》ろう

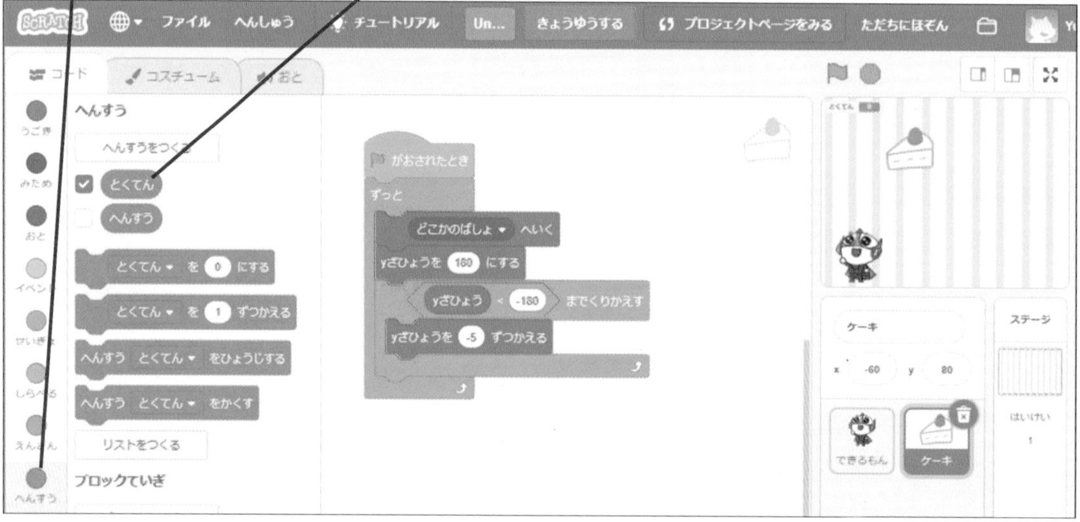

3 [せいぎょ]をクリックしよう

4 [もし[　]なら]をここに置《お》こう

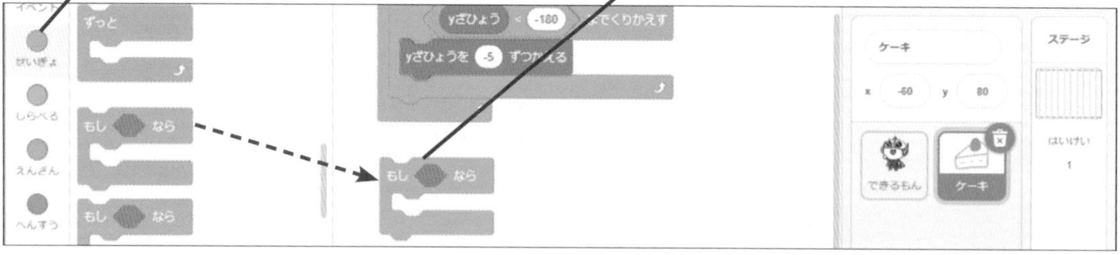

② 得点《とくてん》の条件《じょうけん》を作《つく》ろう

❶ [しらべる] をクリックしよう

❷ [[マウスのポインター] にふれた]をここに組《く》み込《こ》もう

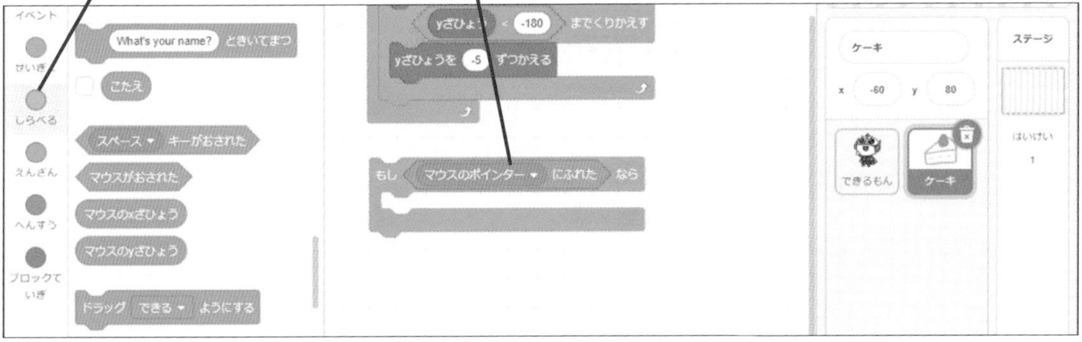

❸ ここをクリックしよう

❹ [できるもん]をクリックしよう

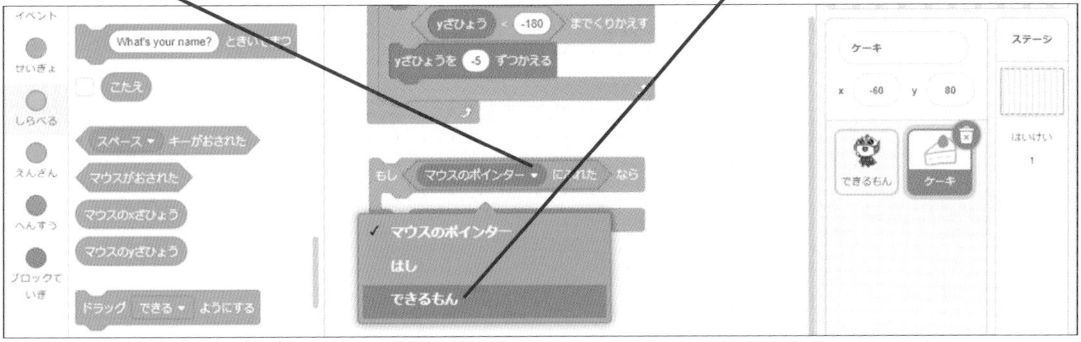

❺ ここに接続《せつぞく》しよう

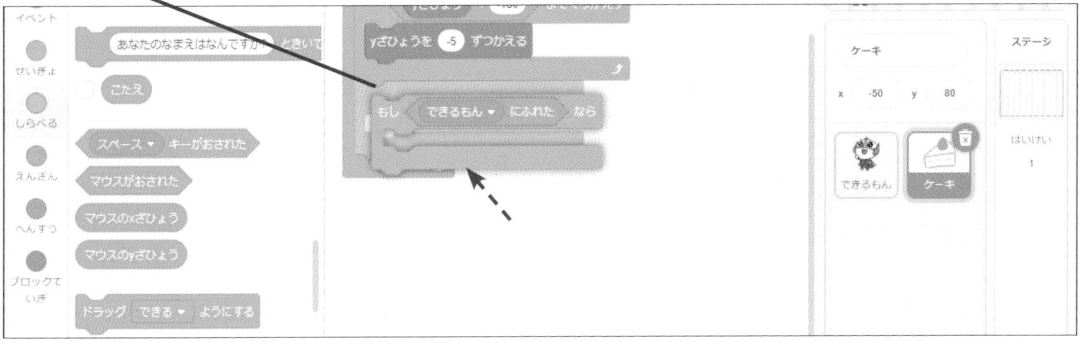

レッスン 20

得点《とくてん》が入《はい》るようにしよう

やった日《ひ》　月《がつ》　日《にち》

レッスンで使《つか》う練習用《れんしゅうよう》ファイル

レッスン 20.sb3

できるもんがケーキをキャッチすると消《き》えるようにするよ。[または]ブロックを使《つか》って条件《じょうけん》を作《つく》るよ。

このレッスンで覚《おぼ》えたい用語《ようご》

表示《ひょうじ》	P.186
変数《へんすう》	P.185
緑《みどり》の旗《はた》ボタン	P.186

1 得点《とくてん》を決《き》めよう

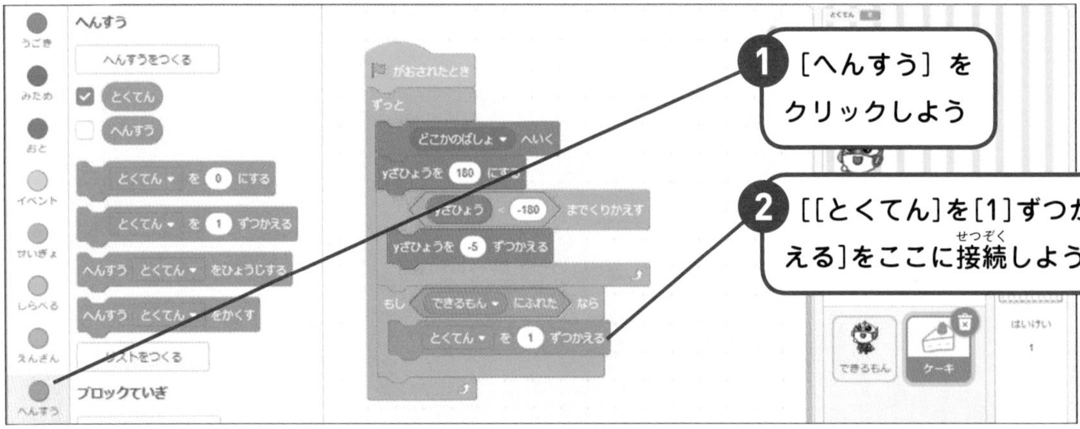

1 [へんすう] をクリックしよう

2 [[とくてん]を[1]ずつかえる]をここに接続《せつぞく》しよう

2 最初《さいしょ》の点数《てんすう》を0にしよう

1 [できるもん]をクリックしよう

2 [[とくてん]を[0]にする]をここに接続《せつぞく》しよう

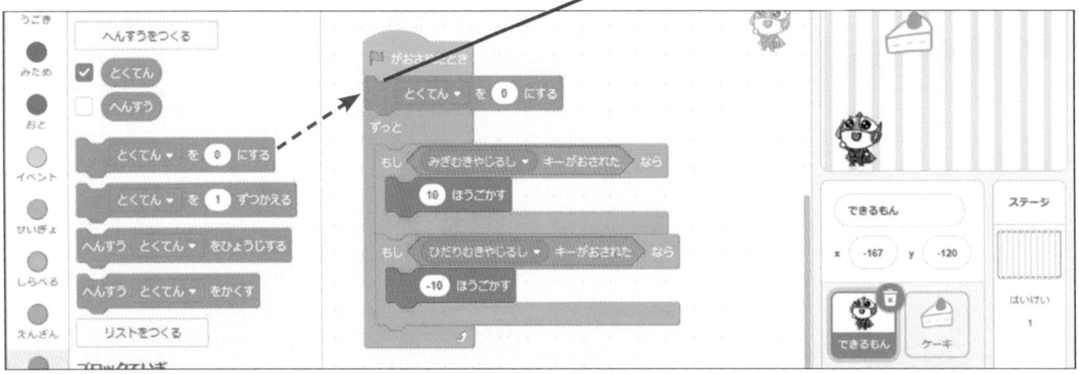

③ ケーキの動《うご》きを変《か》える準備《じゅんび》をしよう

❶ [ケーキ]をクリックしよう

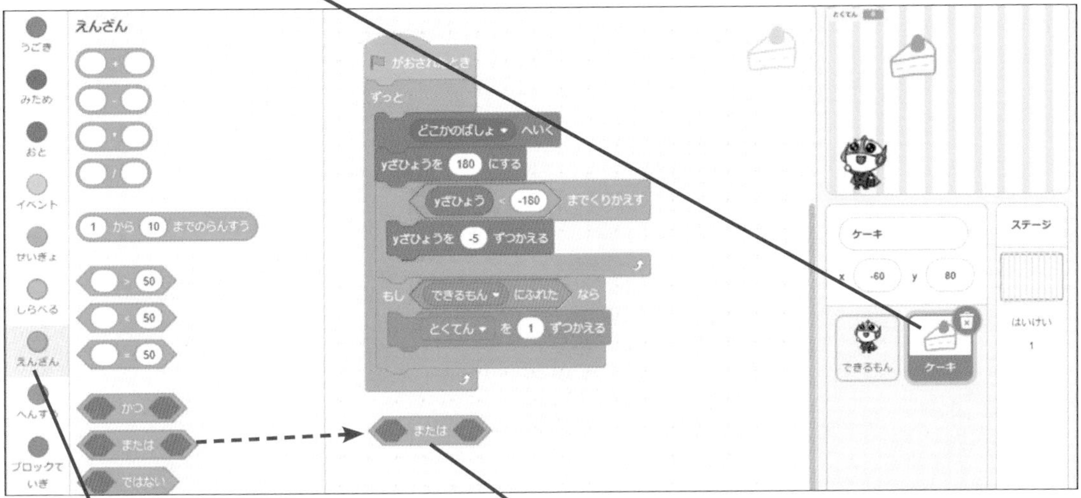

❷ [えんざん]をクリックしよう

❸ [[　]または[　]]をここに置《お》こう

④ ブロックを取《と》り外《はず》そう

❶ このブロックを外《はず》して移動《いどう》しよう

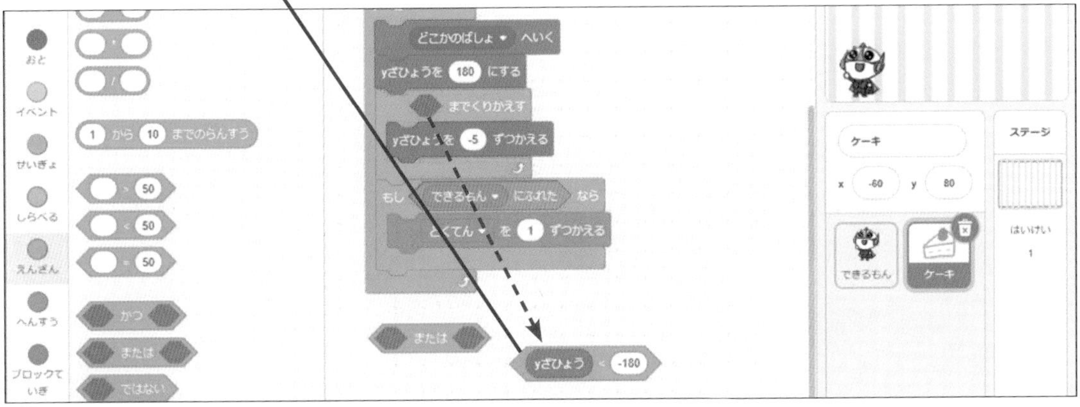

ブロックの真《ま》ん中《なか》をクリックするとうまく外《はず》れるよ！

次《つぎ》のページに続《つづ》く

5 ブロックを組《く》み込《こ》もう

1 外《はず》したブロックをここに動《うご》かそう

2 白《しろ》く表示《ひょうじ》されたらマウスボタンをはなそう

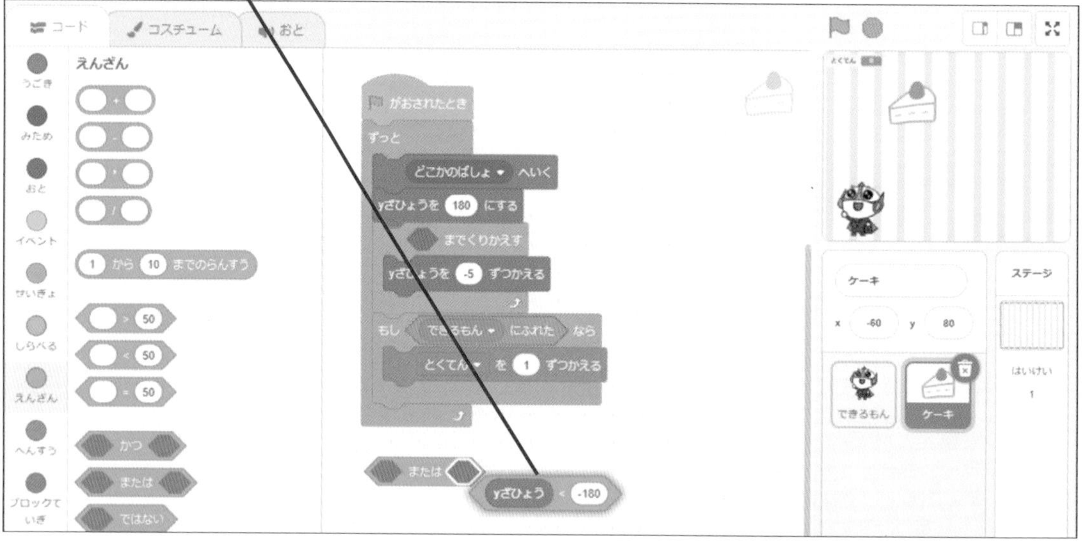

6 別《べつ》のブロックを準備《じゅんび》しよう

1 ［しらべる］をクリック

2 ［［マウスのポインター］にふれた］をここに組《く》み込《こ》む

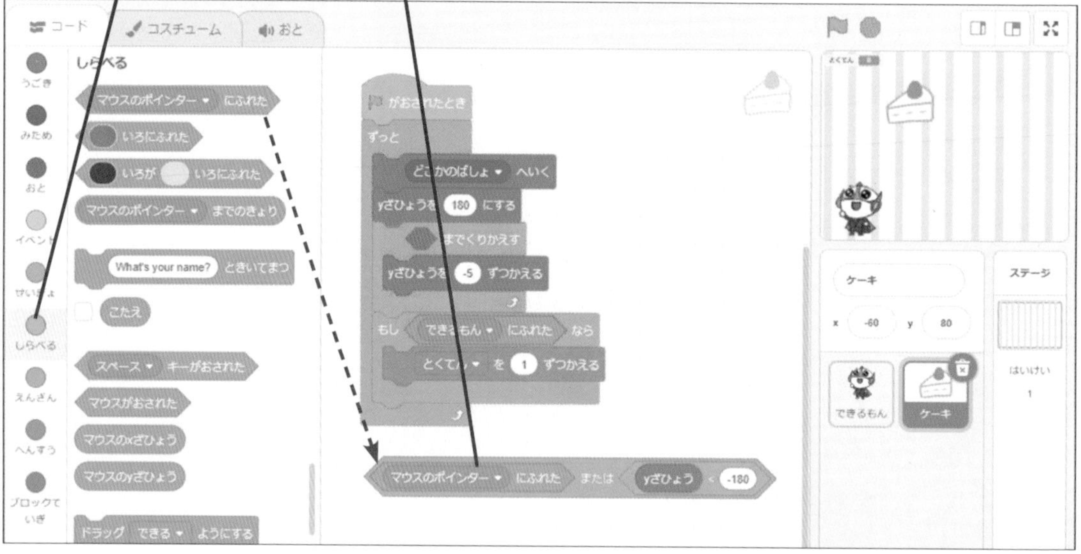

7 ブロックを元《もと》に戻《もど》そう

1 組《く》み立《た》てたブロックをここに動《うご》かそう

2 白《しろ》く表示《ひょうじ》されたらマウスボタンをはなそう

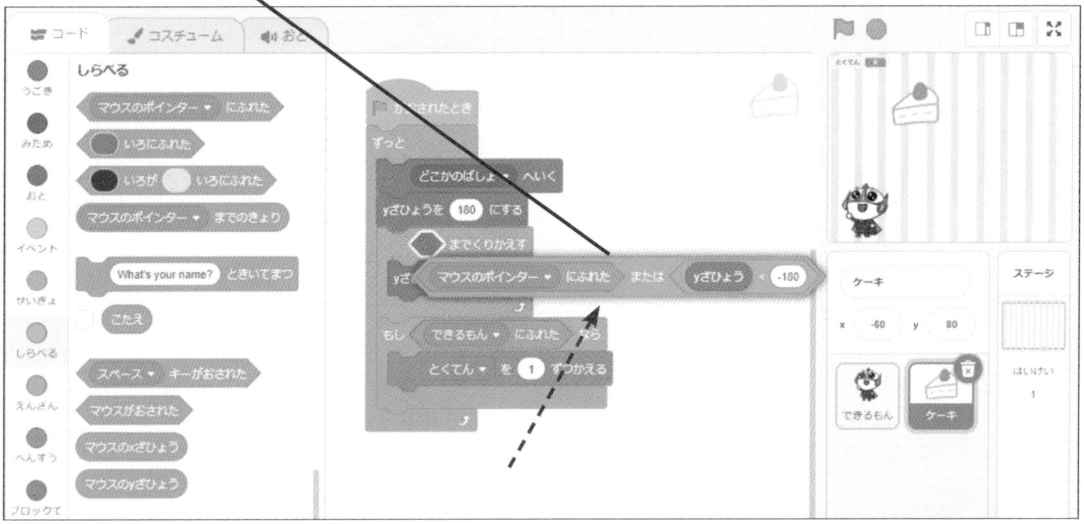

8 ブロックの内容《ないよう》を変《か》えよう

1 ここをクリック

メニューが表示《ひょうじ》されるよ

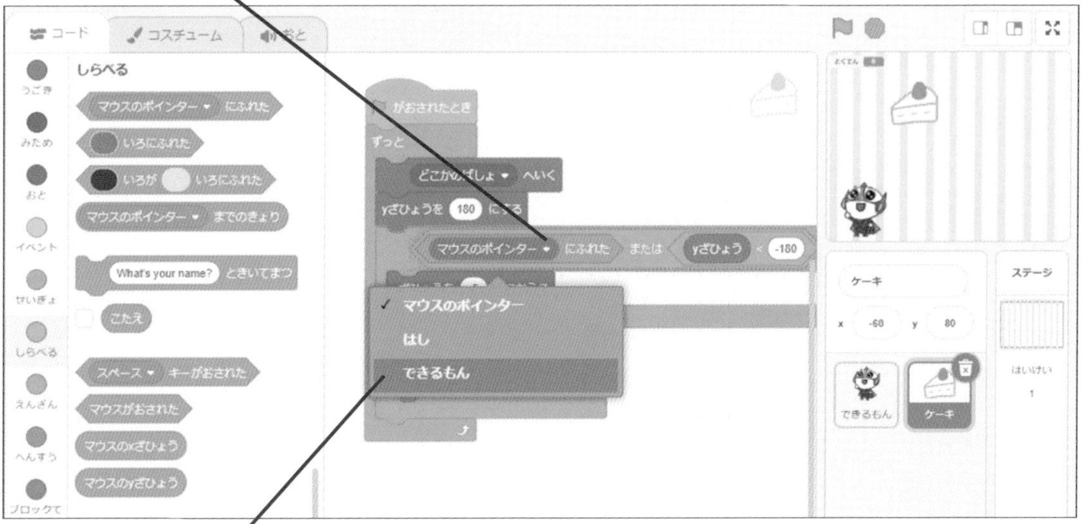

2 [できるもん]をクリック

次《つぎ》のページに続《つづ》く

9 一定《いってい》の時間《じかん》で止《と》まるようにしよう

できるもんをクリックしておく

1 [イベント] をクリックしよう

2 [[おんりょう]>[10]のとき]を設置《せっち》しよう

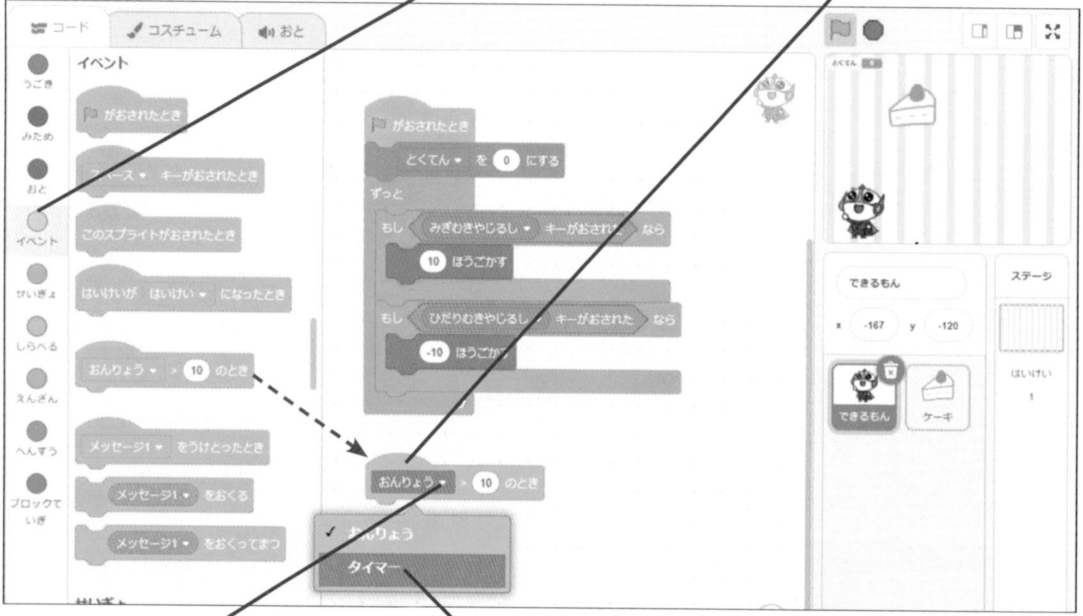

3 ここをクリックしよう

4 [タイマー]をクリックしよう

10 ゲームを止《と》めるコードを追加《ついか》しよう

1 「20」と入力《にゅうりょく》しよう

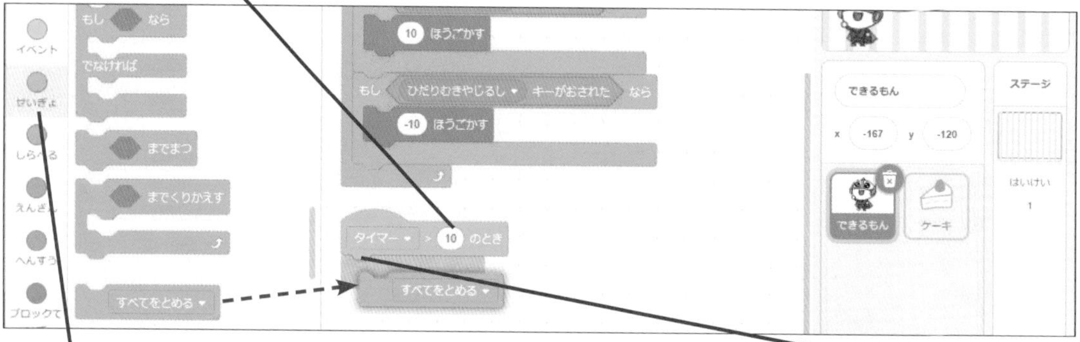

2 [せいぎょ]をクリックしよう

3 [[すべてをとめる]]をここに接続《せつぞく》しよう

11 コードを実行《じっこう》しよう

1 🏳をクリックしよう

できるもんを左右《さゆう》に動《うご》かしてケーキをキャッチしよう

とくてん 3

ケーキがどんどん降《ふ》ってくるよ

20秒《びょう》たつと止《と》まるよ

動《うご》きを確認《かくにん》したら［とめる］をクリックして止《と》めよう

おまけプログラミング 「ひょうじする」「かくす」を使おう

できるもんがケーキをキャッチしたら非表示《ひひょうじ》にして、画面《がめん》の一番上《いちばんうえ》のどこかに移《い》動《どう》してから表示《ひょうじ》するようにしてみよう。［ひょうじする］ブロックと［かくす］ブロックを使《つか》うよ。

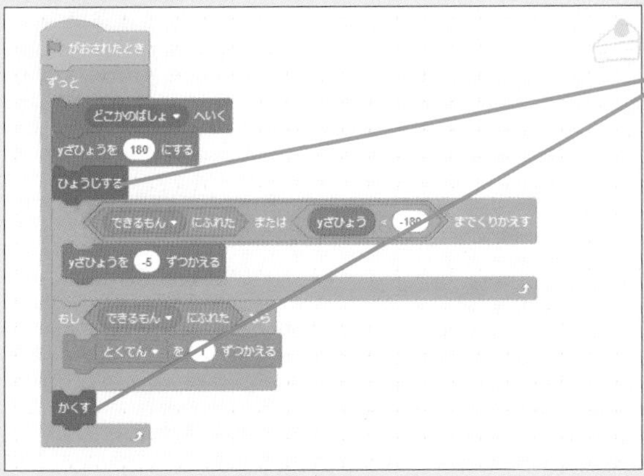
がおされたとき
ずっと
どこかのばしょ へいく
yざひょうを 180 にする
ひょうじする
できるもん にふれた または yざひょう < -180 までくりかえす
yざひょうを -5 ずつかえる
もし できるもん にふれた なら
とくてん を 1 ずつかえる
かくす

［みため］カテゴリーの［ひょうじする］と［かくす］をここに接続《せつぞく》する

クイズにトライ!

あてはまる言葉《ことば》を答《こた》えてね！

2つの場合《ばあい》のどちらか、という条件《じょうけん》を作《つく》るときに使《つか》ったブロックは何《なに》だったっけ？

①かつ　②または　③ではない

ぜんぶ使《つか》えそうだけど…

分《わ》からないときはレッスン20を見《み》てね！

2つの条件《じょうけん》のどちらでもOK、という意味《いみ》になるよ

→答《こた》えは175ページ

第5章

おかしの種類《しゅるい》を増《ふ》やして、得点《とくてん》も変更《へんこう》するよ！

おかしキャッチを改造《かいぞう》しよう

この章《しょう》では、おかしキャッチゲームに「うめぼし」と「モンブラン」を追加《ついか》するよ。バックパックの使《つか》い方《かた》や、スプライトの見《み》た目《め》を変《か》えるやり方《かた》も学《まな》ぶよ。

この章《しょう》でやること

◉モンブランとうめぼしのスプライトを追加《ついか》するよ

◉おかしの種類《しゅるい》で得点《とくてん》を変《か》えるよ

◉うめぼしにあたったらできるもんをすっぱい顔《かお》にするよ

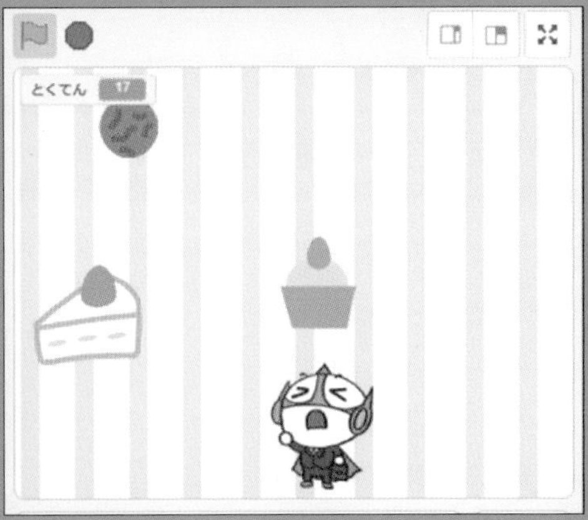

レッスン

■完成《かんせい》したプログラムはこちら https://scratch.mit.edu/projects/404035173

レッスン

21

バックパックを開《ひら》こう

やった日《ひ》

月《がつ》　日《にち》

レッスンで使《つか》う練習用《れんしゅうよう》ファイル

レッスン21.sb3

バックパックという機能《きのう》の準備《じゅんび》をしよう。プログラムやスプライトなどを保《ほ》存《ぞん》したりコピーしたりできるよ。

このレッスンで覚《おぼ》えたい用語《ようご》

アップロード	P.185
スプライト	P.185
バックパック	P.186

1 スプライトをアップロードしよう

1 練習用《れんしゅうよう》ファイルから［モンブラン］と［うめぼし］をアップロードしよう

アップロードのやり方《かた》は大人《おとな》の人《ひと》と24ページを見《み》てね

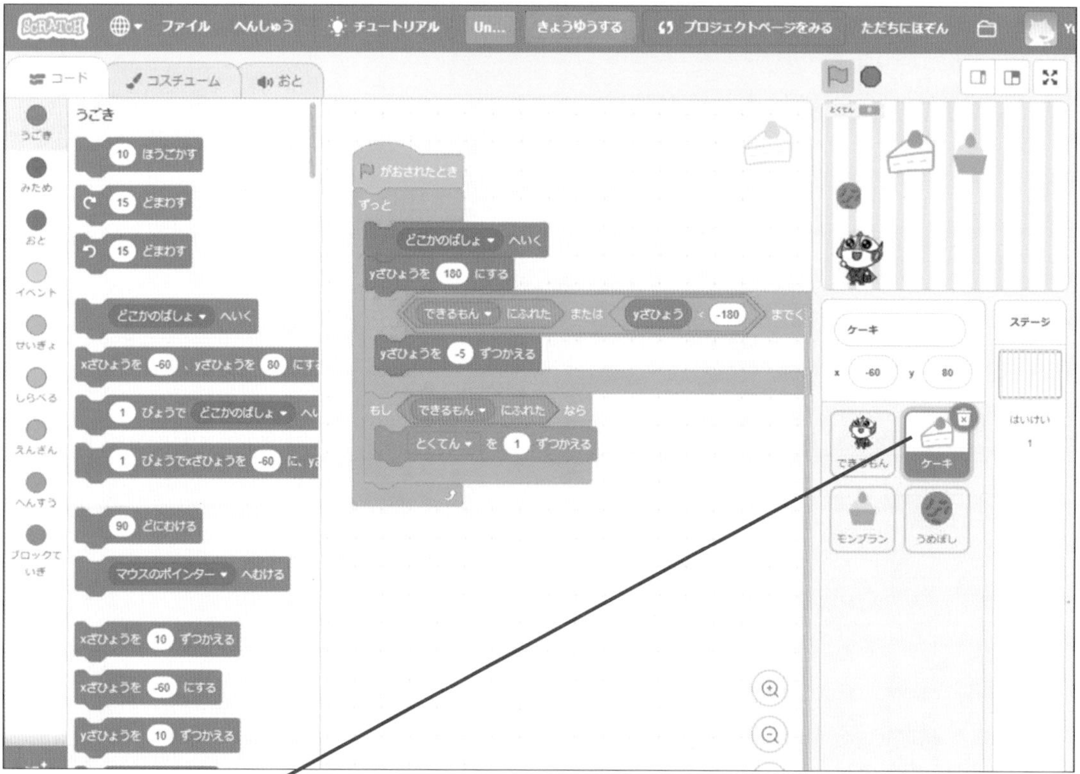

2 ［ケーキ］をクリックしよう

2 バックパックを開《ひら》こう

1 ［バックパック］にカーソルキーを合《あ》わせよう

カーソルキーの形《かたち》が変《か》わったよ

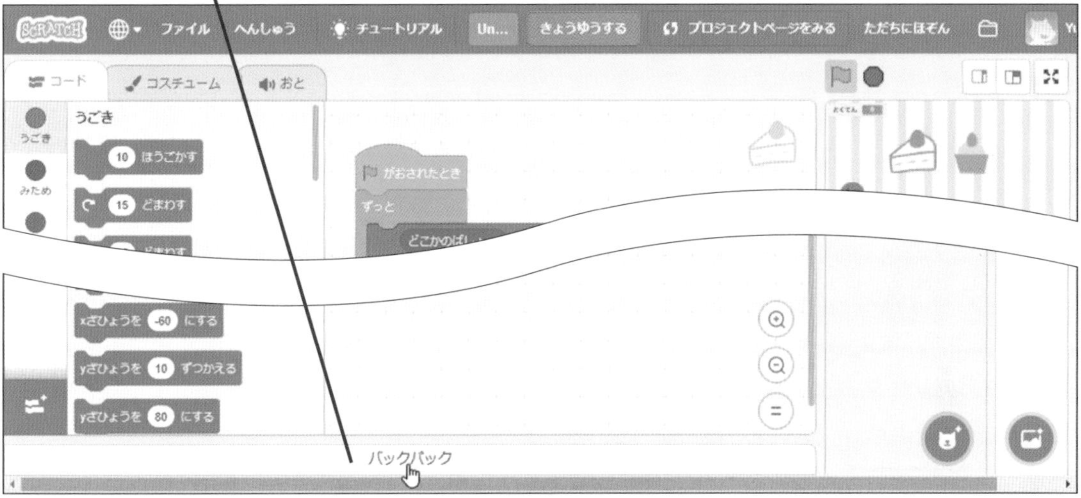

2 そのままクリックしよう

バックパックが開《ひら》くよ

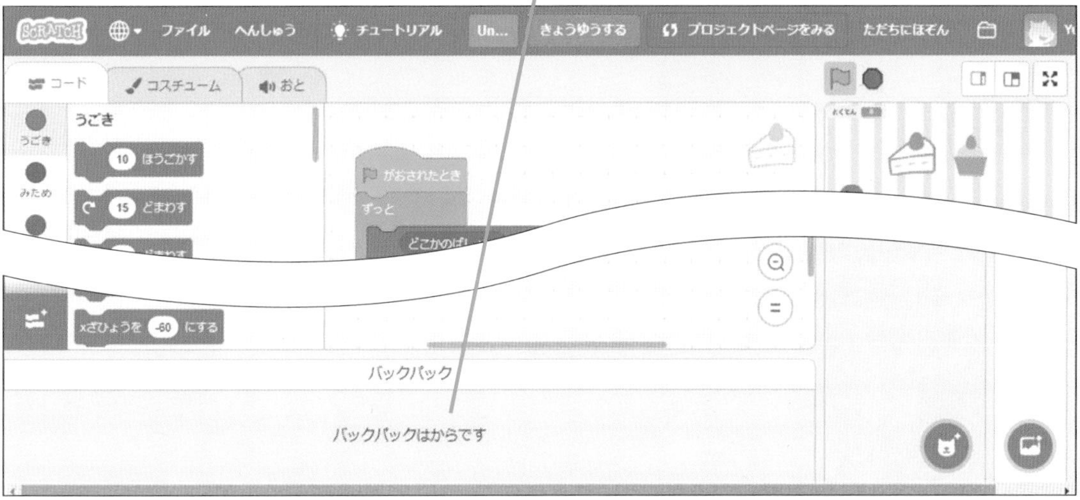

なにも入《はい》ってないよー？

この中《なか》にブロックを入《い》れて運《はこ》ぶんだ

レッスン
22 コードを複製《ふくせい》しよう

やった日《ひ》
月《がつ》　日《にち》

レッスンで使《つか》う練習用《れんしゅうよう》ファイル
レッスン 22.sb3

バックパックを使《つか》って、ケーキのコードを複製《ふくせい》しよう。同《おな》じコードを何回《なんかい》も使《つか》えるから便利《べんり》だよ。

このレッスンで覚《おぼ》えたい用語《ようご》	
コード	P.185
スプライト	P.185
バックパック	P.186

1 コードを選ぼう

1 ここをクリックしたままにしよう

カーソルキーの形《かたち》が変《か》わったよ

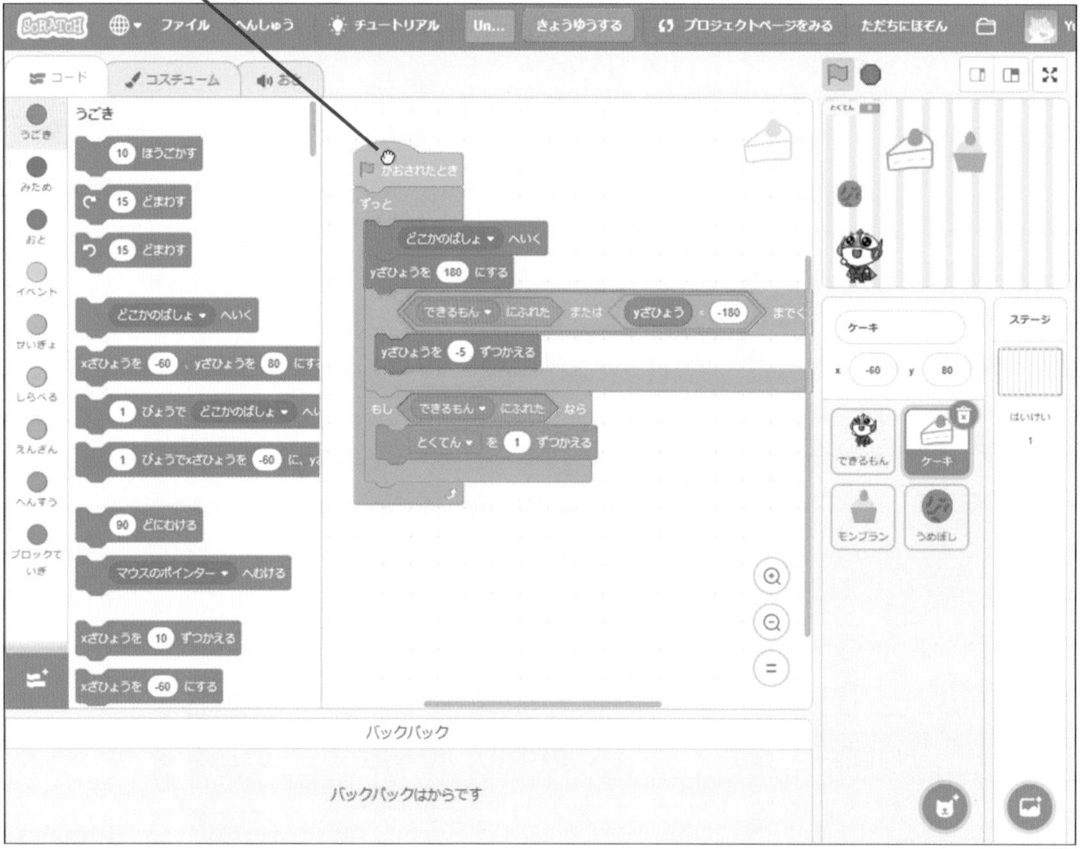

② バックパックに移動《いどう》しよう

1 ブロックをクリックしたまま下《した》に動《うご》かそう

途中《とちゅう》ではなさないように気《き》を付《つ》けて！

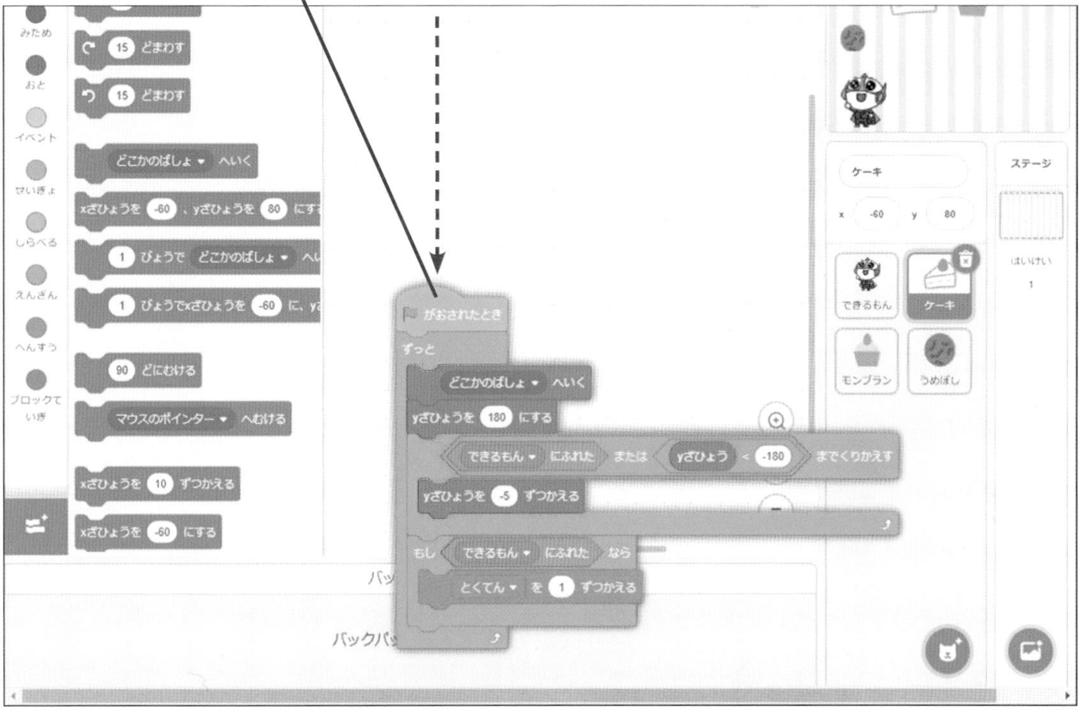

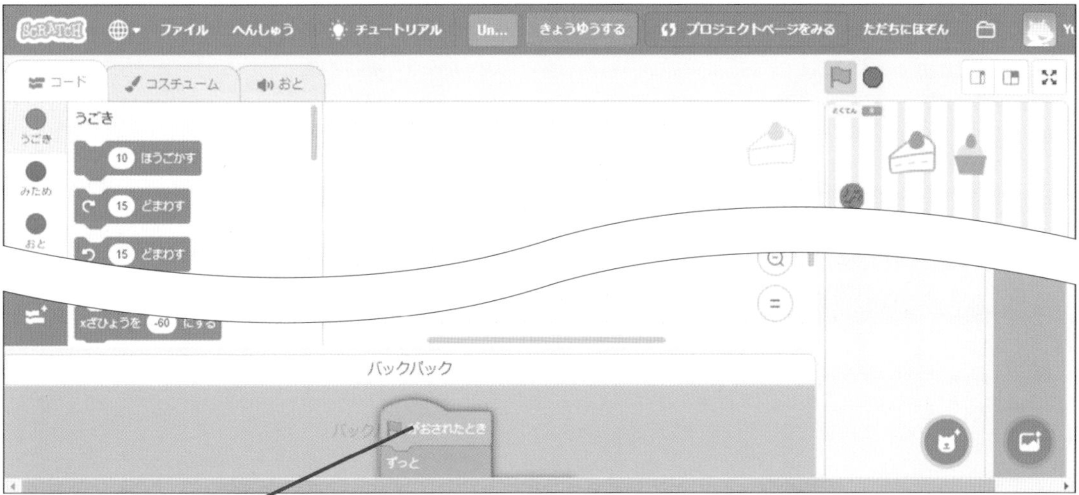

2 ［バックパック］の中《なか》に入《い》れよう

マウスボタンをはなすとバックパックに入《はい》るよ

次《つぎ》のページに続《つづ》く

③ コードを複製《ふくせい》する先《さき》を選《えら》ぼう

❶ [バックパック] の中《なか》を確認《かくにん》しよう

[ケーキ]のコードは元《もと》に戻《もど》ってるよ

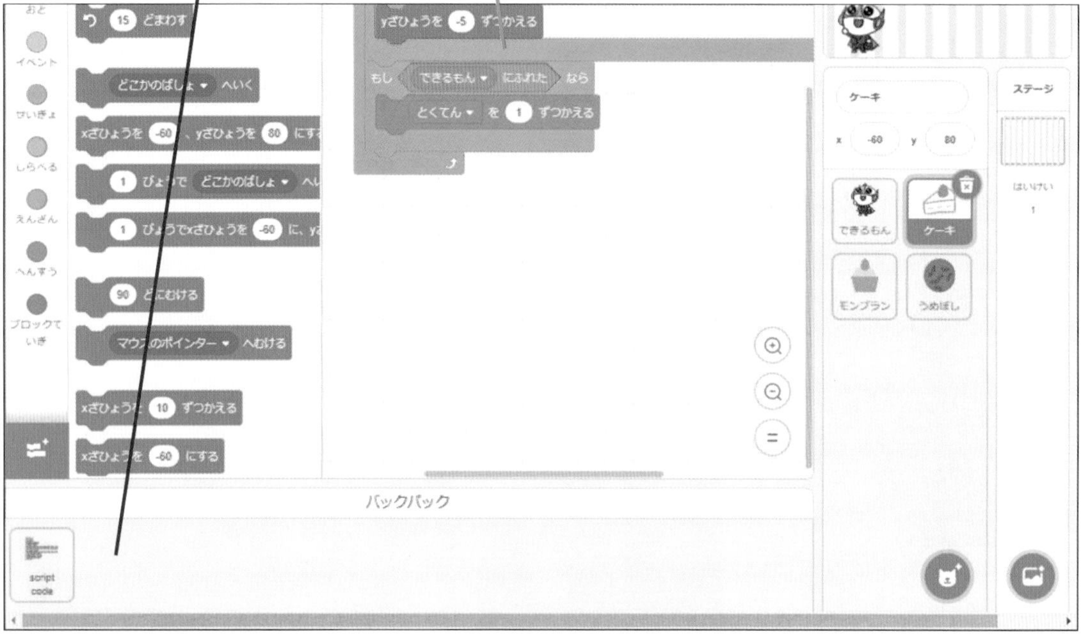

❷ [モンブラン] をクリックしよう

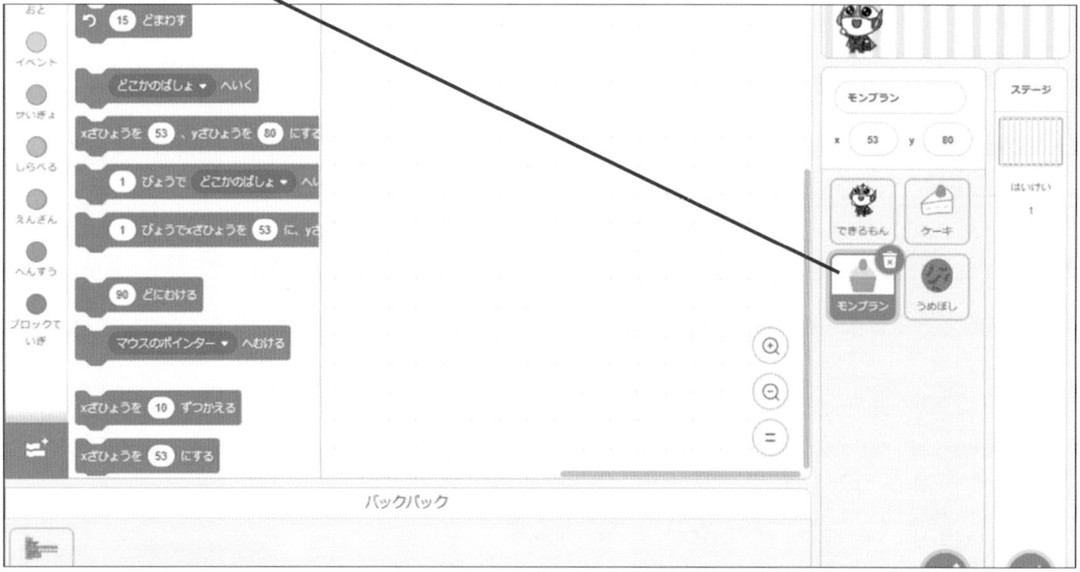

４ コードを複製《ふくせい》しよう

1 ［バックパック］の中《なか》のコードをクリックしよう

2 クリックしたままここまで動《うご》かそう

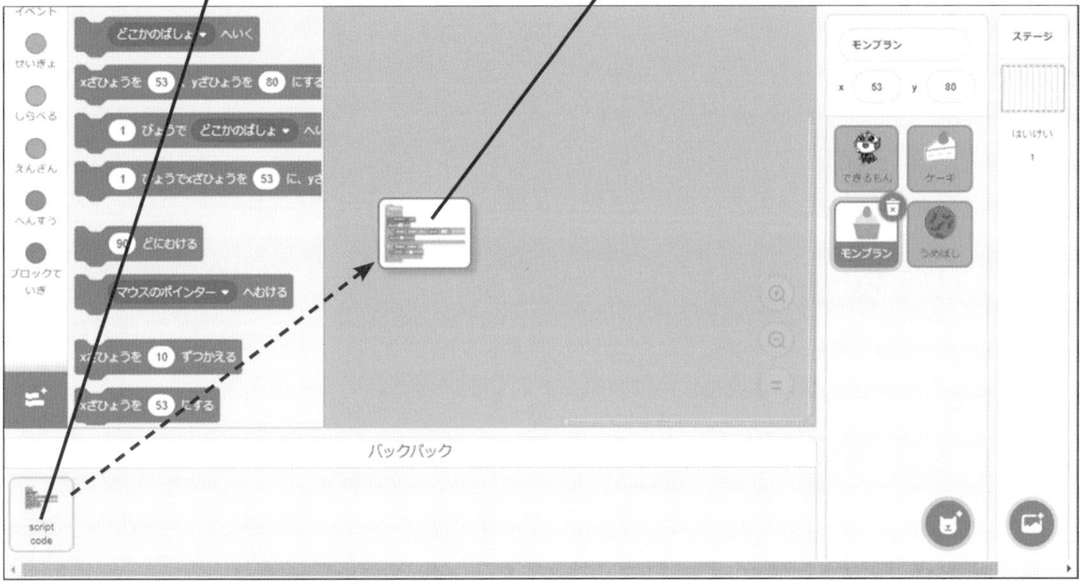

3 マウスボタンをはなそう

コードがまるごと複製《ふくせい》されたよ

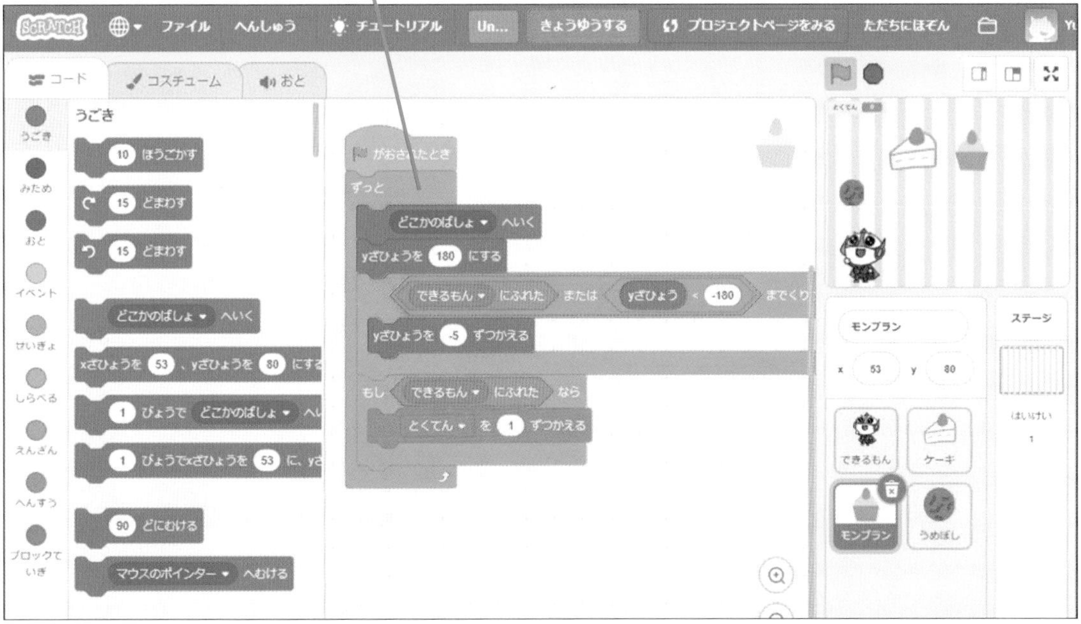

第5章

おかしキャッチを改造《かいぞう》しよう

レッスン 23

バックパックの中《なか》を空《から》にしよう

やった日《ひ》
月《がつ》　日《にち》

レッスンで使《つか》う練習用《れんしゅうよう》ファイル
レッスン 23.sb3

うめぼしに、バックパックからコードを複製《ふくせい》するよ。使《つか》い終《お》わったコードは削除《さくじょ》しよう。

このレッスンで覚《おぼ》えたい用語《ようご》	
コード	P.185
スプライト	P.185
バックパック	P.186

1 うめぼしにコードを複製《ふくせい》しよう

1 [うめぼし]をクリックしよう

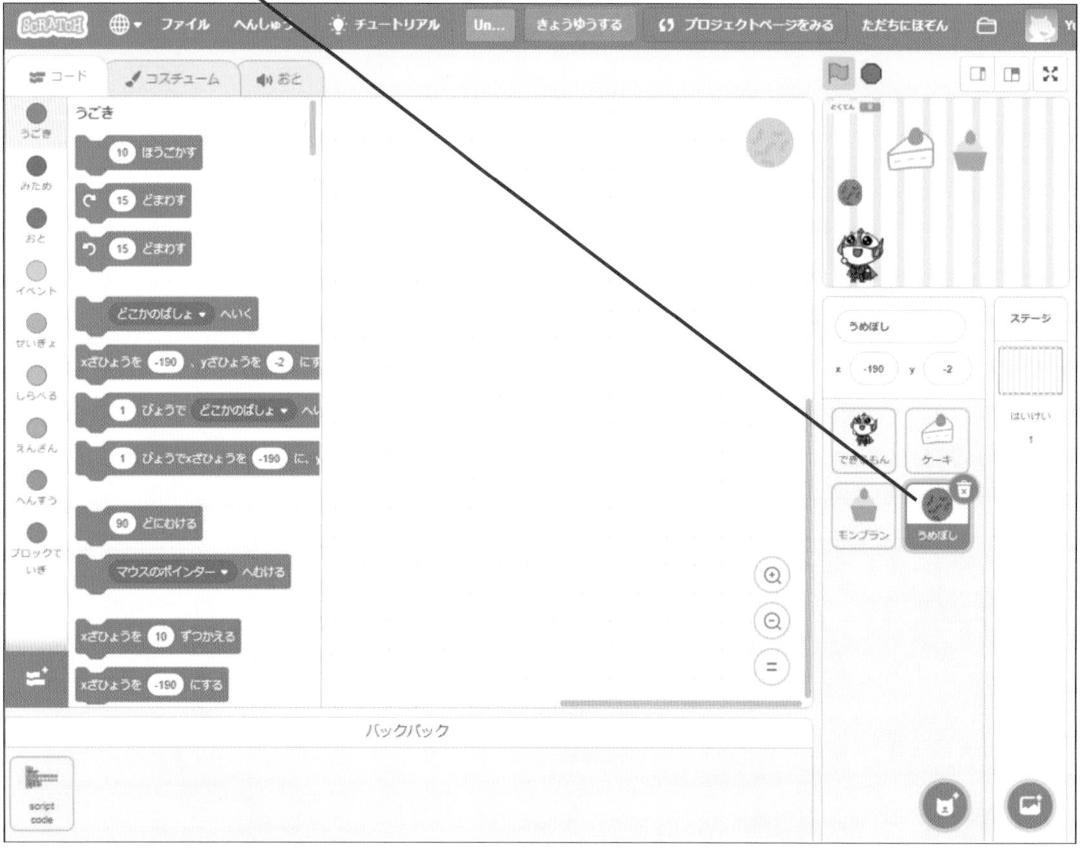

2 バックパックからコードを移動《いどう》しよう

1 レッスン22と同《おな》じようにバックパックからコードを複製《ふくせい》しよう

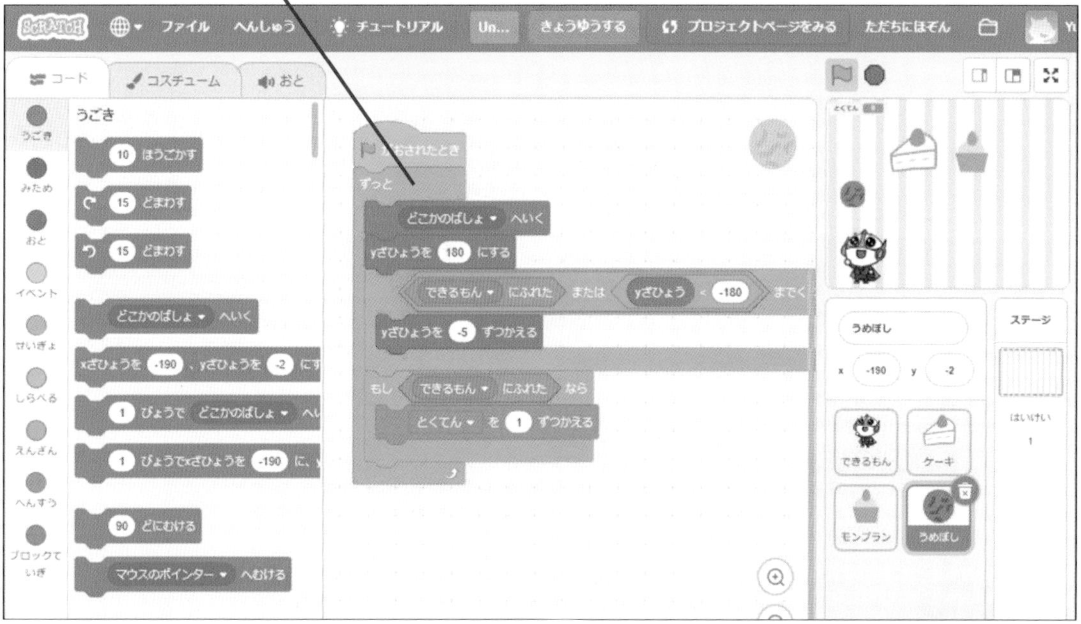

3 バックパックの中《なか》のコードを削除《さくじょ》しよう

1 [バックパック] のコードを右《みぎ》クリックしよう

2 [さくじょ] をクリックしよう

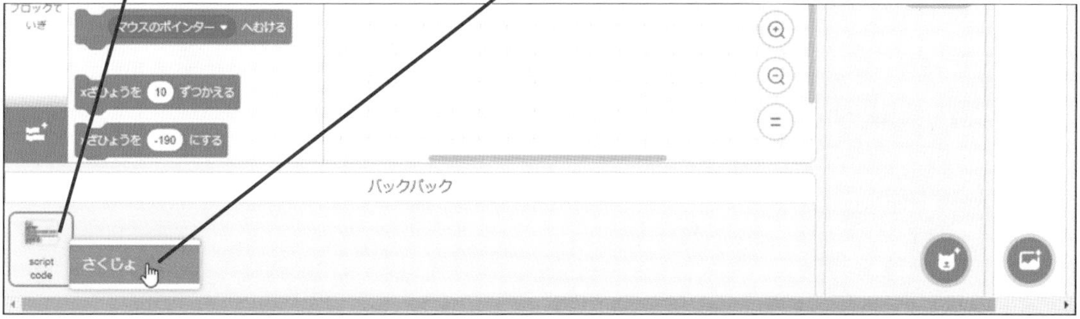

バックパックの中《なか》が空《から》になるよ

レッスン 24

得点《とくてん》を変更《へんこう》しよう

やった日《ひ》
月《がつ》　日《にち》

レッスンで使《つか》う
練習用《れんしゅうよう》ファイル
レッスン 24.sb3

キャッチしたものによって、得点《とくてん》が変《か》わるようにしよう。ケーキとモンブランの得点《とくてん》を変《か》えるよ。

このレッスンで覚《おぼ》えたい用語《ようご》	
コード	P.185
バックパック	P.186
変数《へんすう》	P.186

1 ケーキの得点《とくてん》を変更《へんこう》しよう

1 [ケーキ]をクリックしよう

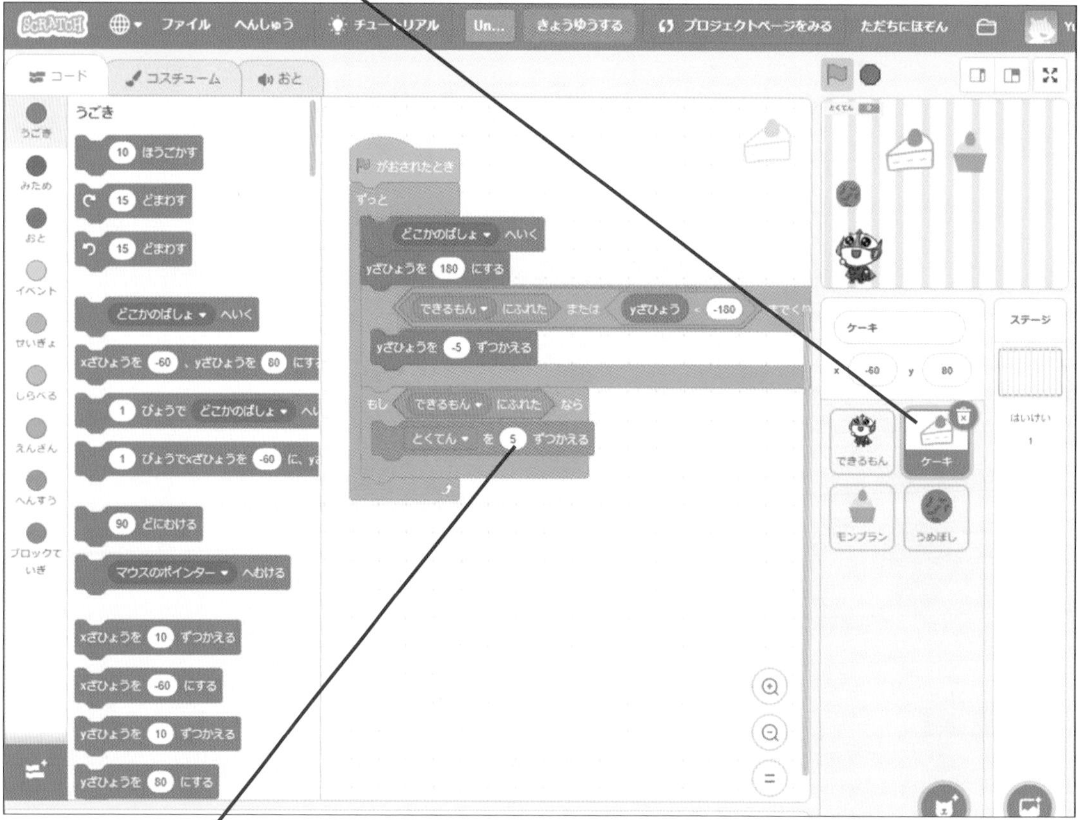

2 「5」と入力《にゅうりょく》しよう

② モンブランの得点《とくてん》を変更《へんこう》しよう

1 [モンブラン]をクリックしよう

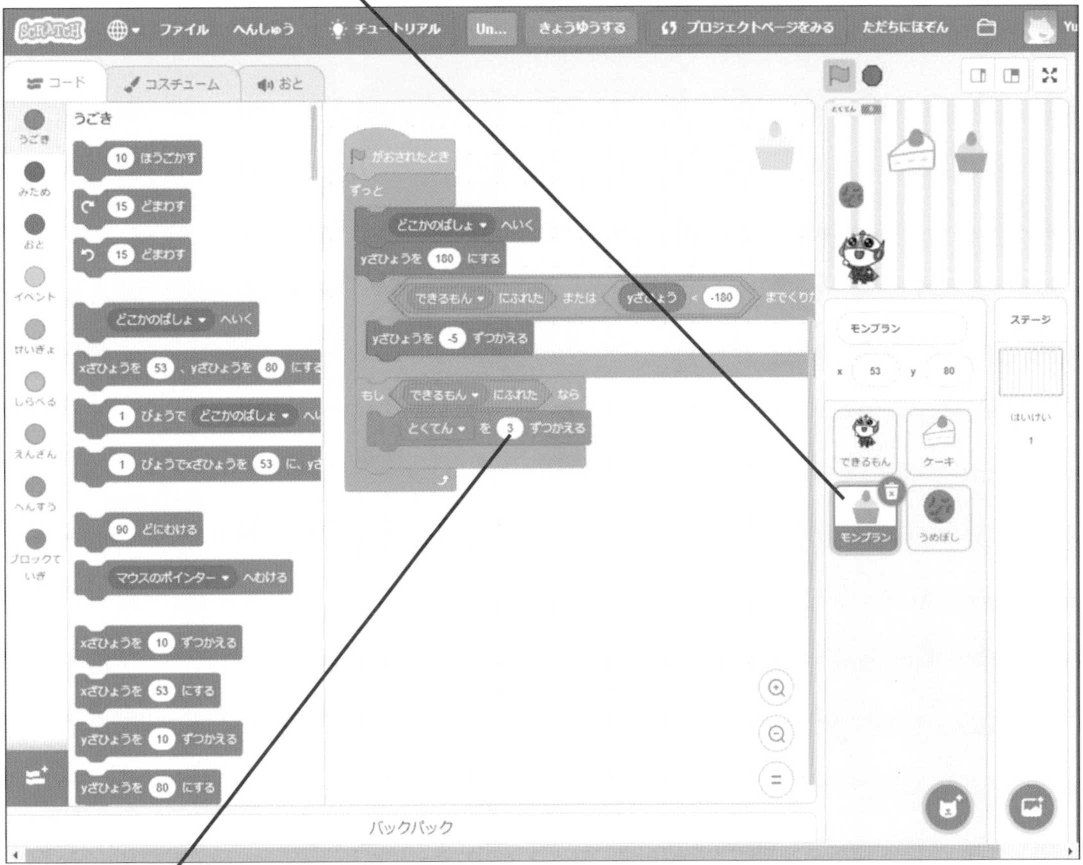

2 「3」と入力《にゅうりょく》しよう

あれ？　うめぼしの得点《とくてん》は変《か》えないの？

うめぼしは得点《とくてん》1のままだよ。ケーキをとった方《ほう》が得《とく》するようにしたんだ

レッスン 25

できるもんの動《うご》きを変更《へんこう》しよう

やった日《ひ》
月《がつ》　日《にち》

レッスンで使《つか》う練習用《れんしゅうよう》ファイル
レッスン25.sb3

できるもんがうめぼしにあたったら、2秒間動《びょうかんうご》けなくするよ。[もし] ブロックで作《つく》ってみよう。

このレッスンで覚《おぼ》えたい用語《ようご》	
コード	P.185
条件《じょうけん》	P.185
スプライト	P.185

1 コードを追加《ついか》する準備《じゅんび》をしよう

1 [できるもん]をクリックしよう

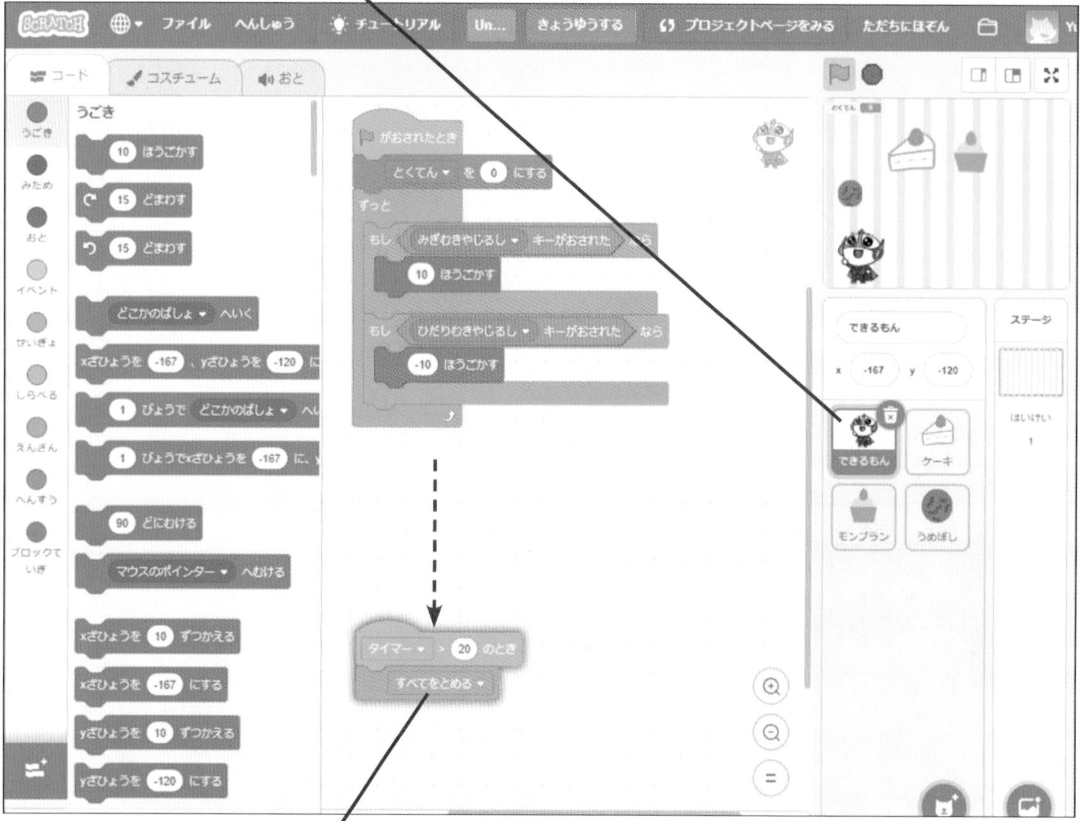

2 下《した》にあるブロックをここまで動《うご》かそう

② 条件《じょうけん》を作《つく》る準備《じゅんび》をしよう

1 ［せいぎょ］をクリックしよう

2 ［もし　なら］をここに置《お》こう

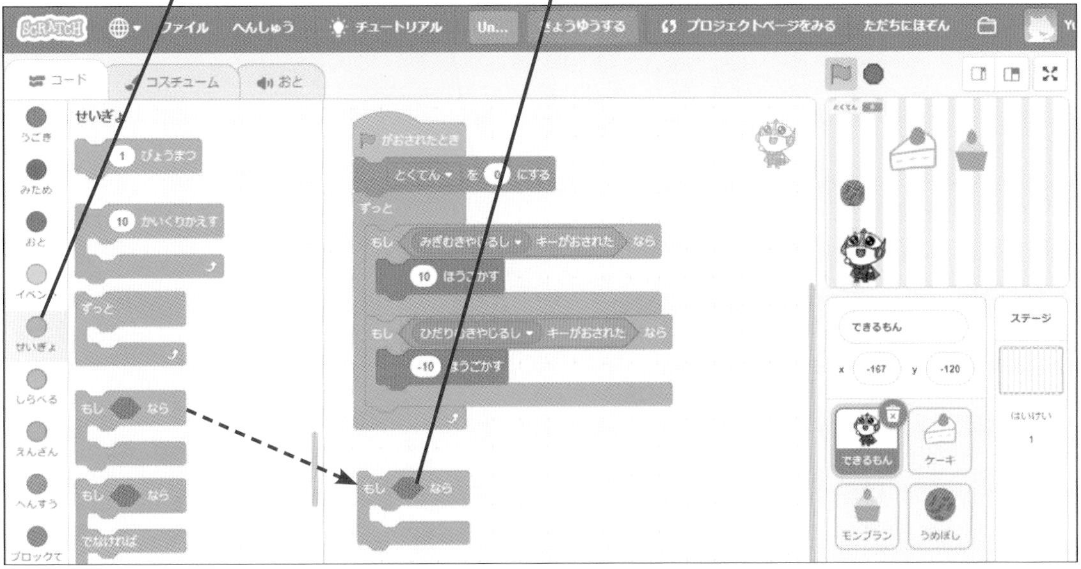

3 ［しらべる］をクリックしよう

4 ［［マウスのポインター］にふれた］をここに組《く》み込《こ》もう

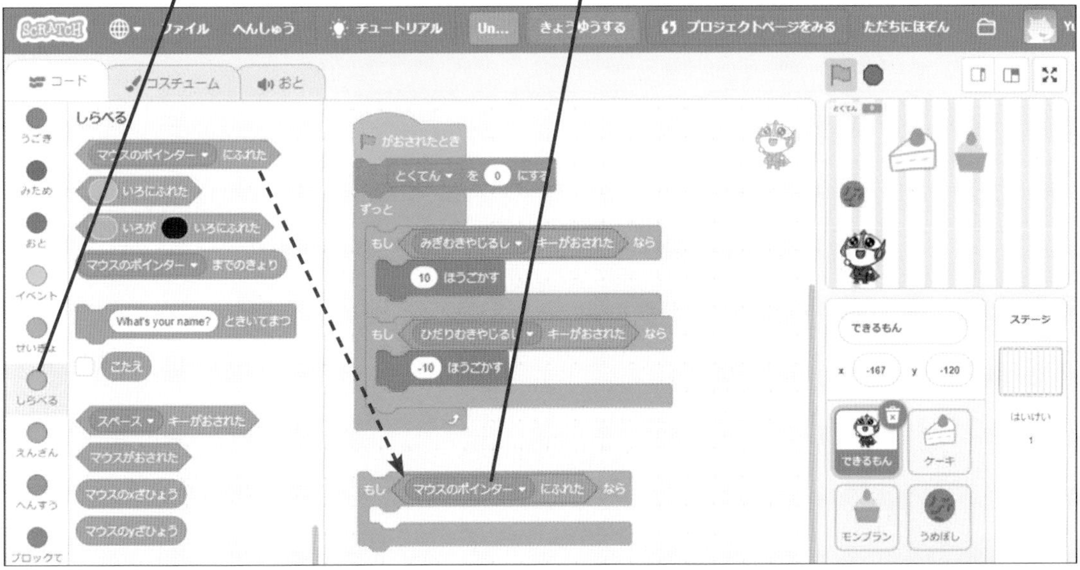

次《つぎ》のページに続《つづ》く

3 条件《じょうけん》を作《つく》ろう

1 ここをクリックしよう

2 [うめぼし]をクリックしよう

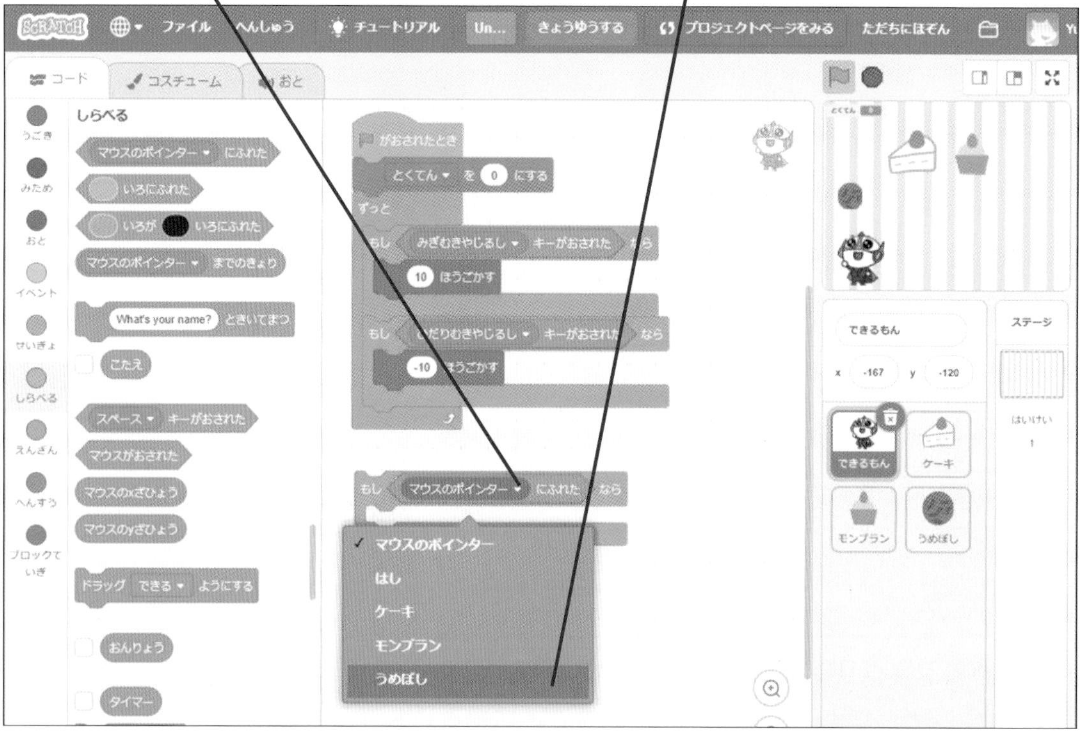

4 処理《しょり》を作《つく》ろう

1 [せいぎょ]をクリックしよう

2 [[1]びょうまつ]をここに接続《せつぞく》しよう

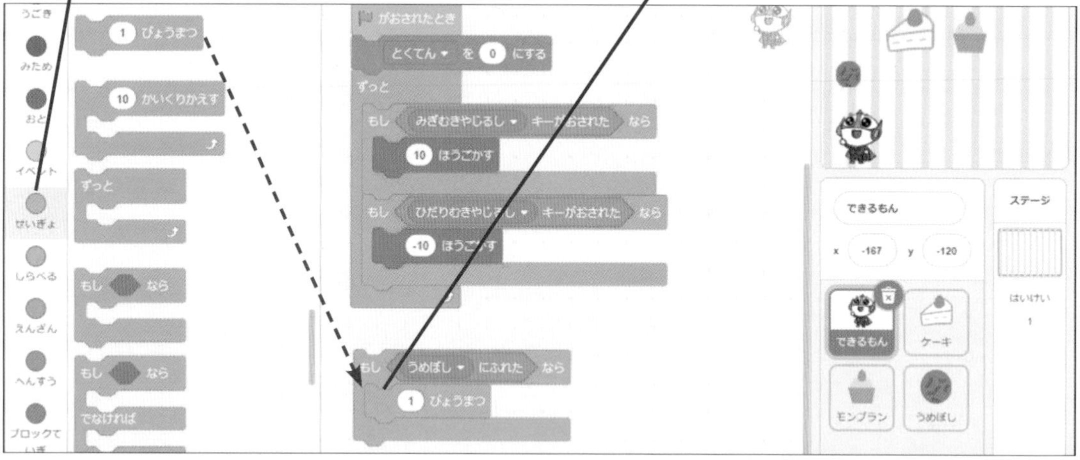

5 できるもんの動《うご》きを2秒《びょう》止《と》めよう

1 ブロックのかたまりをここに接続《せつぞく》しよう

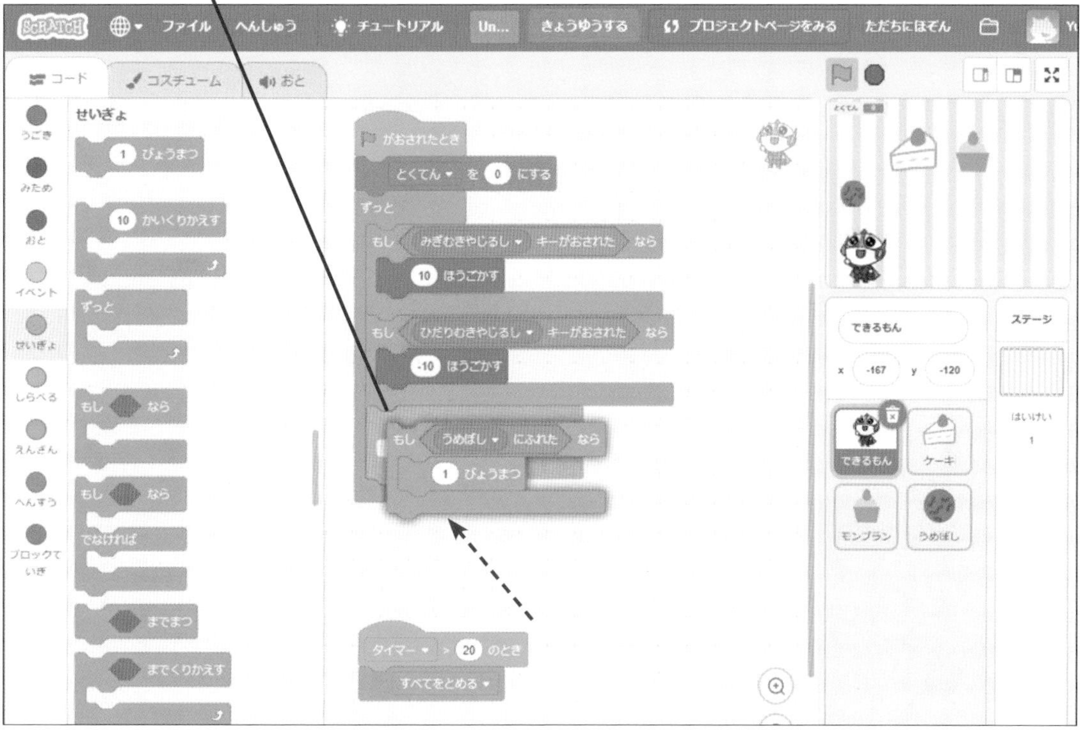

2 「2」と入力《にゅうりょく》しよう

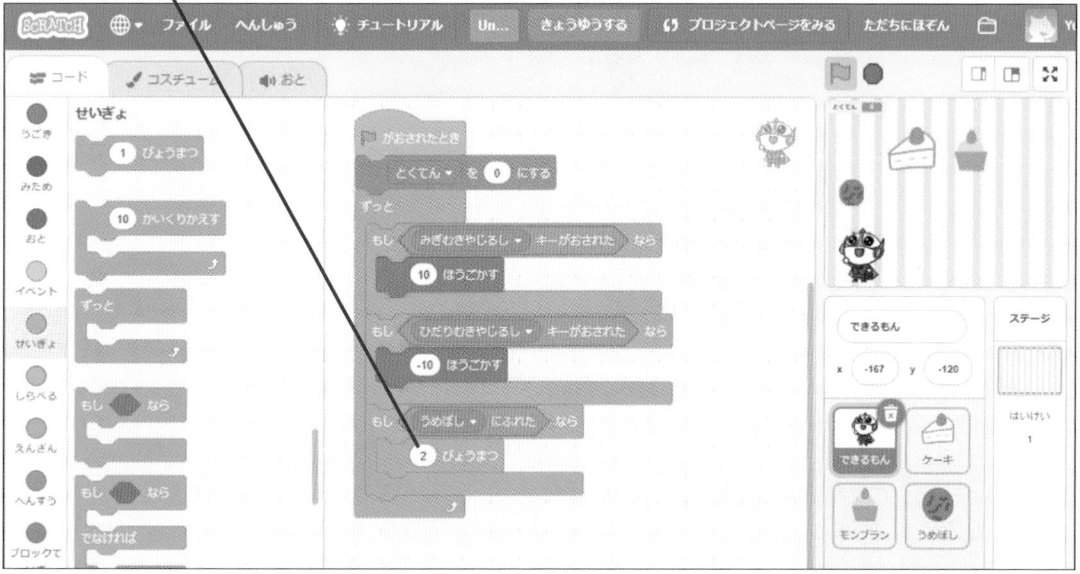

レッスン 26

できるもんの見《み》た目《め》を変更《へんこう》しよう

やった日《ひ》
月《がつ》　日《にち》

レッスンで使《つか》う
練習用《れんしゅうよう》ファイル
レッスン 26.sb3

うめぼしに当《あ》たったときに、できるもんがすっぱい顔《かお》をするようにするよ。プログラムでコスチュームを変《か》えよう。

このレッスンで覚《おぼ》えたい用語《ようご》	
コスチューム	P.185
座標《ざひょう》	P.185
プログラム	P.186

1 コスチュームを確認《かくにん》しよう

1 [コスチューム]をクリックしよう

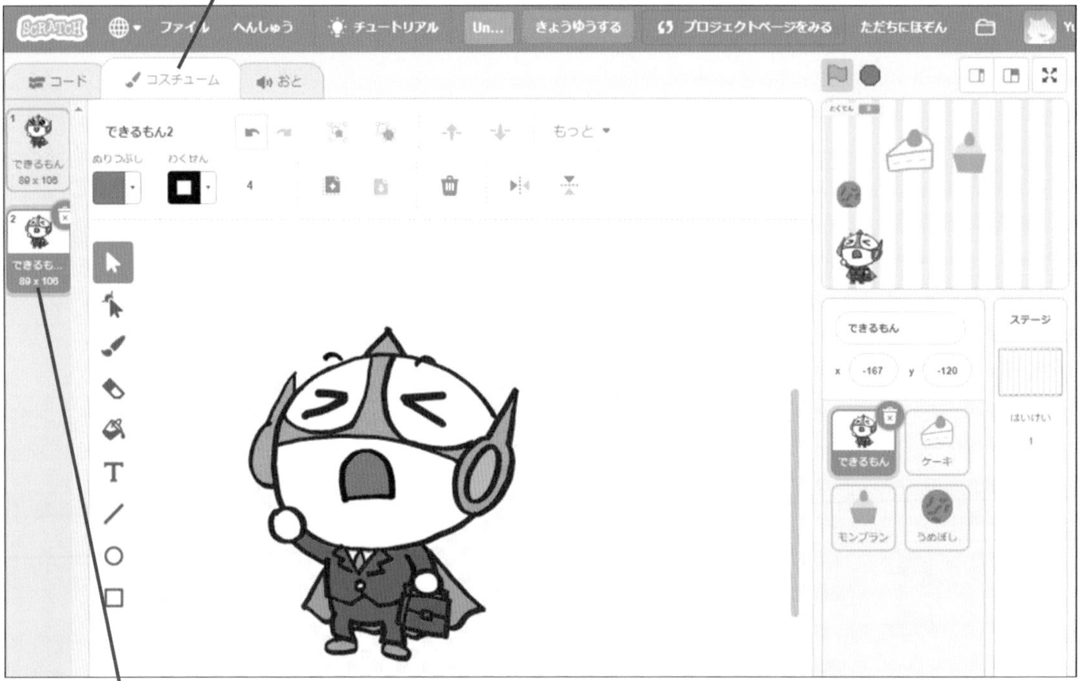

2 [できるもん2]をクリックしよう

違《ちが》うコスチュームが表示《ひょうじ》されるよ

確認《かくにん》したら「できるもん」をクリックして元《もと》に戻《もど》そう

2 見《み》た目《め》を変更《へんこう》しよう

1 [みため]をクリックしよう

2 [コスチュームを［できるもん2］にする]をここに接続《せつぞく》しよう

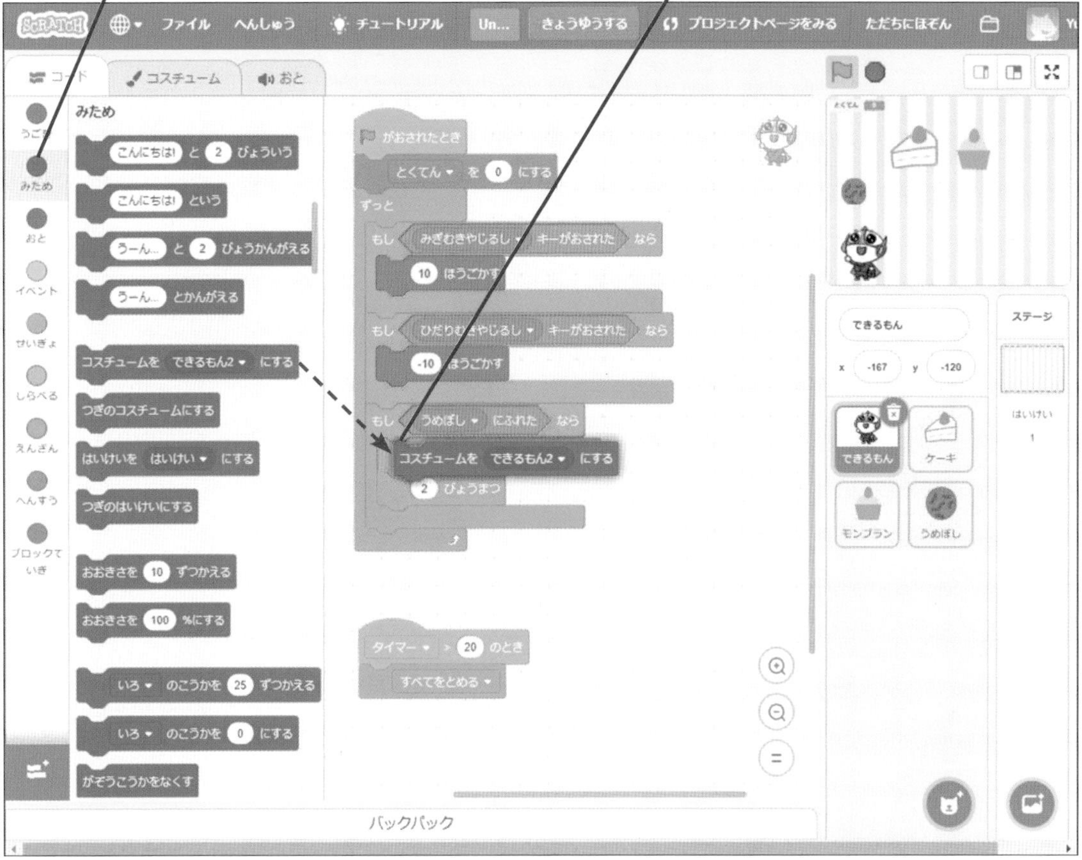

できるもんがすっぱい顔《かお》をするね

このままだとすっぱい顔《かお》のままだから、元《もと》に戻《もど》すプログラミングをするよ

次《つぎ》のページに続《つづ》く

3 見《み》た目《め》を元《もと》に戻《もど》そう

1 [コスチュームを[できるもん2]にする]をここに接続《せつぞく》しよう

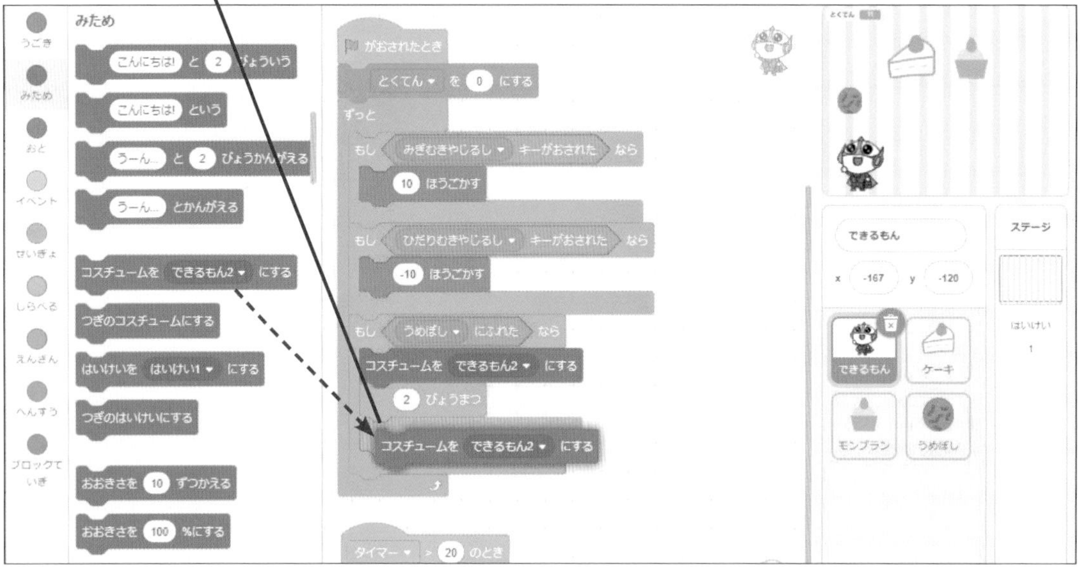

2 ここをクリックしよう

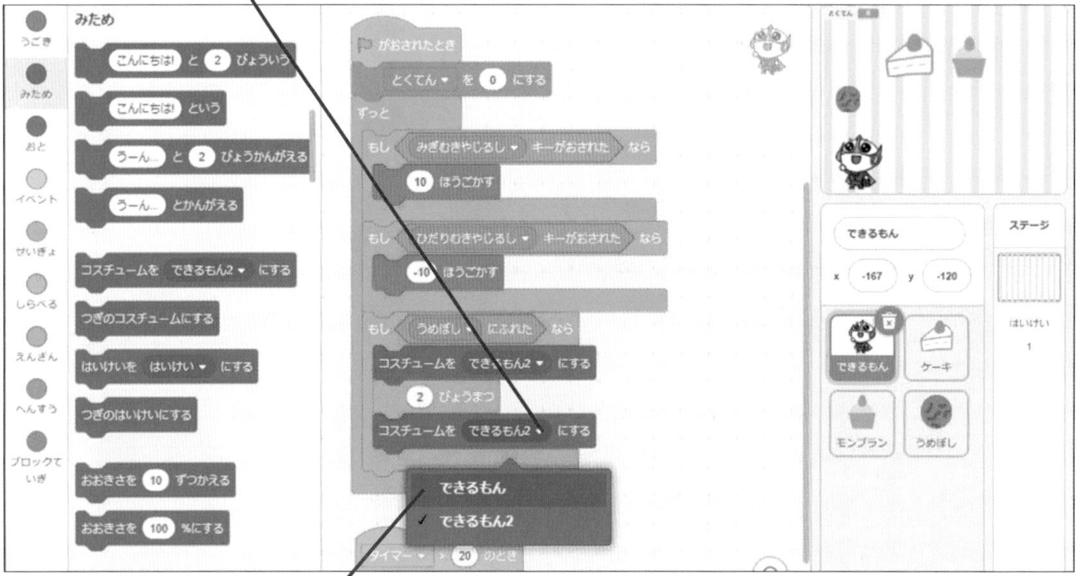

3 [できるもん]をクリックしよう

これで完成《かんせい》だよ

4 コードを実行《じっこう》しよう

1 をクリックしよう

うめぼしをよけながらケーキを取《と》ろう

とくてん 17

うめぼしがかくれてることもあるよ！

みんなで得点《とくてん》を競争《きょうそう》しよう！

20秒《びょう》たつと止《と》まるよ

おまけプログラミング うめぼしのスピードを上《あ》げよう

うめぼしのプログラムの［yざひょうを（-5）ずつかえる］の「5」を、「－」を付《つ》けたまま大《おお》きい数字《すうじ》にすればするほど速《はや》くなるよ。スピードが速《はや》くなると、出《で》る回数《かいすう》も増《ふ》えるよ。

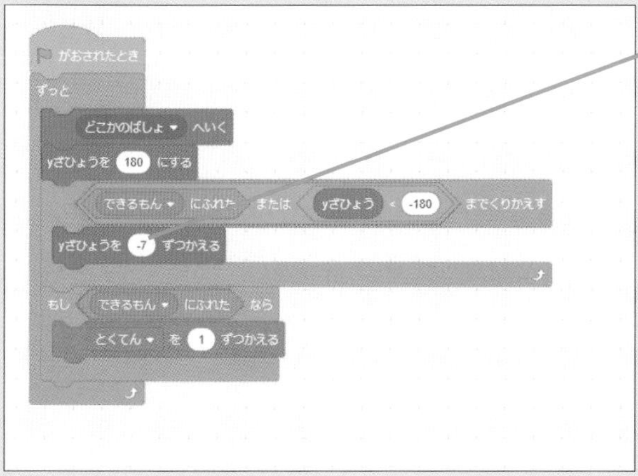
がおされたとき
ずっと
どこかのばしょ へいく
yざひょうを 180 にする
できるもん にふれた または yざひょう < -180 までくりかえす
yざひょうを -7 ずつかえる
もし できるもん にふれた なら
とくてん を 1 ずつかえる

ここに「-7」と入力《にゅうりょく》する

クイズにトライ！　あてはまる言葉《ことば》を答《こた》えてね！

ブロックを複製《ふくせい》するときに使《つか》った、便利《べんり》な機能《きのう》は何《なに》だったっけ？

①リュックサック
②ナップサック
③バックパック

ええー？　どれだっけ

分《わ》からないときはレッスン21を見《み》てね！

1はドイツ、2はイギリス、3はアメリカの呼《よ》び方《かた》みたい。スクラッチが生《う》まれた国《くに》は…？

→答《こた》えは175ページ

第6章

家族《かぞく》で遊《あそ》べるアクションゲームを
つくるよ！

とげとげゲームを作《つく》ろう

この章《しょう》では、できるもんが
とげをよけながら進《すす》んでいくゲームを作《つく》るよ。
座標《ざひょう》をつかって最初《さいしょ》の位置《いち》を決《き》めるやり方《かた》も学《まな》ぶよ。

この章《しょう》でやること

◎できるもんの上下《じょうげ》の動《うご》きを作《つく》るよ
◎とげが次々《つぎつぎ》に現《あらわ》れて、画面《がめん》の右《みぎ》から左《ひだり》に動《うご》くようにするよ
◎とげを越《こ》えると得点《とくてん》が入《はい》るよ

レッスン

■完成《かんせい》したプログラムはこちら　https://scratch.mit.edu/projects/404035298

レッスン 27

できるもんの最初《さいしょ》の位置《いち》を決《き》めよう

やった日《ひ》　月《がつ》　日《にち》

レッスンで使《つか》う練習用《れんしゅうよう》ファイル

レッスン 27.sb3

できるもんの最初《さいしょ》の位置《いち》を決《き》めるプログラムを作《つく》るよ。画面上《がめんじょう》の位置《いち》を数《かず》で表《あらわ》す、座標《ざひょう》を使《つか》うよ。

このレッスンで覚《おぼ》えたい用語《ようご》	
アップロード	P.185
コード	P.185
座標《ざひょう》	P.185

1 スプライトをアップロードしよう

24ページを参考《さんこう》に「できるもん」「とげ」「はいけい」をアップロードしておこう

1 ここをクリックしてステージを小《ちい》さくしよう

2 [できるもん]をクリックしよう

2 できるもんのコードを作《つく》り始《はじ》めよう

1 ［イベント］をクリックしよう

2 ［がおされたとき］をここに設置《せっち》しよう

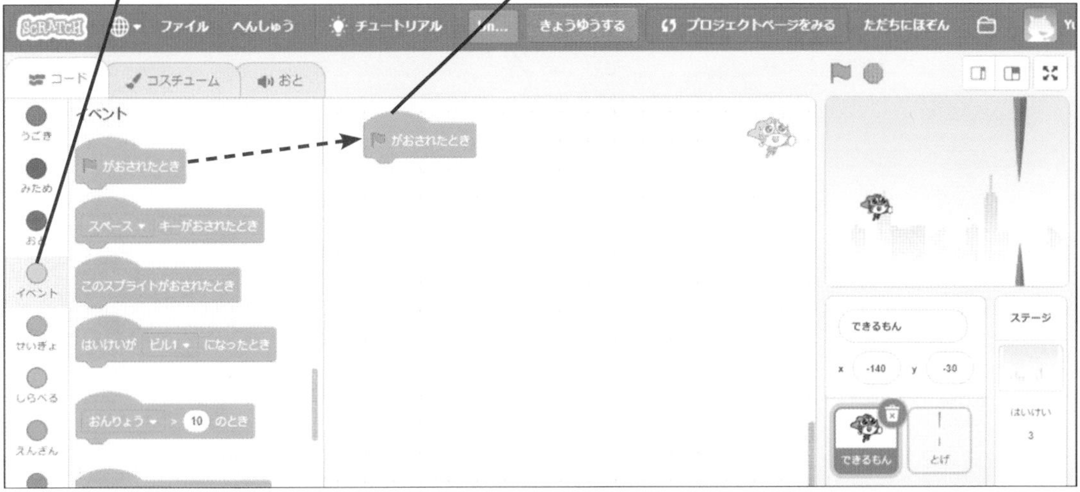

3 座標《ざひょう》を決《き》める準備《じゅんび》をしよう

1 ［うごき］をクリックしよう

2 ［xざひょうを［　］、yざひょうを［　］にする］をここに接続《せつぞく》しよう

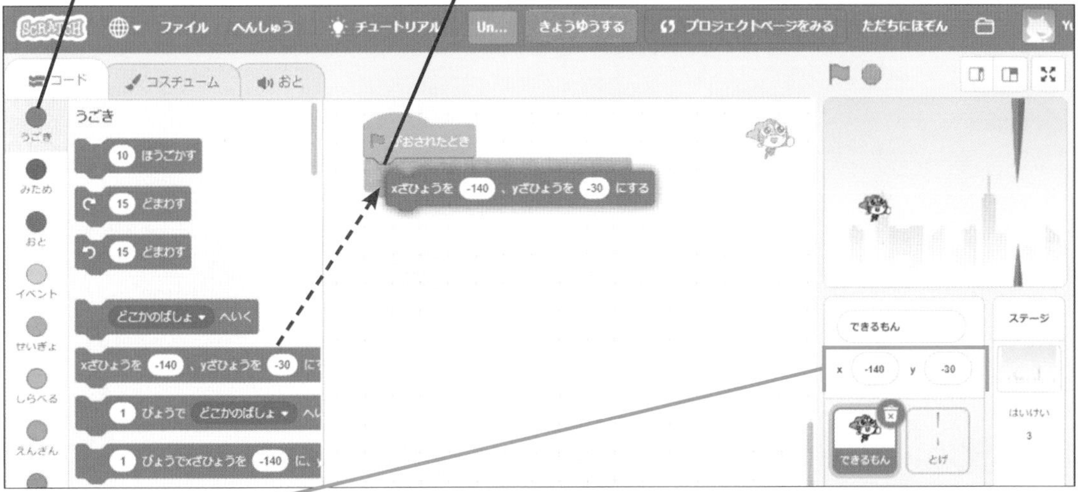

ここにはできるもんの今《いま》の場所《ばしょ》が表示《ひょうじ》されるよ

次《つぎ》のページに続《つづ》く

4 座標《ざひょう》を設定《せってい》しよう

1 ここに「-140」と入力《にゅうりょく》しよう

2 ここに「0」と入力《にゅうりょく》しよう

なぜ最初《さいしょ》の位置《いち》を
決《き》めるの？

できるもんが画面《がめん》のはしに
いると、とげをよけにくく
なるからだよ

ヒント！

スプライトの座標《ざひょう》はプログラムで設定《せってい》をしない限《かぎ》り、直前《ちょくぜん》にいた位置《いち》の座標《ざひょう》になるよ。
はじめの位置《いち》が毎回《まいかい》変《か》わらないように設定《せってい》しよう。

5 回転《かいてん》しないようにしよう

1 ここをクリックして下《した》に動《うご》かそう

2 [かいてんほうほうを[さゆうのみ]にする]を接続《せつぞく》しよう

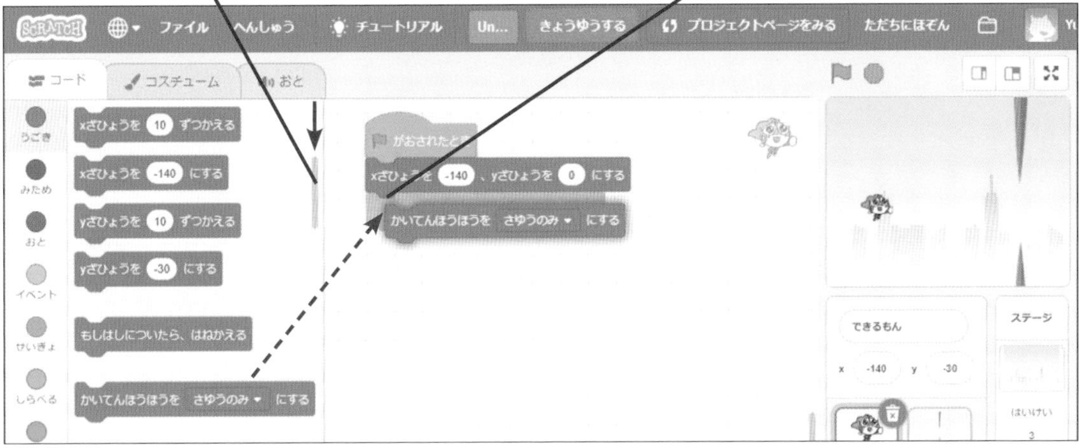

3 ここをクリックしよう

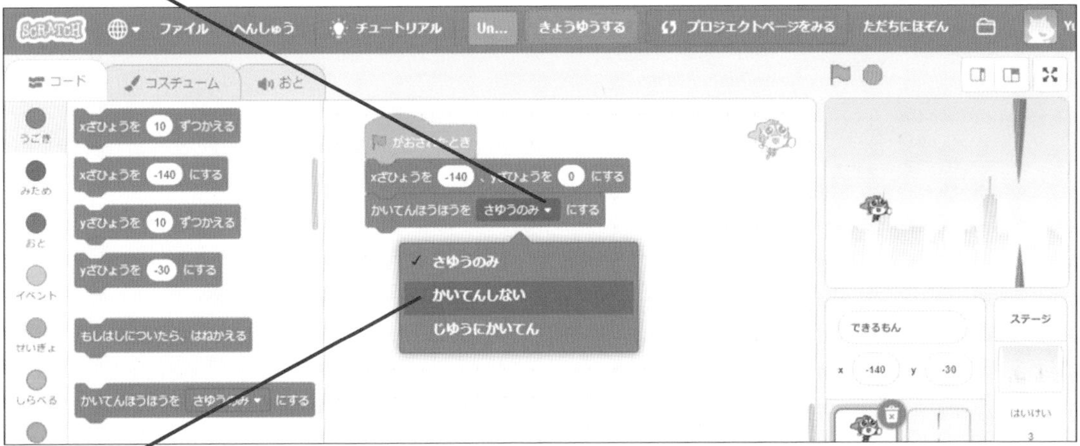

4 [かいてんしない]をクリックしよう

ヒント!

スプライトには、見《み》た目《め》の向《む》きと中身《なかみ》の角度《かくど》がそれぞれあって、別々《べつべつ》に設定《せってい》できるよ。[かいてんほうほうを[さゆうのみ]にする]で見《み》た目《め》の向《む》きを変《か》えられるよ。

レッスン 28

できるもんを上下《じょうげ》に動《うご》かす準備《じゅんび》をしよう

やった日《ひ》
月《がつ》　日《にち》

レッスンで使《つか》う
練習用《れんしゅうよう》ファイル
レッスン 28.sb3

できるもんを上下《じょうげ》に動《うご》かせるように準備《じゅんび》しよう。一番大《いちばんおお》きなキーボードの、スペースキーで動《うご》かせるようにするよ。

このレッスンで覚《おぼ》えたい用語《ようご》	
コード	P.185
条件《じょうけん》	P.185
スプライト	P.185

1 [ずっと] ブロックを接続《せつぞく》しよう

1 [せいぎょ]をクリックしよう

2 [ずっと]をここに接続《せつぞく》しよう

② [もし [　] なら] のブロックを接続《せつぞく》しよう

❶ [もし[　]なら]をここに接続《せつぞく》しよう

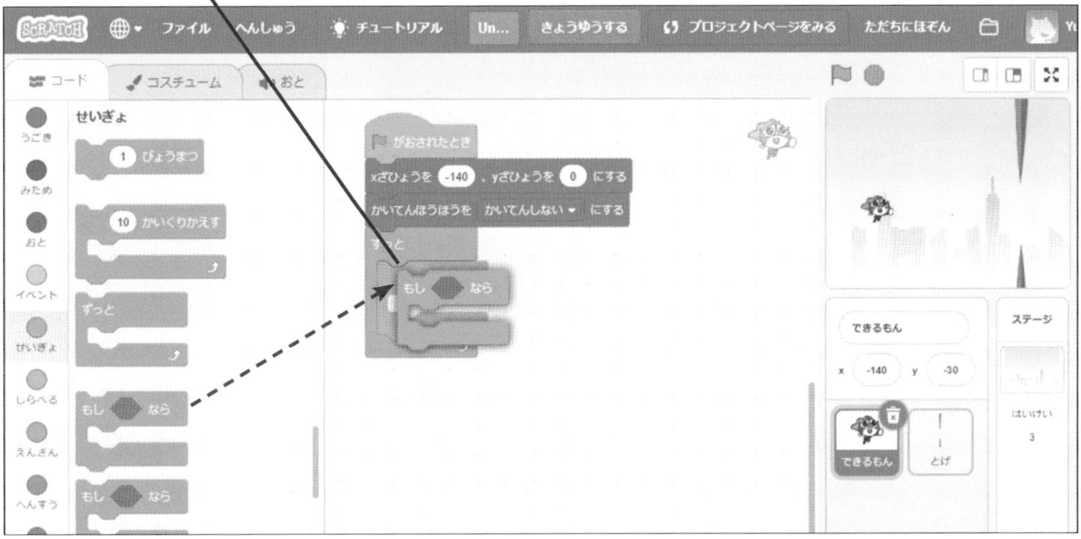

③ 条件《じょうけん》のブロックを接続《せつぞく》しよう

❶ [しらべる] をクリックしよう

❷ [[スペース] キーがおされた] をここに組《く》み込《こ》もう

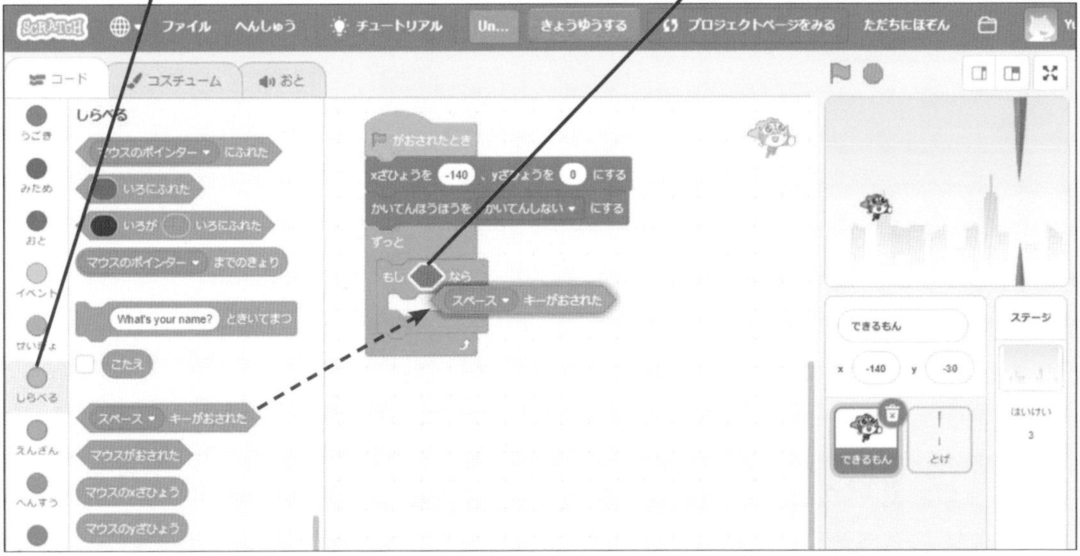

レッスン 29

できるもんを上下《じょうげ》に動《うご》かそう

やった日《ひ》

月《がつ》　日《にち》

レッスンで使《つか》う練習用《れんしゅうよう》ファイル

レッスン29.sb3

スペースキーを押《お》している間《あいだ》だけ、できるもんが上《うえ》に行《い》くようにするよ。それ以外《いがい》のときは下《さ》がるようにするよ。

このレッスンで覚《おぼ》えたい用語《ようご》	
コード	P.185
座標《ざひょう》	P.185
緑《みどり》の旗《はた》ボタン	P.186

1 上《うえ》への動《うご》きを作《つく》ろう

1 [うごき]をクリックしよう

2 [yざひょうを[10]ずつかえる]をここに接続《せつぞく》しよう

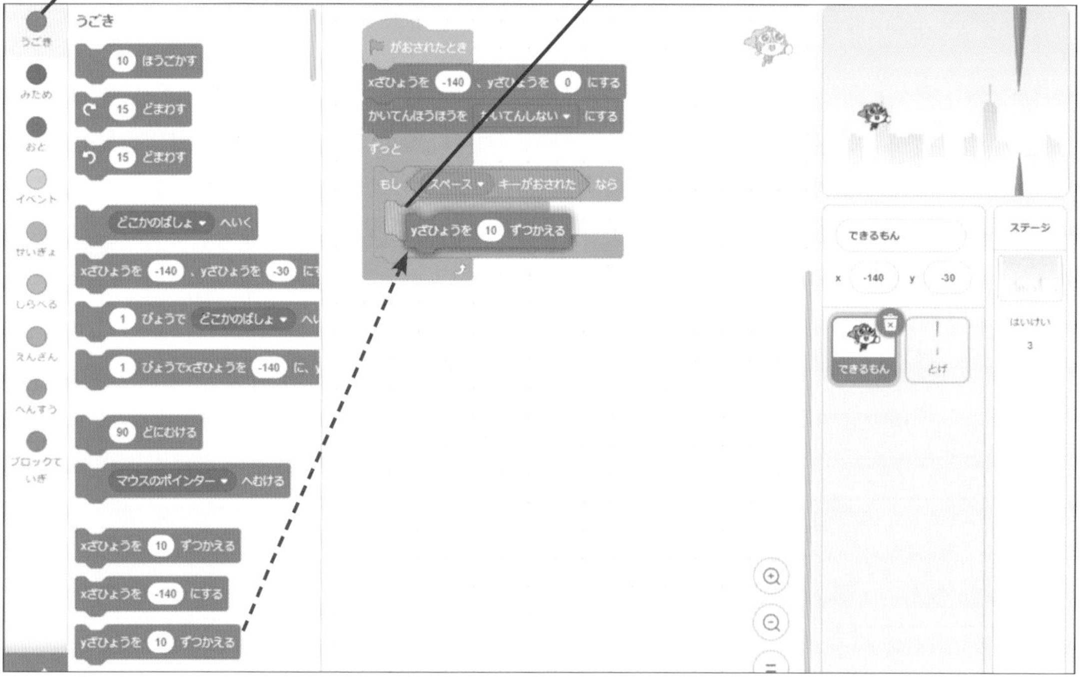

ヒント！

上《あ》がるときよりも下《さ》がるときをゆっくりにすると、ジャンプして降《お》りてくるように見《み》えるよ。数字《すうじ》をいろいろ変《か》えて試《ため》してみよう。

② 下《した》への動《うご》きを作《つく》ろう

1 ［yざひょうを［10］ずつかえる］をここに接続《せつぞく》しよう

2 「-5」と入力《にゅうりょく》しよう

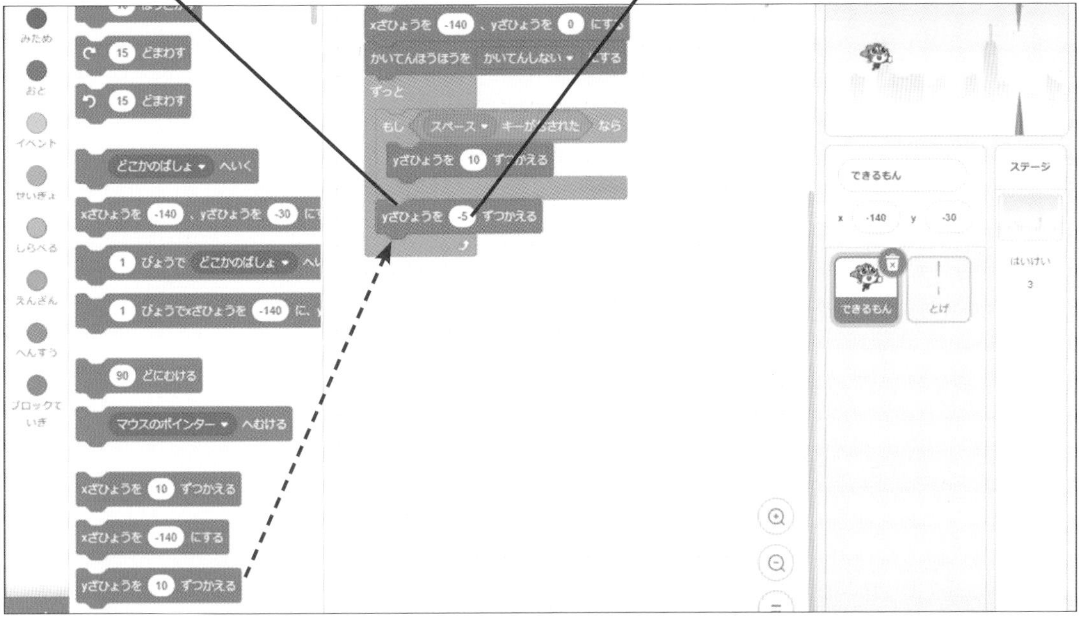

③ コードを実行《じっこう》しよう

1 をクリックしよう

キーを押《お》すとぐんぐん上《あ》がって、はなすと下《さ》がってくるよ！

レッスン 30

とげが現《あらわ》れる場所《ばしょ》を決《き》めよう

やった日《ひ》
月《がつ》　日《にち》

レッスンで使《つか》う練習用《れんしゅうよう》ファイル
レッスン 30.sb3

とげが出《で》てくる位置《いち》を決《き》めるプログラムを作《つく》るよ。できるもんの初《はじ》めの位置《いち》を決《き》めたときと似《に》てるね。

このレッスンで覚《おぼ》えたい用語《ようご》	
座標《ざひょう》	P.185
プログラム	P.186
緑《みどり》の旗《はた》ボタン	P.186

1 プログラミングの準備《じゅんび》をしよう

1 [とげ]をクリックしよう

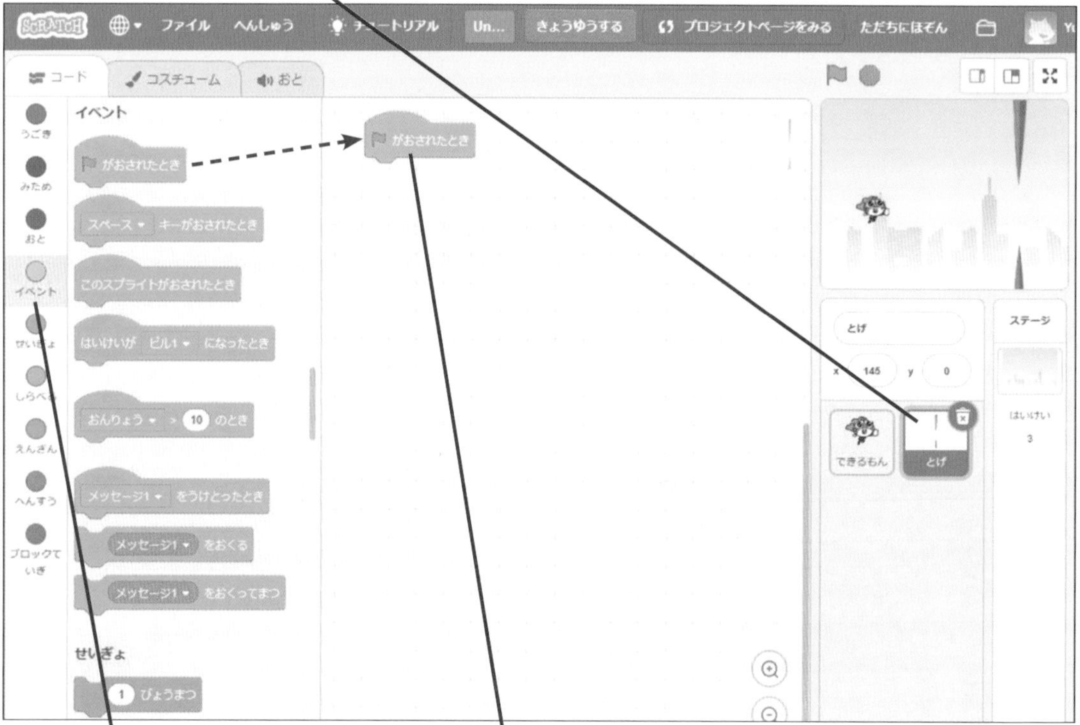

2 [イベント] をクリックしよう

3 [がおされたとき] をここに設置《せっち》しよう

② スタート地点《ちてん》を設定《せってい》しよう

❶ [うごき]をクリックしよう

❷ [xざひょうを[　]、yざひょうを[　]にする]をここに接続《せつぞく》しよう

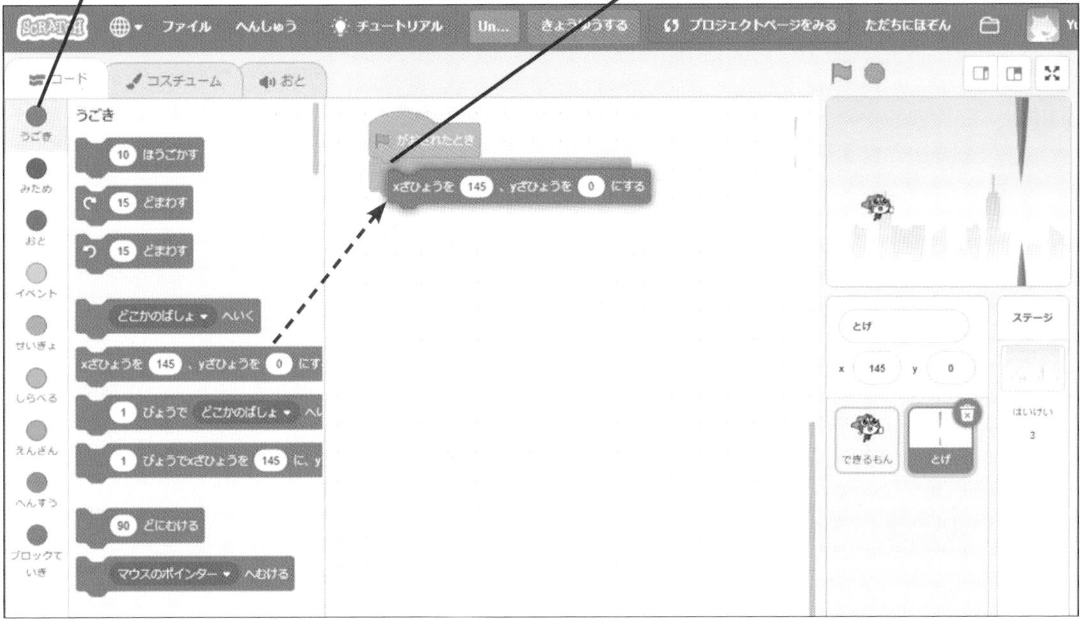

❸ 「240」と入力《にゅうりょく》しよう

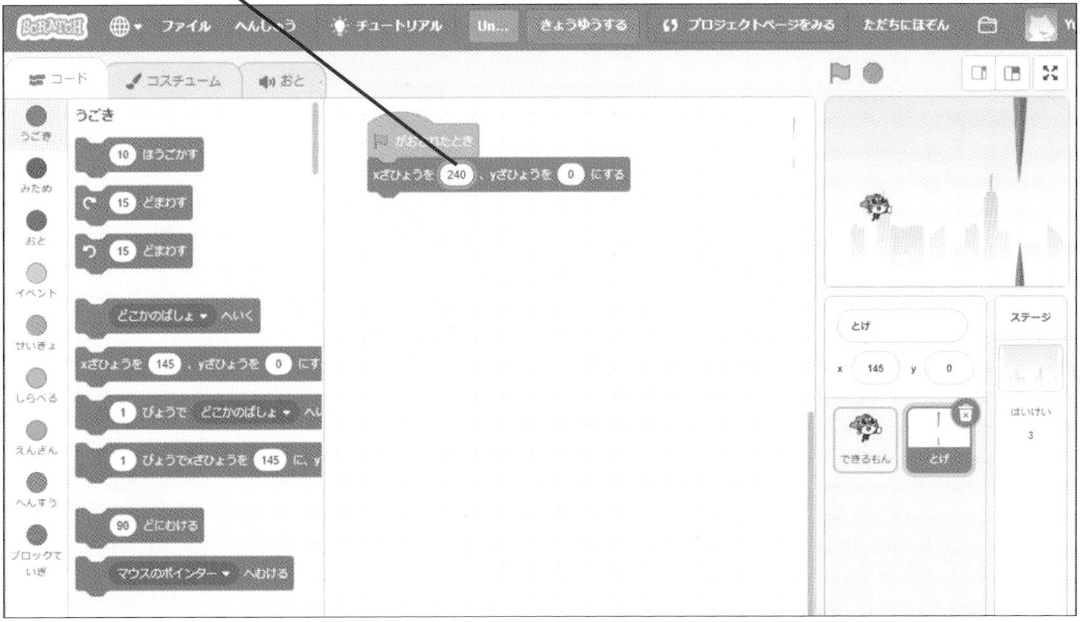

レッスン

31 とげの動《うご》きを作《つく》ろう

やった日《ひ》

月《がつ》　日《にち》

レッスンで使《つか》う練習用《れんしゅうよう》ファイル

レッスン 31.sb3

とげが右《みぎ》から左《ひだり》に流《なが》れていくようにしよう。とげの動《うご》きは第《だい》4章《しょう》のケーキの動《うご》きを横《よこ》にしたものだよ。

このレッスンで覚《おぼ》えたい用語《ようご》

繰《く》り返《かえ》しブロック	P.185
座標《ざひょう》	P.185
条件《じょうけん》	P.185

1 プログラムの実行《じっこう》を少《すこ》し遅《おく》らせよう

1 ［せいぎょ］をクリックしよう

2 ［［1］びょうまつ］をここに接続《せつぞく》しよう

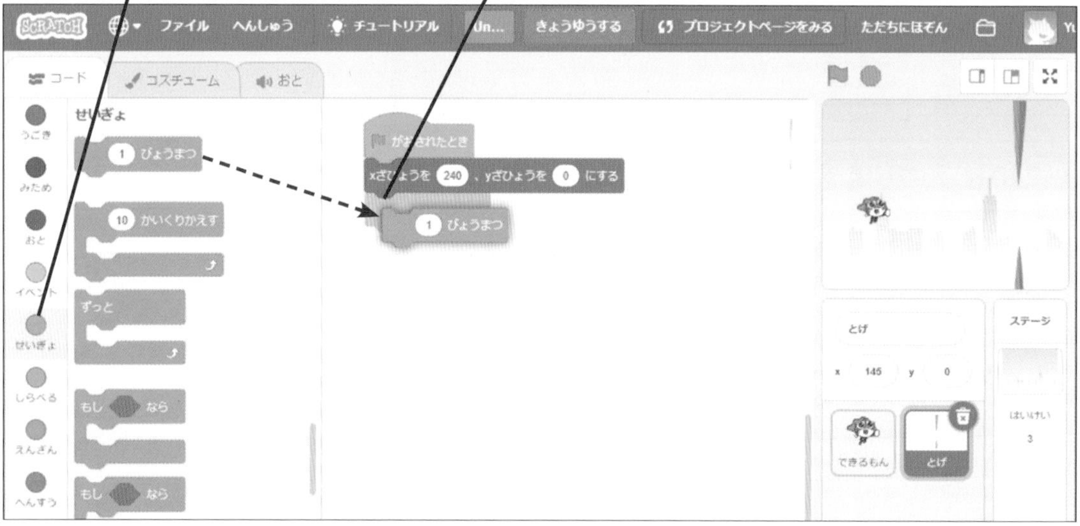

わざとおそくするの？

できるもんと、ゲームを遊《あそ》ぶ人《ひと》の準備《じゅんび》ができるのを待《ま》つんだ

② 繰《く》り返《かえ》し処理《しょり》の準備《じゅんび》をしよう

1 [せいぎょ] をクリックしよう

2 [ずっと] をここに接続《せつぞく》しよう

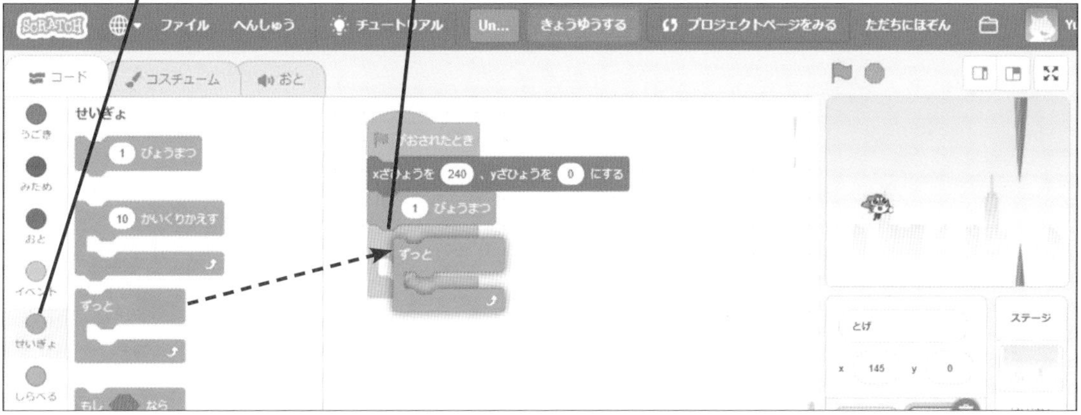

3 [[ ]までくりかえす]をここに接続《せつぞく》しよう

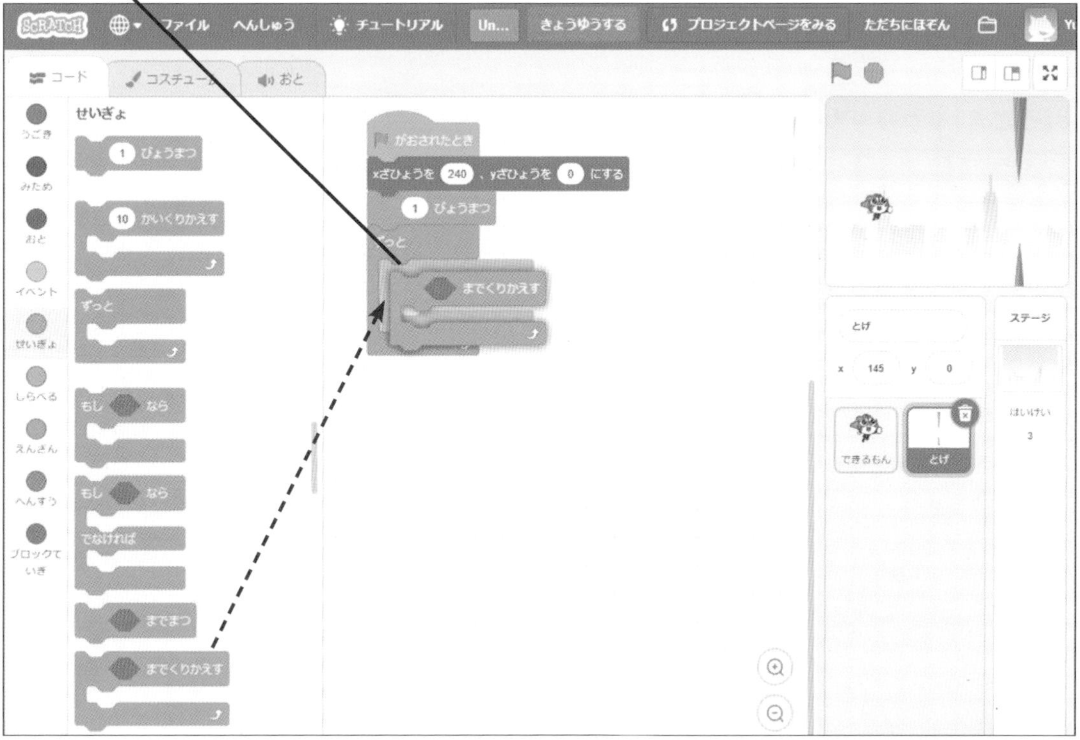

次《つぎ》のページに続《つづ》く

3 繰《く》り返《かえ》しの条件《じょうけん》を作《つく》ろう

1 [えんざん] をクリックしよう

2 [[ ]＜[50]]をここに組《く》み込《こ》もう

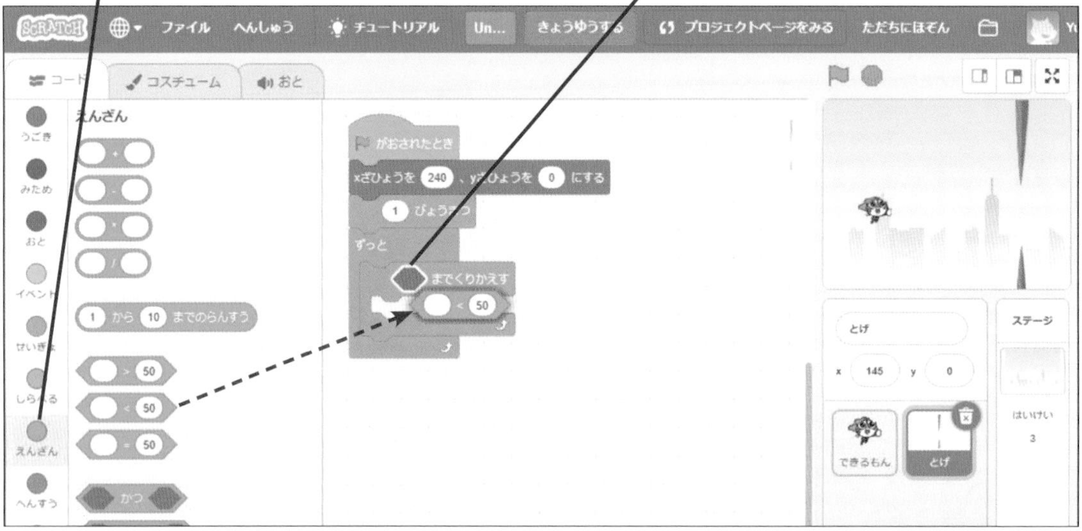

4 座標《ざひょう》を指定《してい》する準備《じゅんび》をしよう

1 [うごき]をクリックしよう

2 ここをクリックして下《した》に動《うご》かそう

3 [xざひょう] をここに組《く》み込《こ》もう

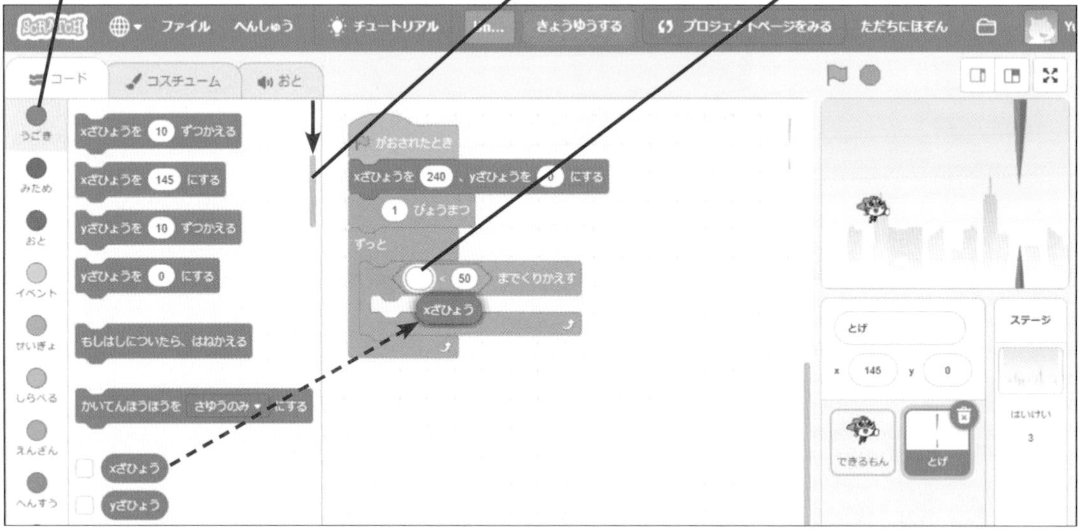

5 座標《ざひょう》を設定《せってい》しよう

1 「-239」と入力《にゅうりょく》しよう

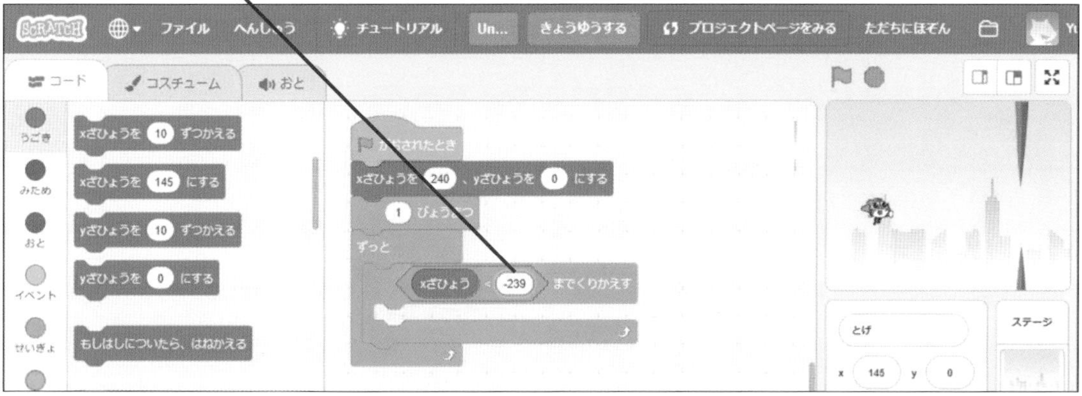

6 とげの動《うご》きを作《つく》ろう

1 [xざひょうを[10]ずつかえる]を接続《せつぞく》しよう

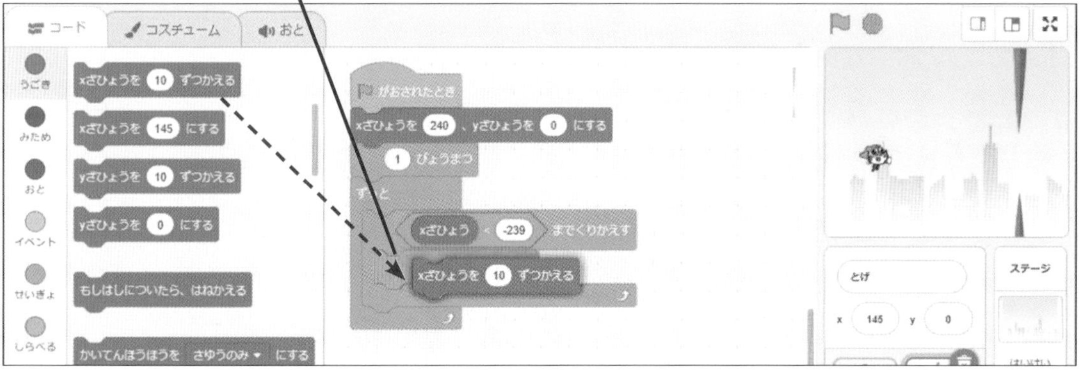

2 「-5」と入力《にゅうりょく》しよう

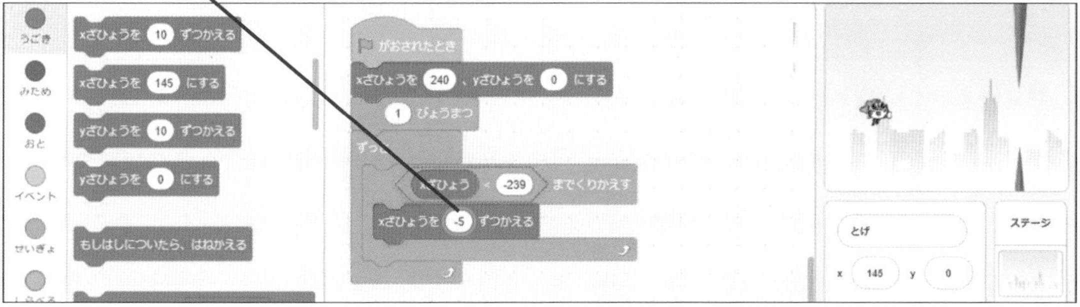

レッスン 32

得点《とくてん》が入《はい》るようにしよう

やった日《ひ》
月《がつ》　日《にち》

レッスンで使《つか》う練習用《れんしゅうよう》ファイル
レッスン 32.sb3

できるもんがとげを乗《の》り越《こ》えると得点《とくてん》が増《ふ》えるようにするよ。とげのスプライトにブロックを追加《ついか》しよう。

このレッスンで覚《おぼ》えたい用語《ようご》	
条件《じょうけん》	P.185
スプライト	P.185
変数《へんすう》	P.186

① 変数《へんすう》を作《つく》ろう

1 ［へんすう］をクリックしよう

2 レッスン13を参考《さんこう》に変数《へんすう》［とくてん］を作《つく》ろう

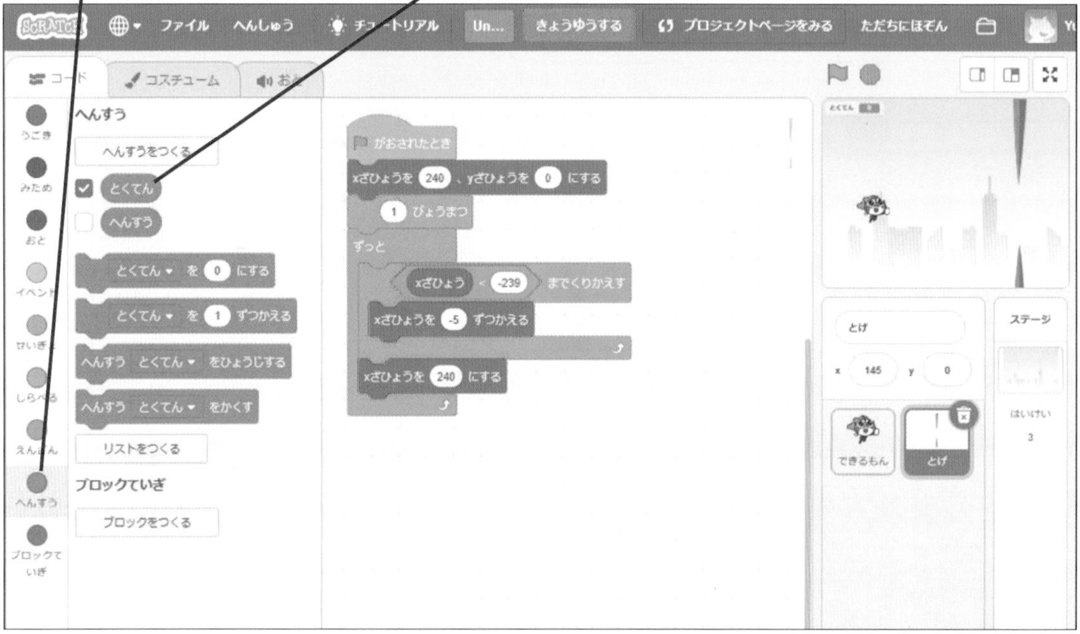

とげが画面《がめん》の左《ひだり》はしに着《つ》いたら得点《とくてん》が入《はい》るようにするよ

2 得点《とくてん》が増《ふ》えるようにしよう

1 [[とくてん]を[1]ずつかえる]を
ここに接続《せつぞく》しよう

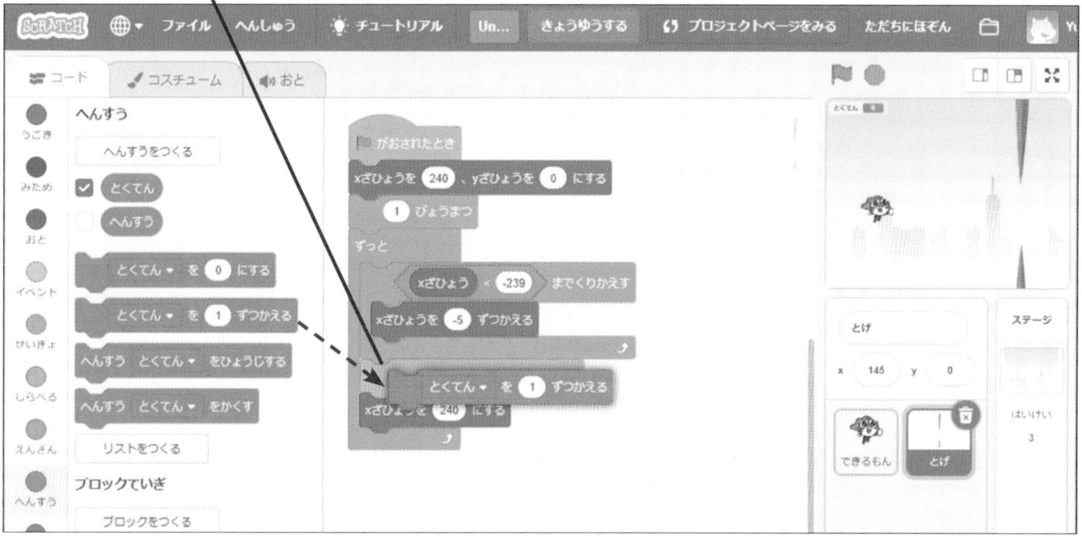

3 得点《とくてん》をリセットしよう

1 [[とくてん]を[0]にする]を
ここに接続《せつぞく》しよう

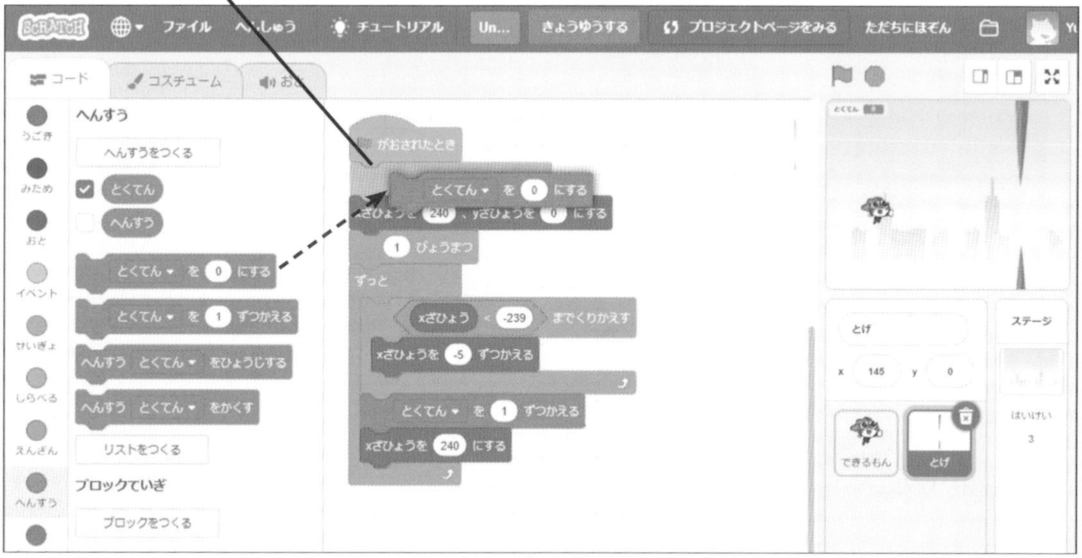

レッスン 33

ゲームが止《と》まるようにしよう

やった日《ひ》
月《がつ》　日《にち》

レッスンで使《つか》う練習用《れんしゅうよう》ファイル
レッスン 33.sb3

できるもんがとげに当《あ》たったらゲームオーバーにするよ。とげに当《あ》たったらかくして、ゲームの最初《さいしょ》に表示《ひょうじ》しよう。

このレッスンで覚《おぼ》えたい用語《ようご》	
条件《じょうけん》	P.185
スプライト	P.185
表示《ひょうじ》	P.186

1 [もし [ ] なら] のブロックを接続《せつぞく》しよう

1 [できるもん]をクリックしよう

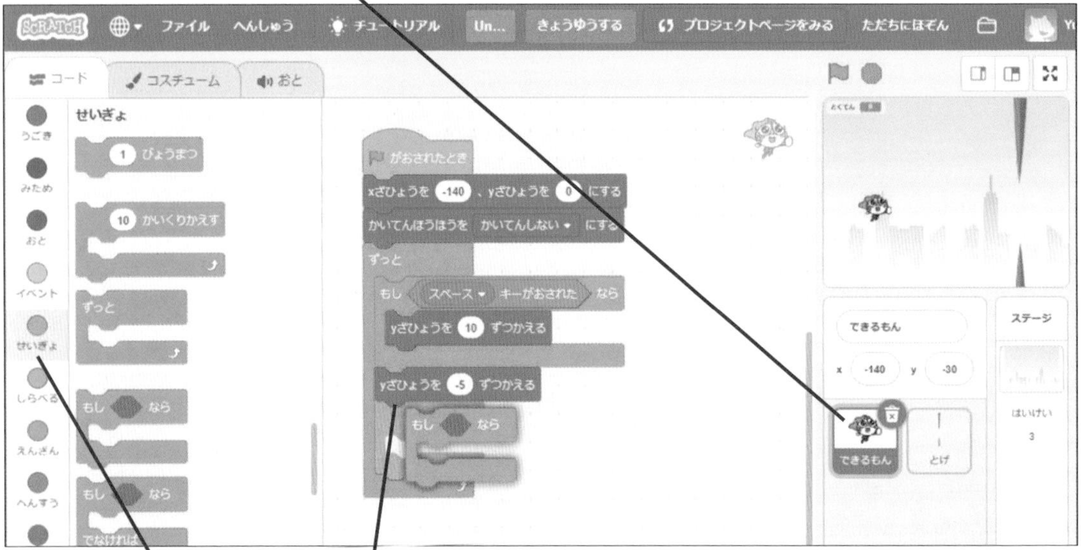

2 [せいぎょ]をクリックしよう

3 [もし　なら] をここに接続《せつぞく》しよう

できるもんをクリックするのをわすれないでねー

② とげにふれる条件《じょうけん》を作《つく》ろう

1 [しらべる]をクリックしよう

2 [[マウスのポインター]にふれた]を組《く》み込《こ》もう

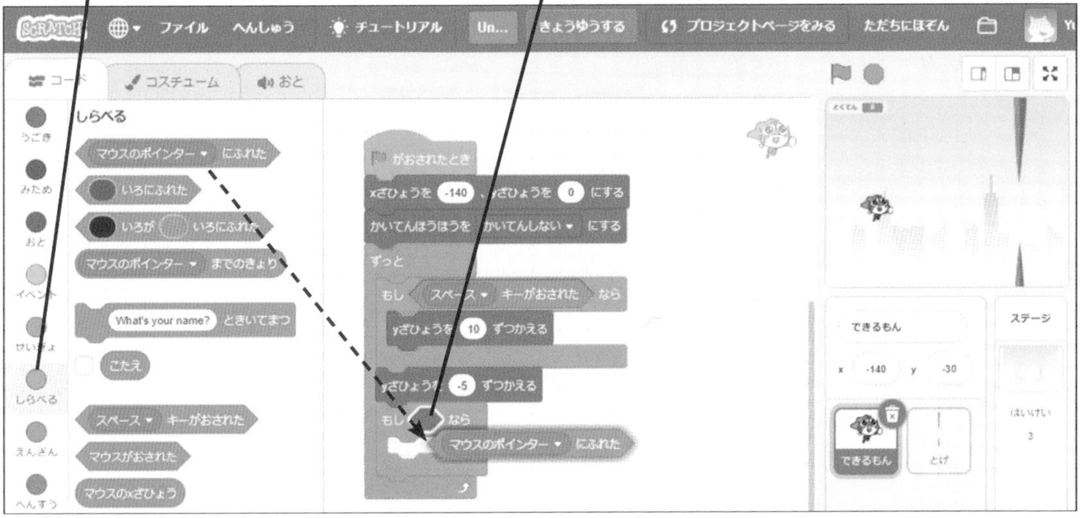

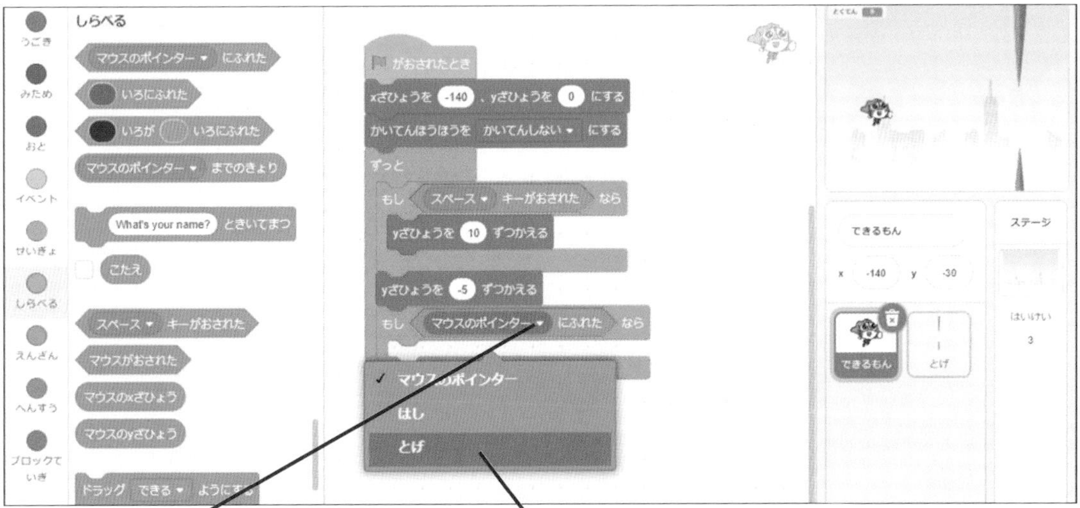

3 ここをクリックしよう

4 [とげ]をクリックしよう

第《だい》4章《しょう》の「おかしキャッチ」を作《つく》るときに同《おな》じ操作《そうさ》が出《で》てきたね。103ページを見《み》てみよう

第6章

とげとげゲームを作《つく》ろう

次《つぎ》のページに続《つづ》く

3 ゲームを止《と》めよう

1 [せいぎょ]をクリックしよう

2 [[すべてをとめる]]をここに接続《せつぞく》しよう

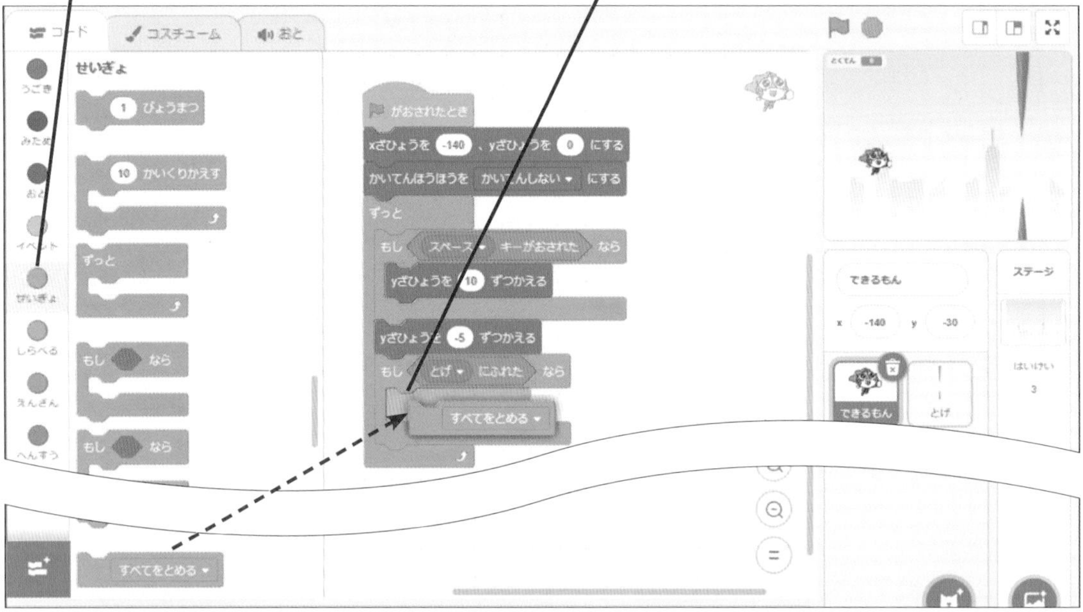

4 できるもんをかくそう

1 [みため]をクリックしよう

2 ここをクリックして下《した》に動《うご》かそう

3 [かくす]をここに接続《せつぞく》しよう

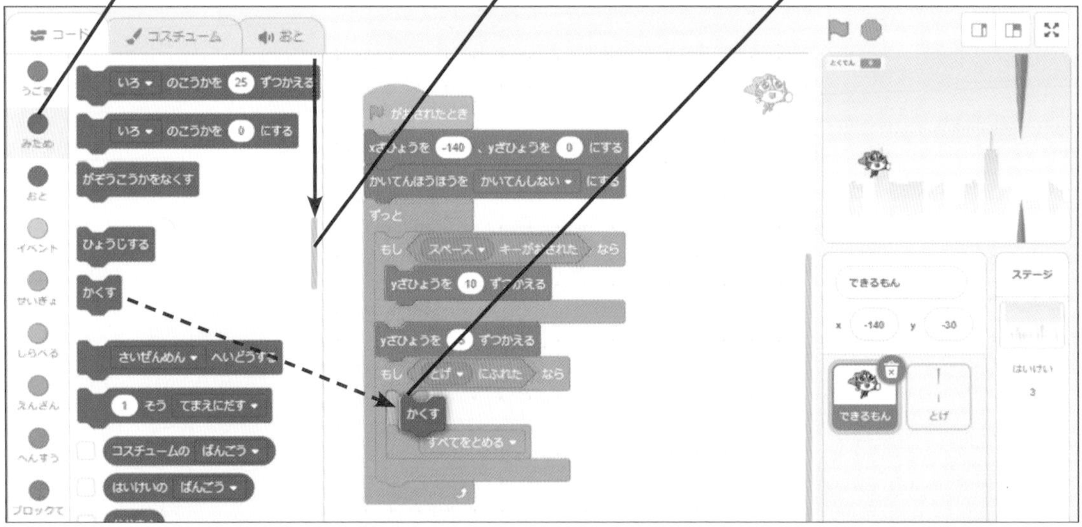

5 できるもんを表示《ひょうじ》しよう

1 ［ひょうじする］をここに接続《せつぞく》しよう

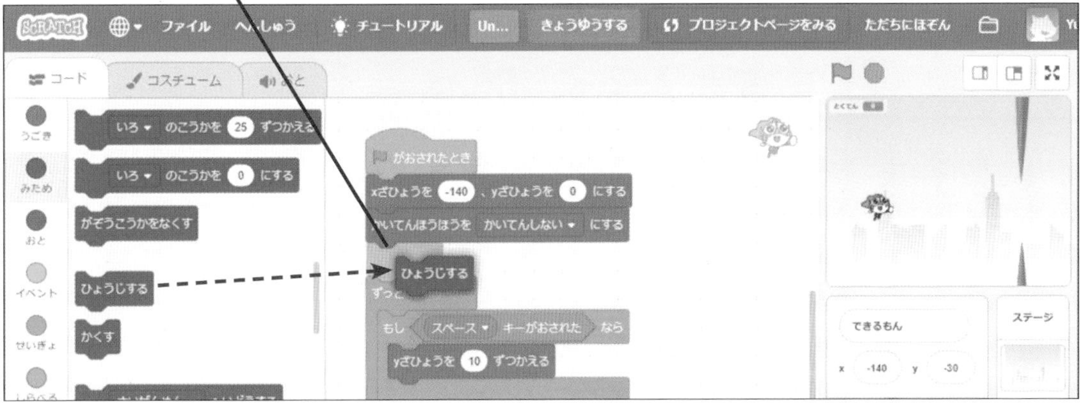

6 できるもんが表示《ひょうじ》されるタイミングを変《か》えよう

1 ［せいぎょ］をクリックしよう

2 ［[1]びょうまつ］をここに接続《せつぞく》しよう

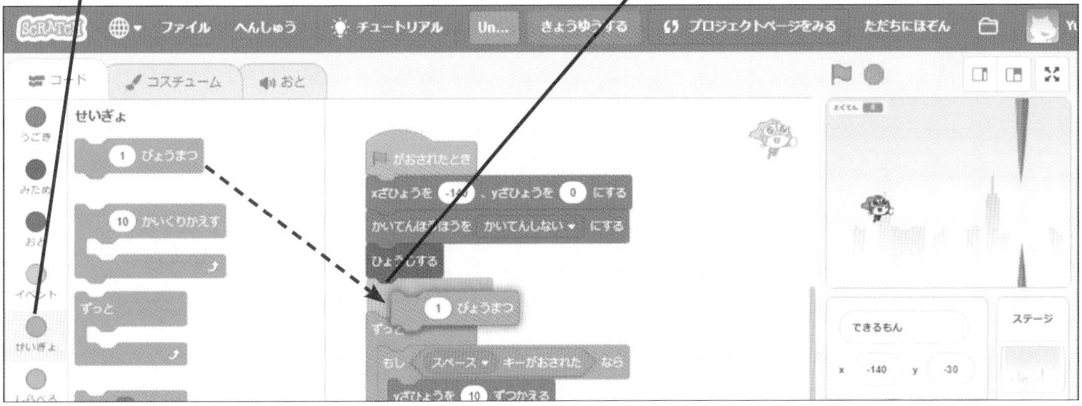

をクリックして動《うご》かしてみよう

ゲームはひとまずこれで完成《かんせい》。
次《つぎ》の章《しょう》でさらに改造《かいぞう》するよ！

クイズにトライ！

あてはまる言葉《ことば》を答《こた》えてね！

できるもんの「最初《さいしょ》の場所《ばしょ》」を決《き》めるときに使《つか》うのは、次《つぎ》のうちどれ？

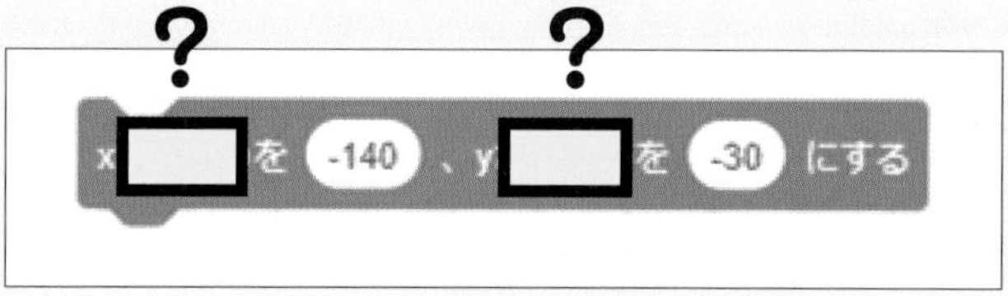

①ざひょう　②がびょう　③もくひょう

えええー？　どれだっけ

分《わ》からないときはレッスン27を見《み》てね！

この考《かんが》え方《かた》は中学校《ちゅうがっこう》の数学《すうがく》でも教《おそ》わるよ

→答《こた》えは175ページ

第7章

背景《はいけい》を変《か》えたり、音楽《おんがく》をつけたりするよ。本格的《ほんかくてき》なゲームを完成《かんせい》させよう！

とげとげゲームを改造《かいぞう》しよう

この章《しょう》では、前《まえ》の章《しょう》で作《つく》ったとげとげゲームを改造《かいぞう》するよ。
とげの種類《しゅるい》を増《ふ》やしたり、音楽《おんがく》を鳴《な》らしたりするよ。
乱数《らんすう》やメッセージの使《つか》い方《かた》についても学《まな》ぶよ。

この章《しょう》でやること

◉時間《じかん》がたつと背景《はいけい》が切《き》りかわるようにするよ

◉いろいろな種類《しゅるい》のとげが現《あらわ》れるようにするよ

◉ゲームの音楽《おんがく》を設定《せってい》するよ

レッスン

■完成《かんせい》したプログラムはこちら　https://scratch.mit.edu/projects/404035374

レッスン 34

背景《はいけい》が切《き》りかわるようにしよう

やった日《ひ》

月《がつ》　日《にち》

レッスンで使《つか》う練習用《れんしゅうよう》ファイル

レッスン 34.sb3

時間《じかん》がたつと背景《はいけい》が変《か》わるようにするよ。一定《いってい》の時間《じかん》で3つの背景《はいけい》を繰《く》り返《かえ》すようにプログラムするよ。

このレッスンで覚《おぼ》えたい用語《ようご》	
カテゴリー	P.185
プログラム	P.186
緑《みどり》の旗《はた》ボタン	P.185

1 背景《はいけい》のプログラミングを始《はじ》めよう

1 [ステージ]をクリックしよう

2 [イベント] をクリックしよう

3 [がおされたとき] を設置《せっち》しよう

② 最初《さいしょ》の背景《はいけい》を決《き》めよう

1 [みため]をクリックしよう

2 [はいけいを[ビル3]にする]をここに接続《せつぞく》しよう

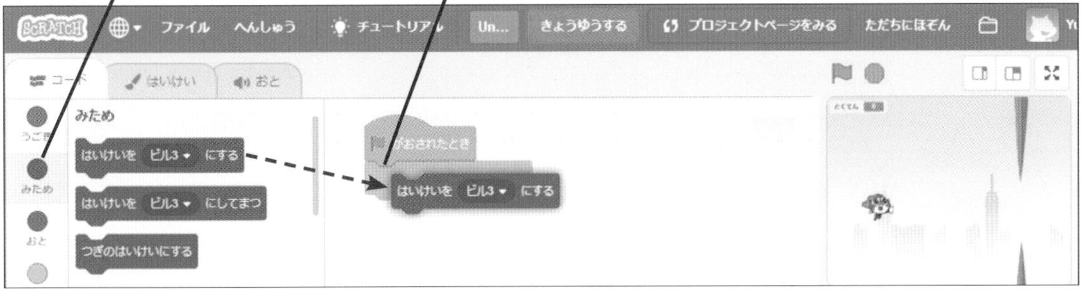

3 ここをクリックしよう

4 [ビル1]をクリックしよう

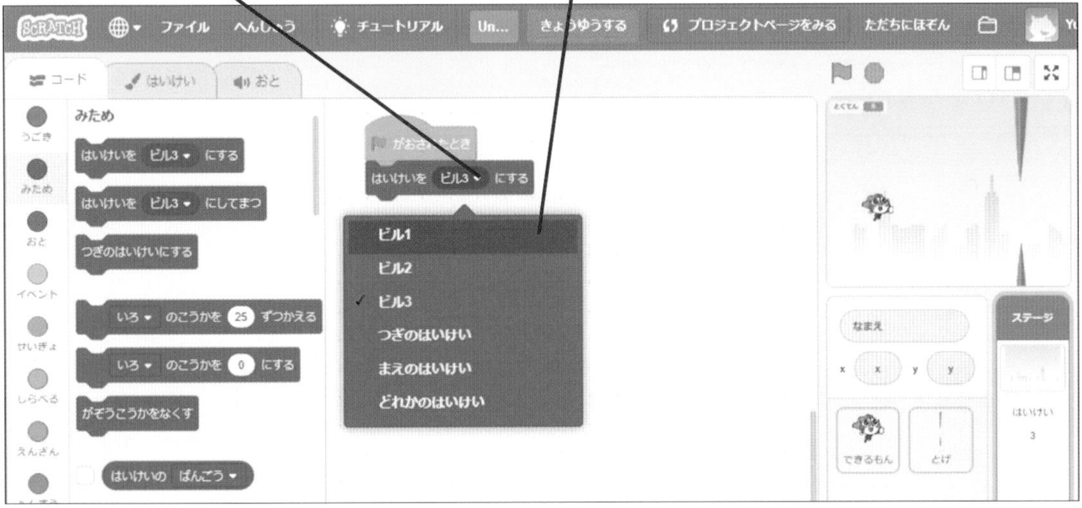

1つずつ決《き》めるの？

背景《はいけい》の絵がらは朝昼晩《あさひるばん》の順《じゅん》になっているから、繰《く》り返《かえ》し順《じゅん》番《ばん》に変《か》わるようにするよ

次《つぎ》のページに続《つづ》く

❸ 繰《く》り返《かえ》しの準《じゅん》備《び》をしよう

❶［せいぎょ］をクリックしよう

❷［ずっと］をここに接続《せつぞく》しよう

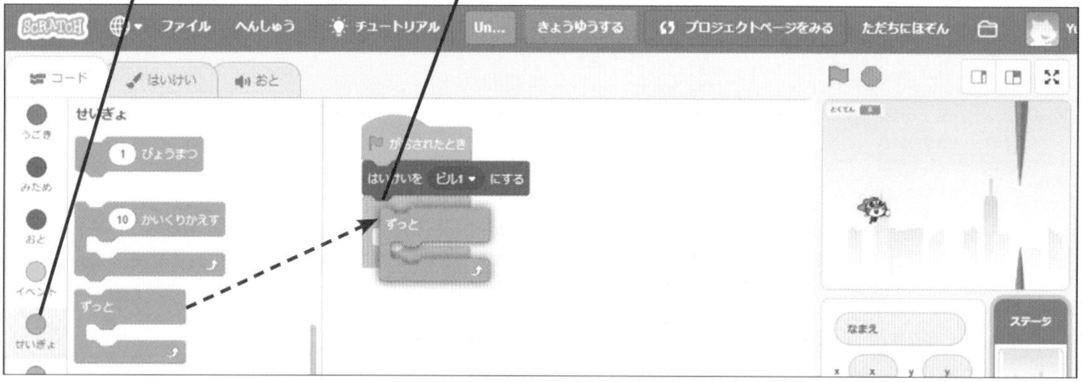

❹ 背景《はいけい》が切《き》りかわる時《じ》間《かん》を決《き》めよう

❶［［1］びょうまつ］をここに接続《せつぞく》しよう

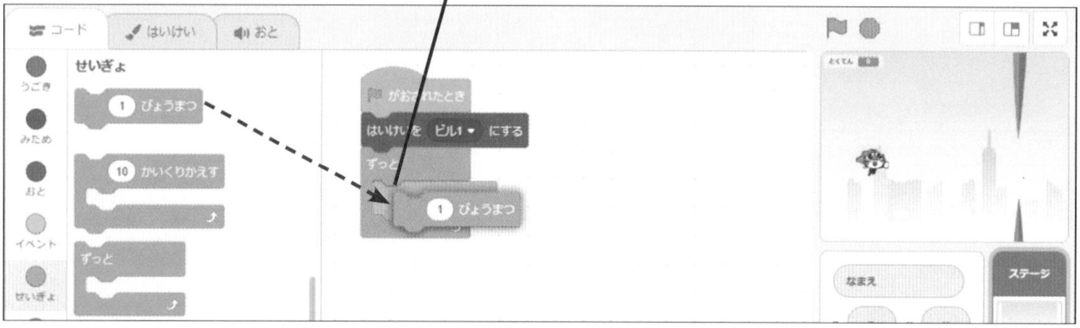

❷「10」と入力《にゅうりょく》しよう

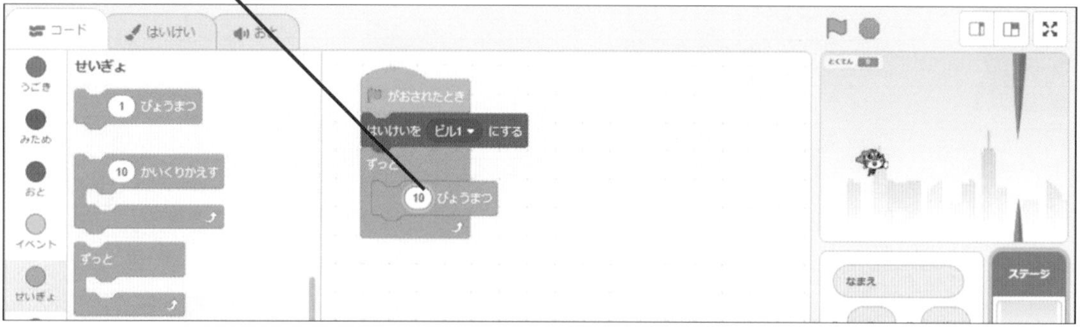

5 背景《はいけい》を変《か》えよう

1 [みため]をクリックしよう

2 [つぎのはいけいにする]をここに接続《せつぞく》しよう

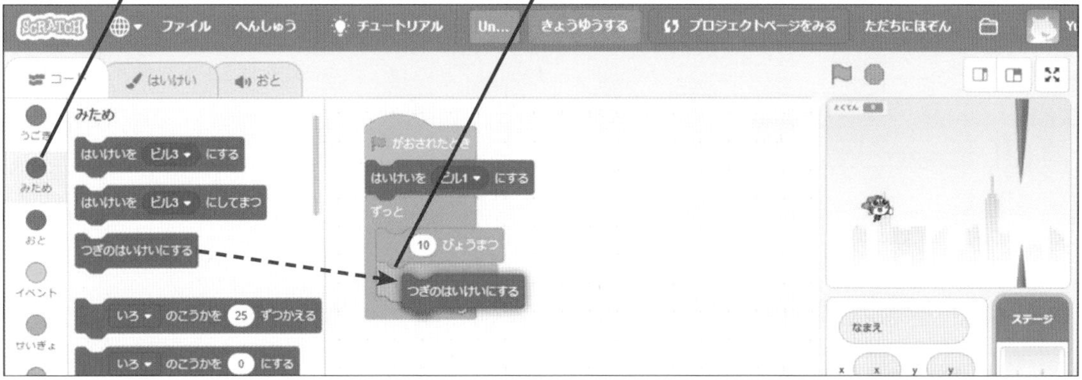

6 コードを実行《じっこう》してみよう

1 旗をクリックしよう

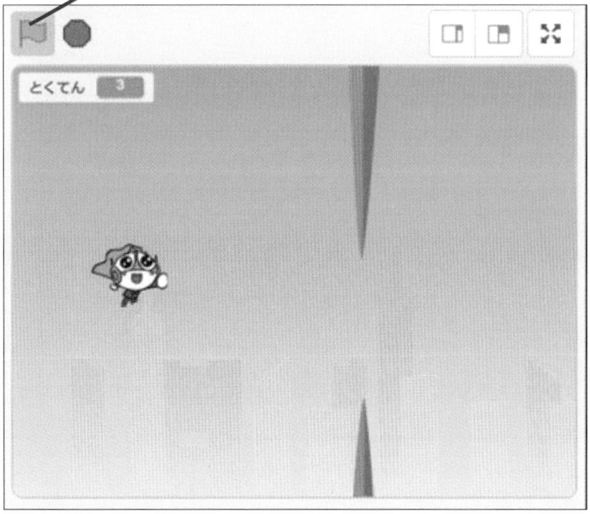

ヒント！

コスチュームを変更《へんこう》するかわりに、[みため]カテゴリーの[[いろ]のこうかを[25]ずつかえる]機能《きのう》を使《つか》って、背景《はいけい》の色《いろ》を変《か》えられるよ。

レッスン 35

とげの種類《しゅるい》を増《ふ》やそう

やった日《ひ》
月《がつ》　日《にち》

レッスンで使《つか》う練習用《れんしゅうよう》ファイル
レッスン35.sb3

コスチュームを切《き》りかえてとげの種類《しゅるい》を増《ふ》やすよ。どのとげが出《で》るかは乱数《らんすう》を使《つか》って分《わ》からなくするよ。

このレッスンで覚《おぼ》えたい用語《ようご》

カテゴリー	P.185
コスチューム	P.185
乱数《らんすう》	P.186

1 とげのプログラミングを始《はじ》めよう

1 [とげ]をクリックしよう

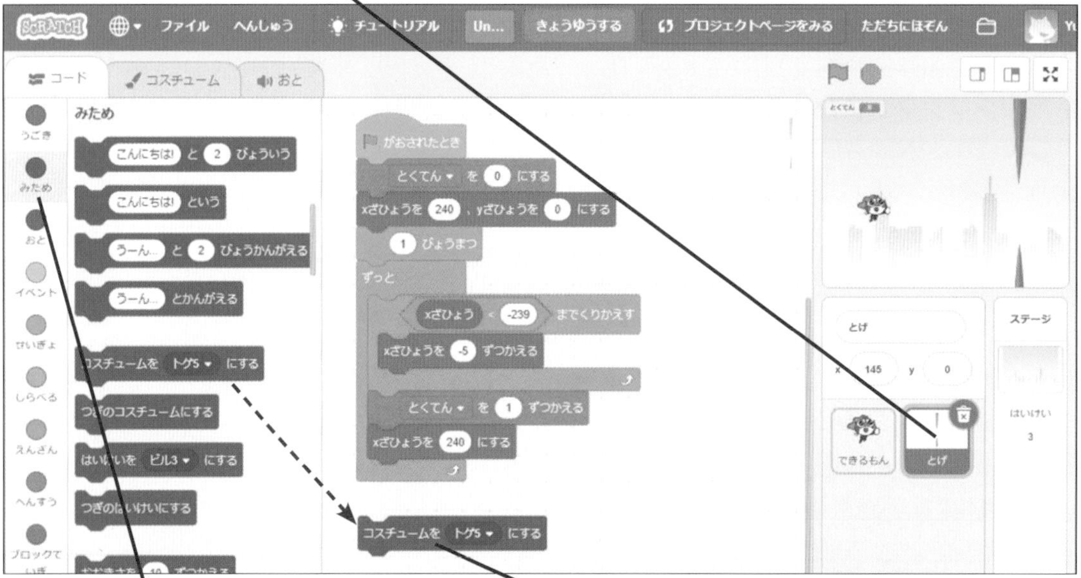

2 [みため]をクリックしよう

3 [コスチュームを[トゲ5]にする]をここに置《お》こう

ヒント!

乱数《らんすう》は、毎回《まいかい》出《で》る数字《すうじ》がバラバラで、次《つぎ》に何《なに》が出《で》るか分《わ》からない数字《すうじ》のことだよ。数字《すうじ》の範囲《はんい》は決《き》められるよ。

2 乱数《らんすう》のブロックを組《く》み込《こ》もう

1 ［えんざん］をクリックしよう

2 ［［1］から［10］までのらんすう］をここに組《く》み込《こ》もう

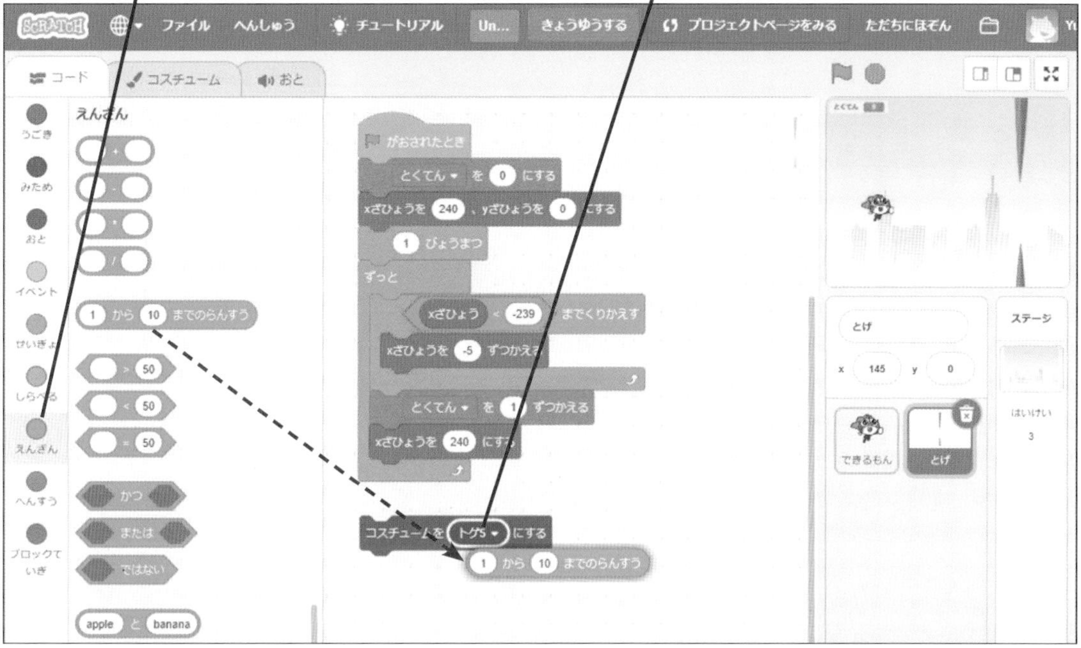

3 数字《すうじ》を入力《にゅうりょく》しよう

1 「5」と入力《にゅうりょく》しよう

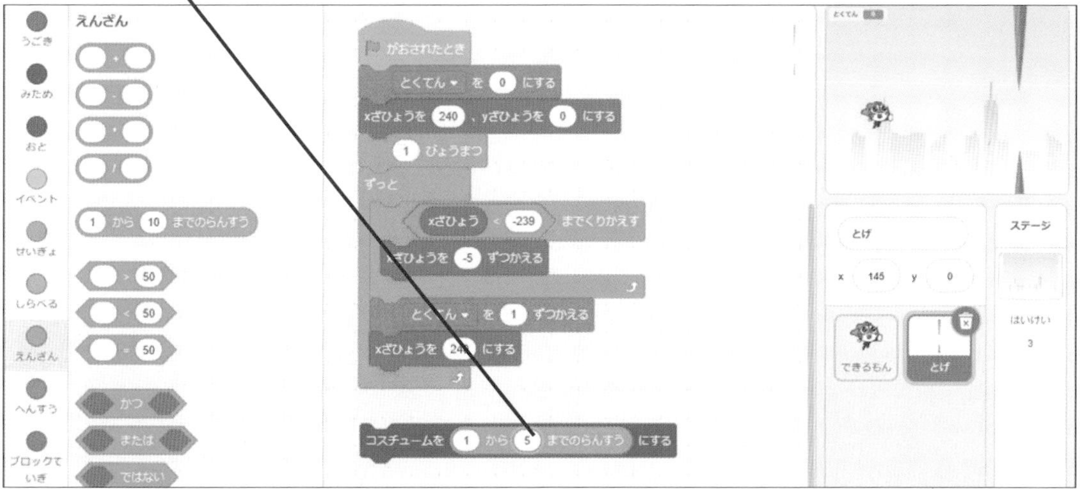

レッスン
36 とげを切《き》りかえよう

やった日《ひ》
月《がつ》　日《にち》

レッスンで使《つか》う
練習用《れんしゅうよう》ファイル
レッスン 36.sb3

とげの見《み》た目《め》を切《き》りかえよう。はじっこに行《い》ったら見《み》えなくして、とげの見《み》た目《め》を変《か》えてから見《み》えるようにするよ。

このレッスンで覚《おぼ》えたい用語《ようご》	
コスチューム	P.185
表示《ひょうじ》	P.186
乱数《らんすう》	P.186

1 乱数《らんすう》のブロックを接続《せつぞく》しよう

レッスン34で作《つく》った[コスチュームを[[1]から[5]までのらんすう]にする]をクリックしておこう

1 ここに接続《せつぞく》しよう

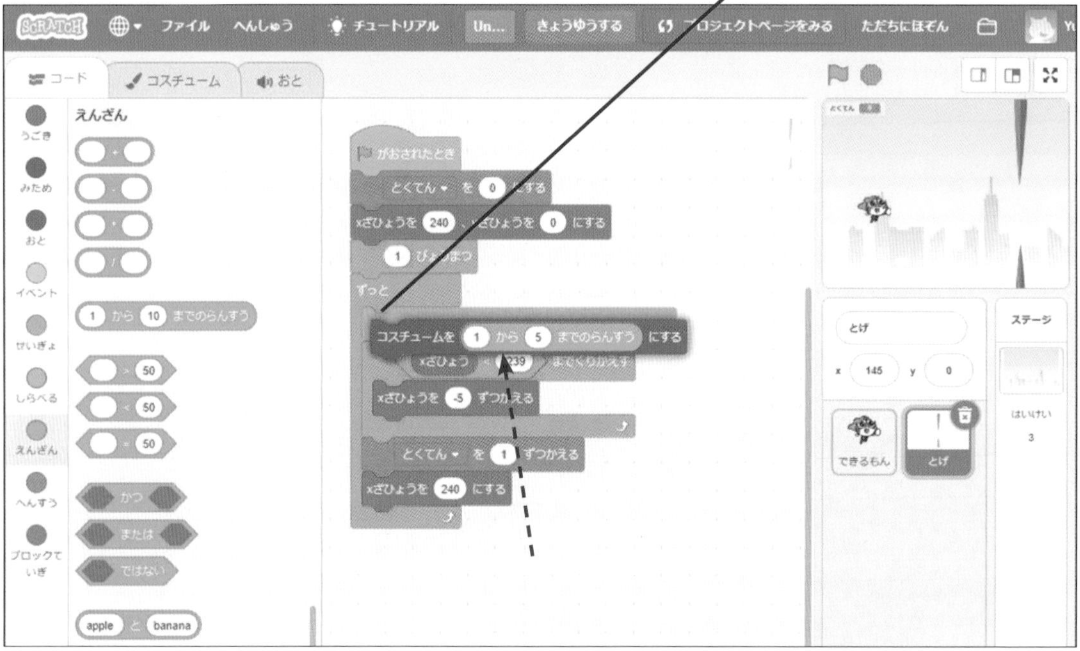

[ずっと]ブロックのすぐ下《した》に入《い》れるよ。まちがえないようにしよう！

2 コスチュームを変《か》えてから表示《ひょうじ》するようにしよう

1 [みため]をクリックしよう

2 ここを下《した》に動《うご》かそう

3 [ひょうじする]をここに接続《せつぞく》しよう

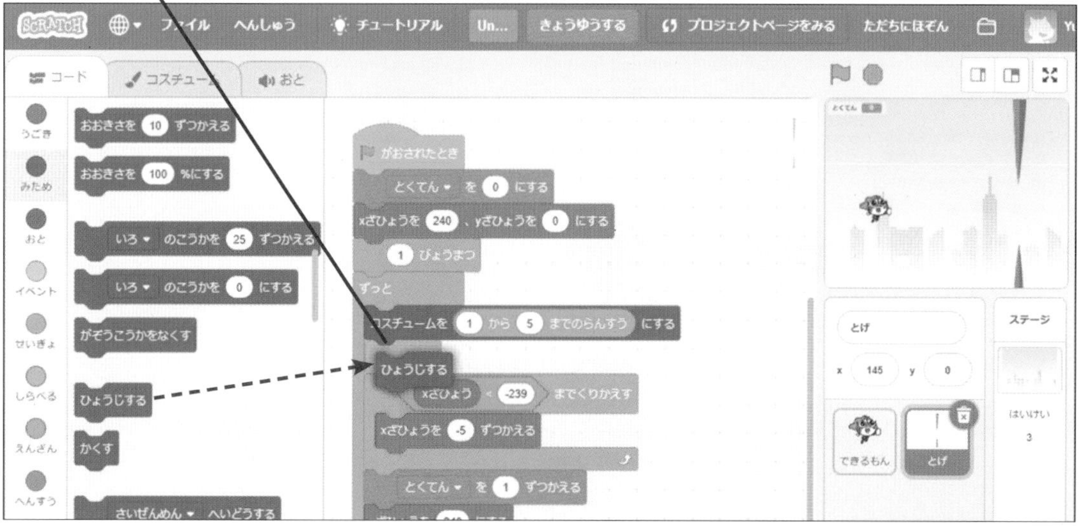

次《つぎ》のページに続《つづ》く

3 画面《がめん》のはしでかくれるようにしよう

1 [かくす]をここに接続《せつぞく》しよう

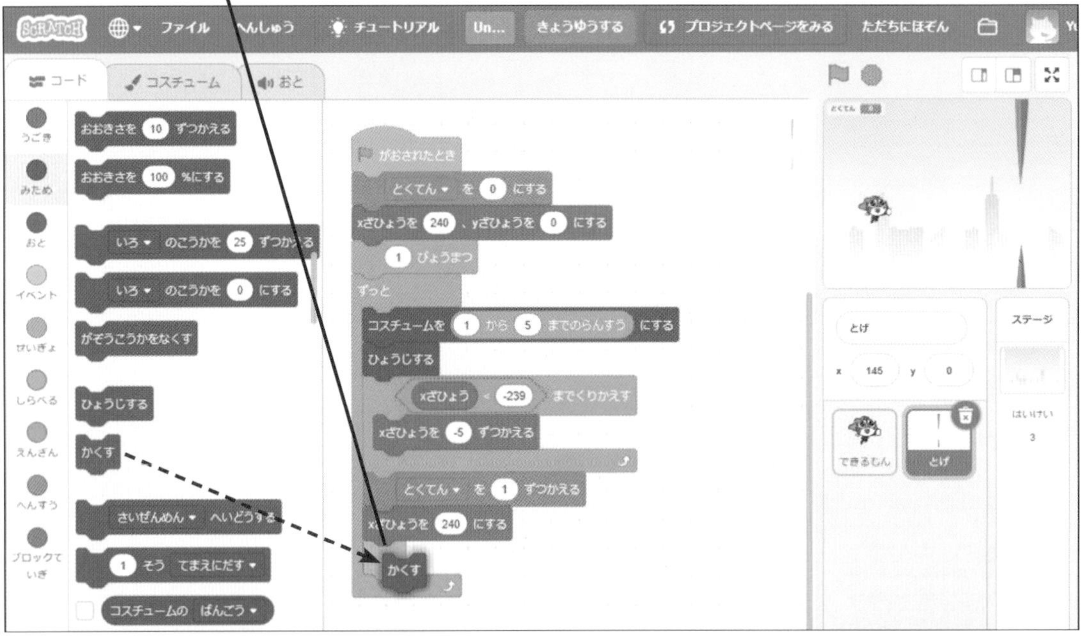

4 最初《さいしょ》の位置《いち》でかくれるようにしよう

1 [かくす]をここに接続《せつぞく》しよう

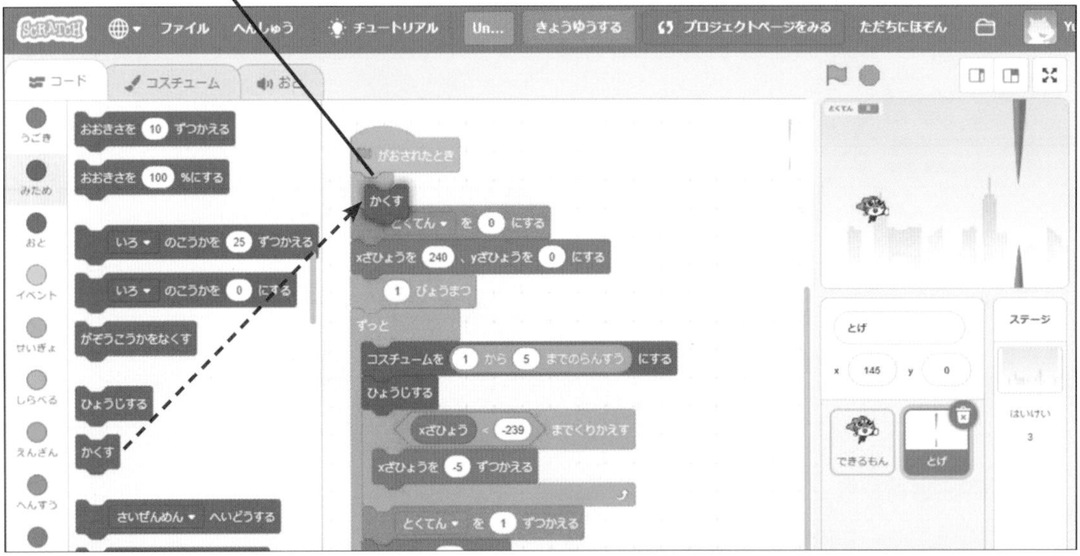

5 最初《さいしょ》の位置《いち》に表示《ひょうじ》されるようにしよう

1 [ひょうじする]をここに接続《せつぞく》しよう

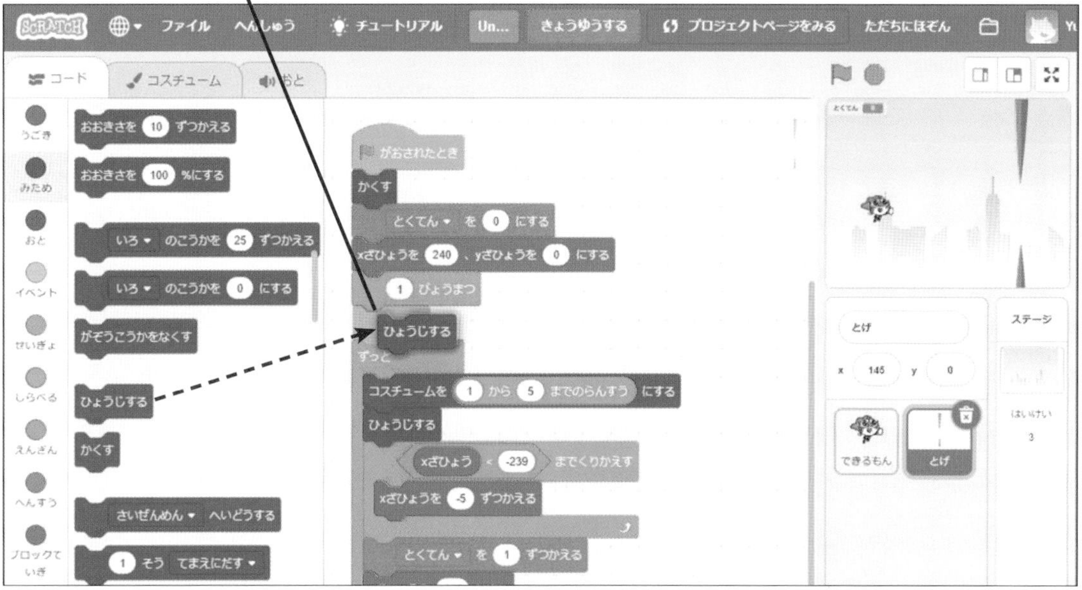

テクニック とげが表示《ひょうじ》される仕組《しく》み

とげの動《うご》きを見《み》てみよう。コスチュームを変《か》えてから表示《ひょうじ》して、それから画面《がめん》の左《ひだり》に向《む》かって動《うご》くよ。左《ひだり》はしについたらまたかくれて、最初《さいしょ》に戻《もど》るよ。動《うご》いているとき以外《いがい》はかくしているよ。

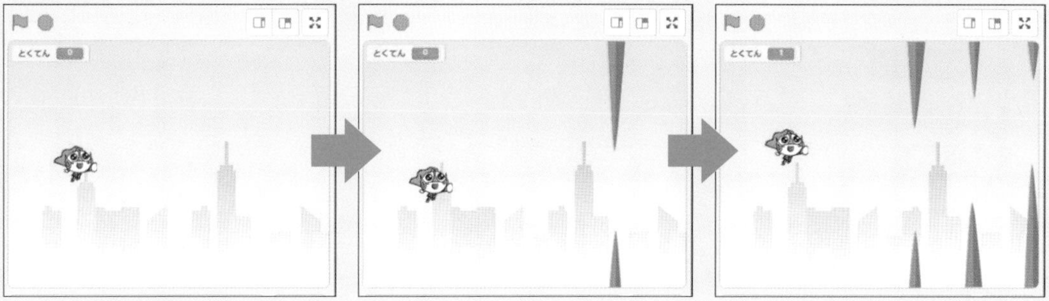

ゲーム開始《かいし》直後《ちょくご》は画面《がめん》の右《みぎ》はしにあって表示《ひょうじ》されない

動《うご》き始《はじ》める直前《ちょくぜん》にコスチュームが決《き》まって表示《ひょうじ》される

画面《がめん》の左《ひだり》はしまで行《い》くとかくれて、次《つぎ》のとげが現《あらわ》れる

レッスン
37

できるもんの表情《ひょうじょう》を変《か》えよう

やった日《ひ》
月《がつ》　日《にち》

レッスンで使《つか》う
練習用《れんしゅうよう》ファイル
レッスン 37.sb3

できるもんが上《うえ》に飛《と》ぶときに、コスチュームを変《か》えるよ。上《うえ》に飛《と》ぶときのプログラムはどこか、覚《おぼ》えてるかな？

このレッスンで覚《おぼ》えたい用語《ようご》	
コスチューム	P.185
スプライト	P.185
プログラム	P.186

1 ブロックの準備《じゅんび》をしよう

1 ［できるもん］をクリックしよう

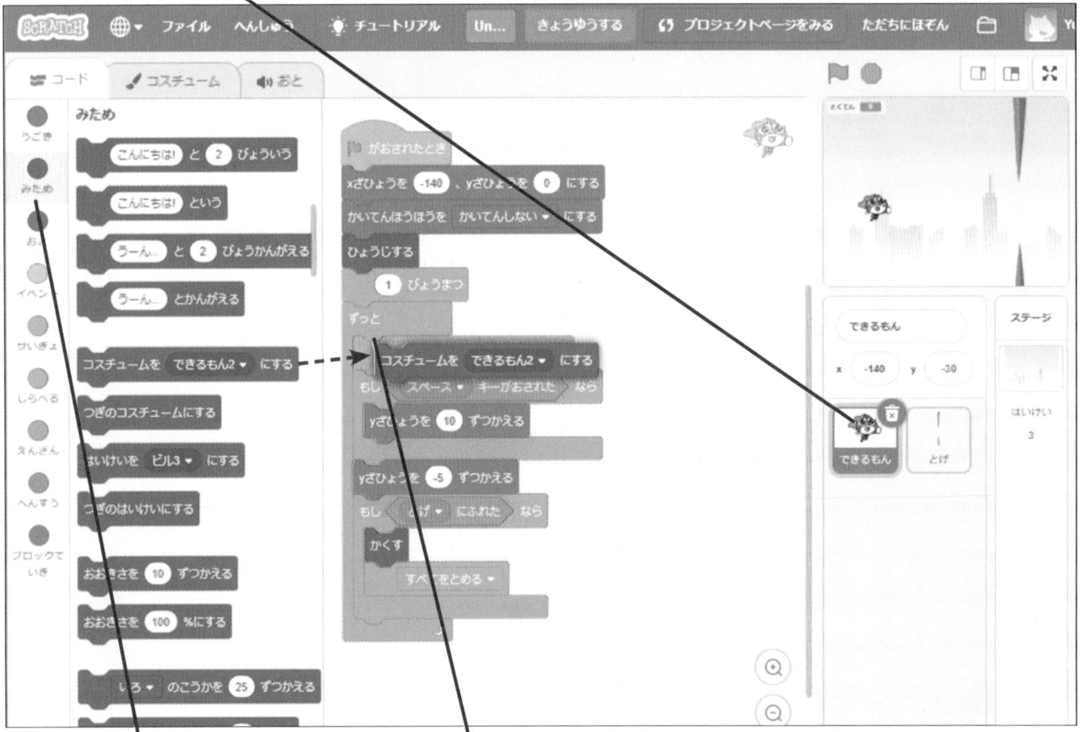

2 ［みため］をクリックしよう

3 ［コスチュームを［できるもん2］にする］をここに接続《せつぞく》しよう

2 最初《さいしょ》のコスチュームを設定《せってい》しよう

1 ここをクリックしよう

2 ［できるもん1］をクリックしよう

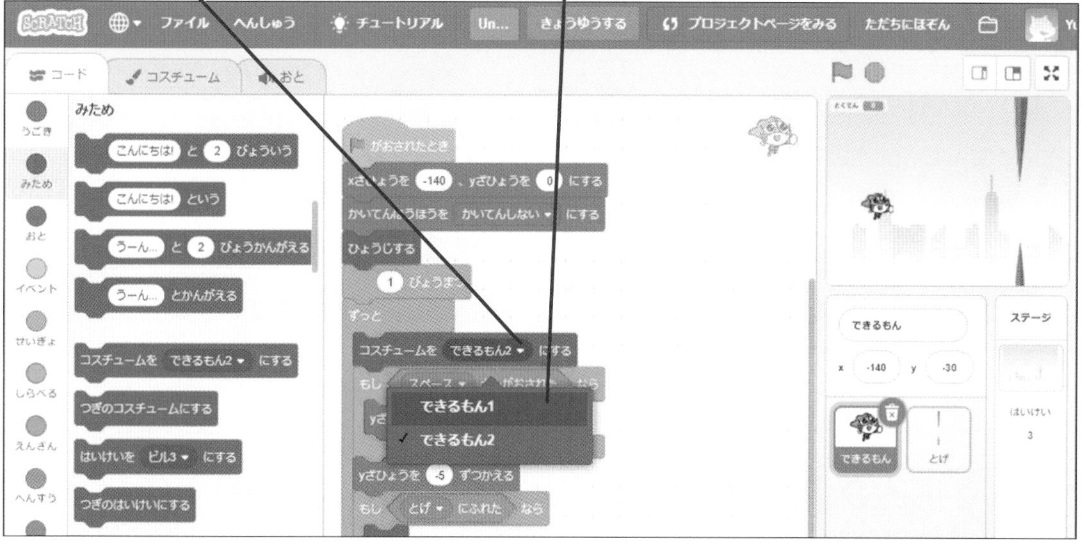

3 切《き》りかえるコスチュームを設定《せってい》しよう

1 ［コスチュームを［できるもん2］にする］をここに接続《せつぞく》しよう

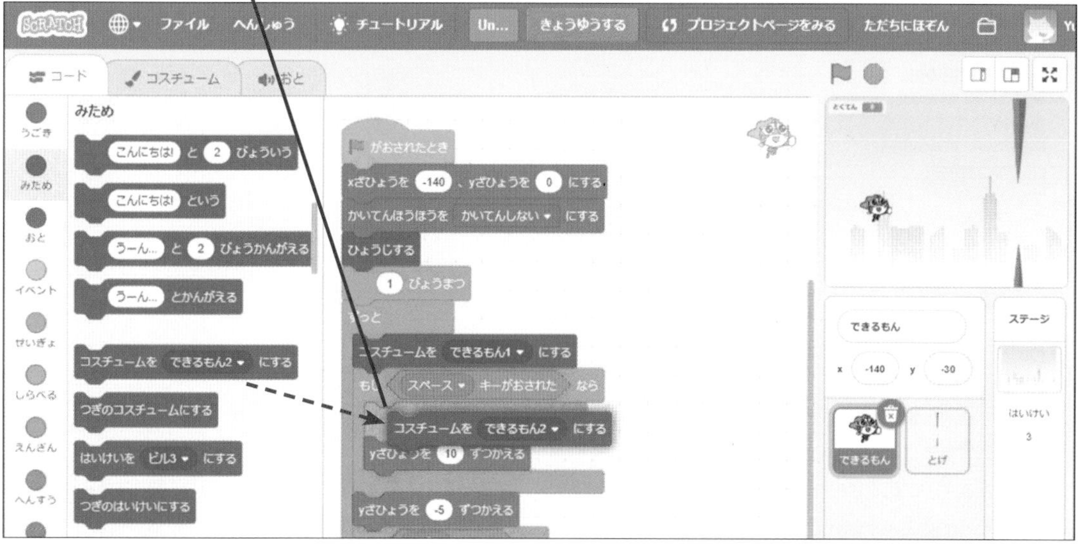

レッスン 38

ゲームオーバーの画面《がめん》を作《つく》ろう

やった日《ひ》
月《がつ》　日《にち》

レッスンで使《つか》う練習用《れんしゅうよう》ファイル
レッスン 38.sb3

ゲームオーバーの画面《がめん》を表示《ひょうじ》しよう。プログラム同士《どうし》で合図《あいず》を送《おく》る、「メッセージ」の機能《きのう》を使《つか》うよ。

このレッスンで覚《おぼ》えたい用語《ようご》	
スプライト	P.185
表示《ひょうじ》	P.186
メッセージ	P.186

1 スプライトをアップロードしよう

1 練習用《れんしゅうよう》ファイルから［ゲームオーバー］をアップロードしよう

アップロードのやり方《かた》は大人《おとな》の人《ひと》と24ページを見《み》てね

② メッセージを送《おく》る準備《じゅんび》をしよう

❶ [イベント] をクリックしよう

❷ [[メッセージ1]をおくってまつ]をここに接続《せつぞく》しよう

新《あたら》しいブロックが出《で》てきたね！

メッセージを使《つか》うと、ほかのスプライトや背景《はいけい》に指示《しじ》を送《おく》ることができるんだ

ヒント！

メッセージは、プログラム同士《どうし》が、合図《あいず》を送《おく》ったり受《う》け取《と》ったりできる機能《きのう》だよ。同《おな》じプロジェクトのプログラムじゃないと動《うご》かないよ。

次《つぎ》のページに続《つづ》く

③ 新《あたら》しいメッセージを作《つく》ろう

❶ ここをクリックしよう

❷ [あたらしいメッセージ]をクリックしよう

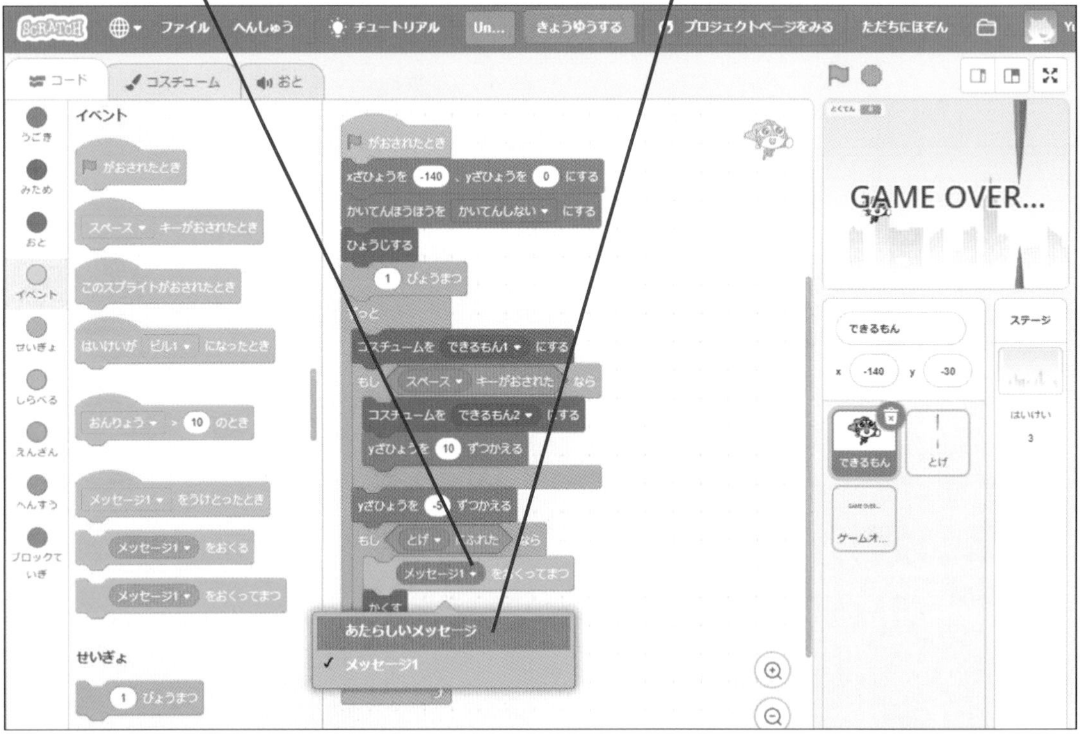

メッセージを作《つく》る画面《がめん》が表示《ひょうじ》されたよ

❸ [おわり]と入力《にゅうりょく》しよう

❹ [OK]をクリック

元《もと》の画面《がめん》に戻《もど》るよ

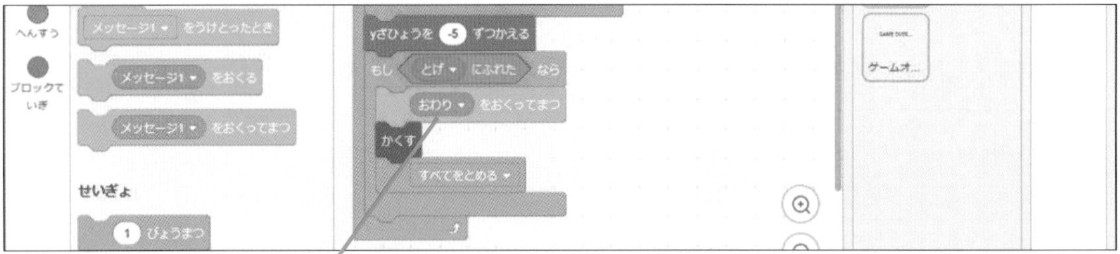

新《あたら》しいメッセージを確認《かくにん》しておく

④ ゲームオーバーのプログラムをしよう

[ゲームオーバー]をクリックしておく

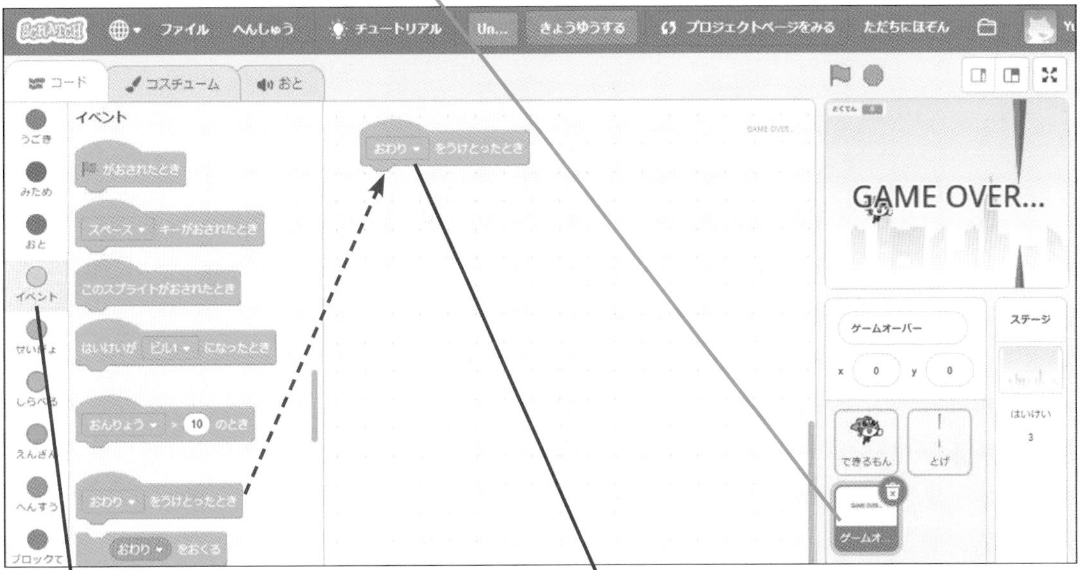

❶ [イベント]をクリックしよう

❷ [[おわり]をうけとったとき]を設置《せっち》しよう

⑤ スプライトを表示《ひょうじ》しよう

❶ [みため]をクリックしよう

❷ ここをクリックして下《した》に動《うご》かそう

❸ [ひょうじする]をここに接続《せつぞく》しよう

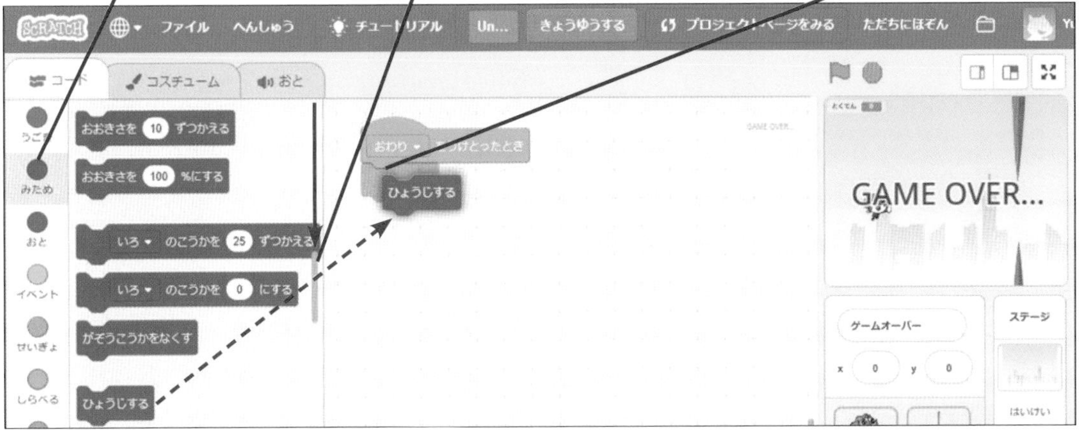

次《つぎ》のページに続《つづ》く

6 ゲームを始《はじ》めたときの動《うご》きを準備《じゅんび》しよう

1 ［イベント］をクリックしよう

2 ［がおされたとき］を設置《せっち》しよう

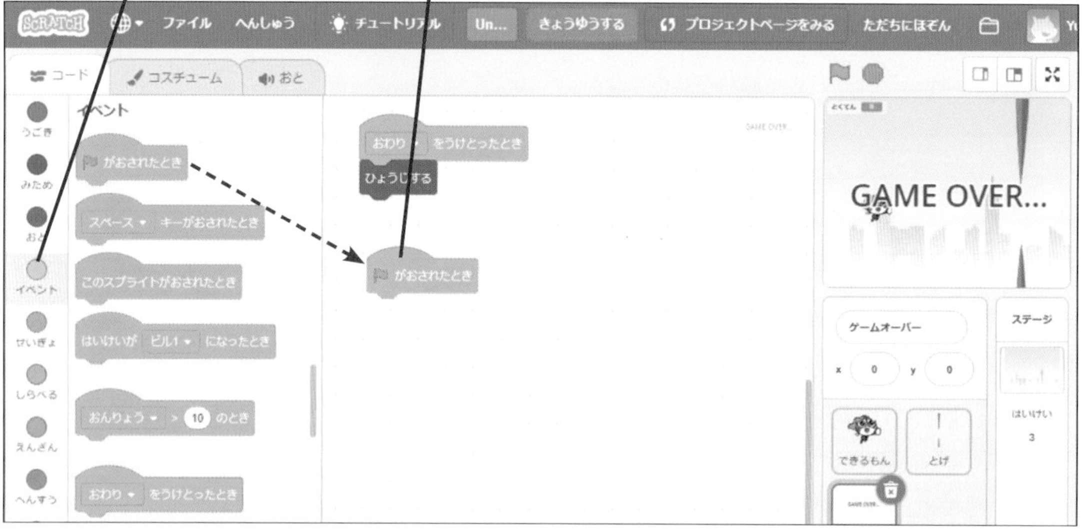

7 かくす動《うご》きを作《つく》ろう

1 ［みため］をクリックしよう

2 ここをクリックして下《した》に動《うご》かそう

3 ［かくす］をここに接続《せつぞく》しよう

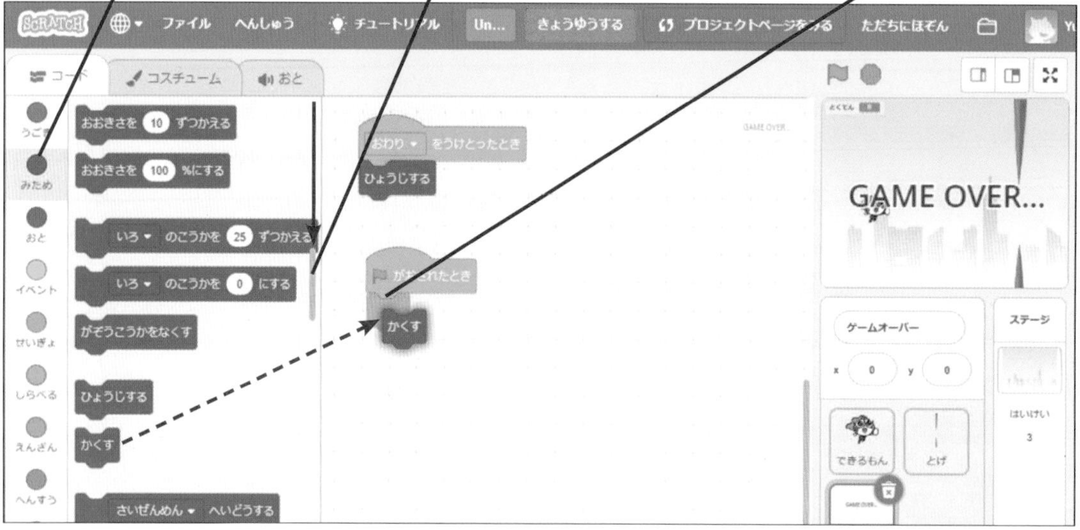

8 スプライトの座標《ざひょう》を決《き》めよう

1 [うごき]をクリックしよう

2 [xざひょうを[0]、yざひょうを[0]にする]をここに接続《せつぞく》しよう

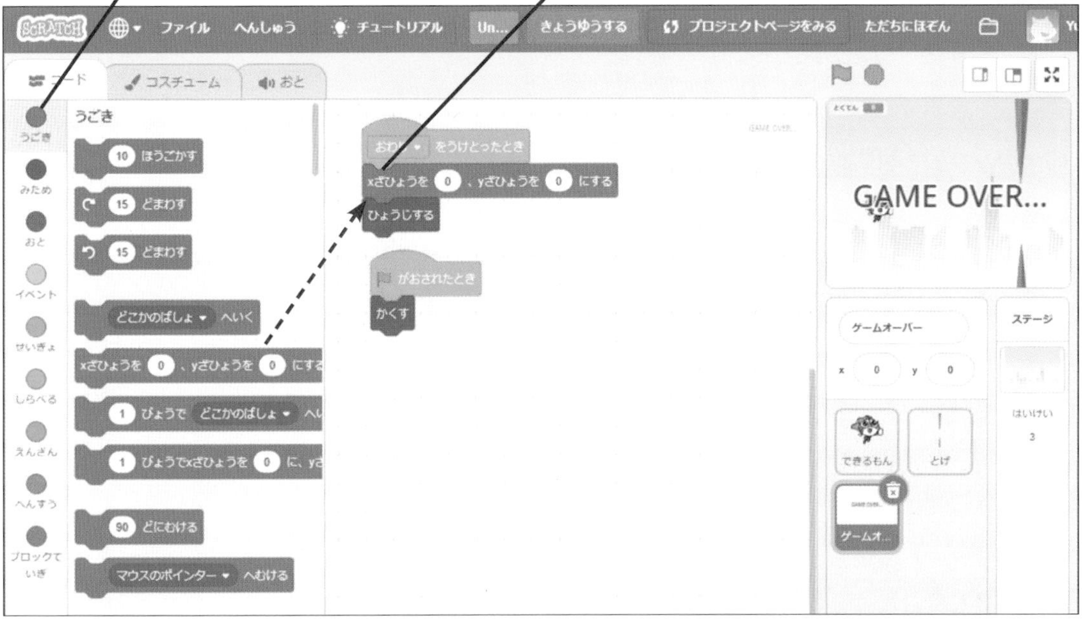

9 コードを実行《じっこう》してみよう

1 をクリックしよう

ゲームオーバーの画面《がめん》が出《で》たらOK。もう一度《いちど》をクリックするとゲームが始《はじ》まるよ！

レッスン 39 ゲームの音《おと》を設定《せってい》しよう

やった日《ひ》
月《がつ》　日《にち》

レッスンで使《つか》う
練習用《れんしゅうよう》ファイル
レッスン 39.sb3

ゲームが動《うご》いている間《あいだ》だけ音楽《おんがく》を流《なが》すよ。ゲームの雰囲気《ふんいき》が変《か》わるね！　どのブロックを使《つか》うか分《わ》かるかな？

このレッスンで覚《おぼ》えたい用語《ようご》	
アップロード	P.185
座標《ざひょう》	P.185
スプライト	P.185

1 繰《く》り返《かえ》し処理《しょり》の準備《じゅんび》をしよう

[ステージ]をクリックしておこう

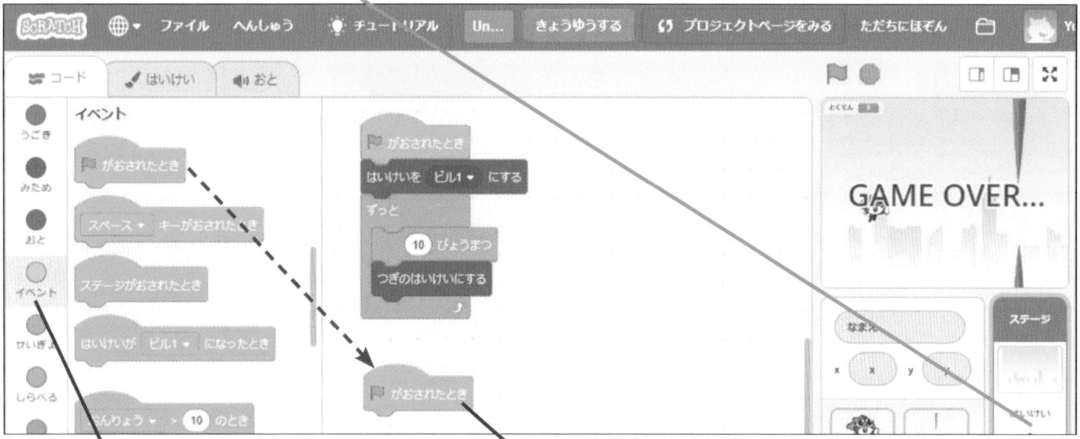

1 [イベント]をクリックしよう

2 [がおされたとき]を設置《せっち》しよう

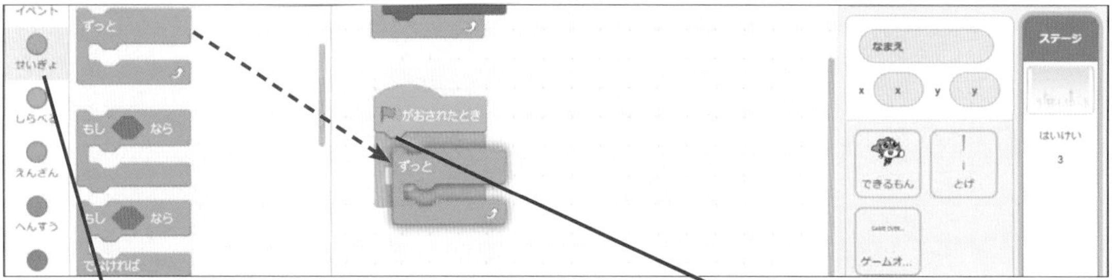

3 [せいぎょ]をクリックしよう

4 [ずっと]をここに接続《せつぞく》しよう

② 音《おと》を設定《せってい》しよう

レッスン11を参考《さんこう》に練習用《れんしゅうよう》ファイルから[メロディー]をアップロードしておこう

アップロードのやり方《かた》は大人《おとな》の人《ひと》と24ページを見《み》てね

❶ [おと] をクリックしよう

❷ [おわるまで[メロディー]のおとをならす]をここに接続《せつぞく》しよう

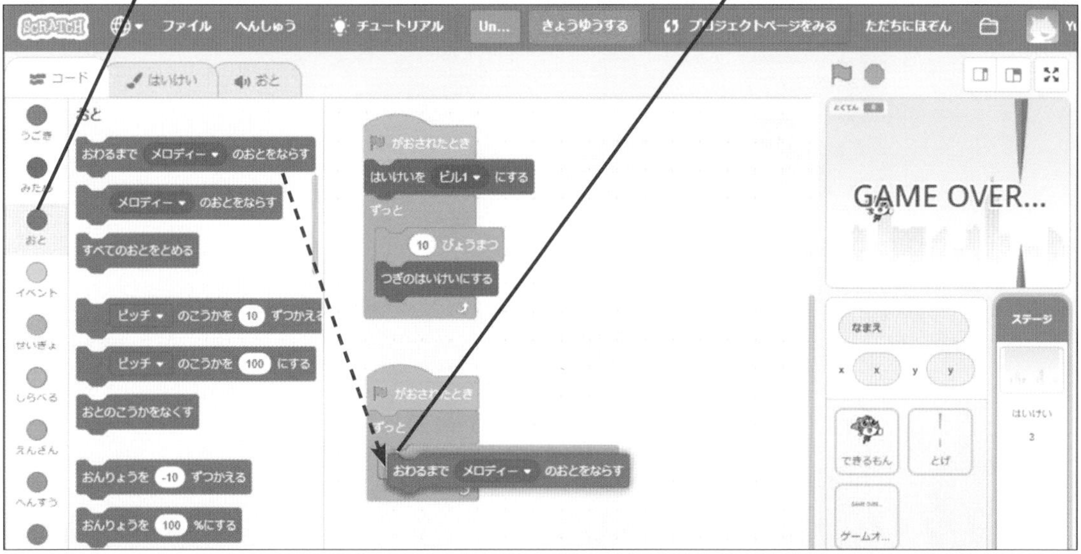
ファイル
へんしゅう
チュートリアル
きょうゆうする
プロジェクトページをみる
ただちにほぞん
コード
はいけい
おと
うごき
みため
おと
イベント
せいぎょ
しらべる
えんざん
へんすう
おわるまで メロディー のおとをならす
メロディー のおとをならす
すべてのおとをとめる
ピッチ のこうかを 10 ずつかえる
ピッチ のこうかを 100 にする
おとのこうかをなくす
おんりょうを -10 ずつかえる
おんりょうを 100 %にする
がおされたとき
はいけいを ビル1 にする
ずっと
10 びょうまつ
つぎのはいけいにする
がおされたとき
ずっと
おわるまで メロディー のおとをならす
GAME OVER...
なまえ
ステージ
はいけい
できるもん
とげ
ゲームオ...

おまけプログラミング　スピードを変《か》えてみよう

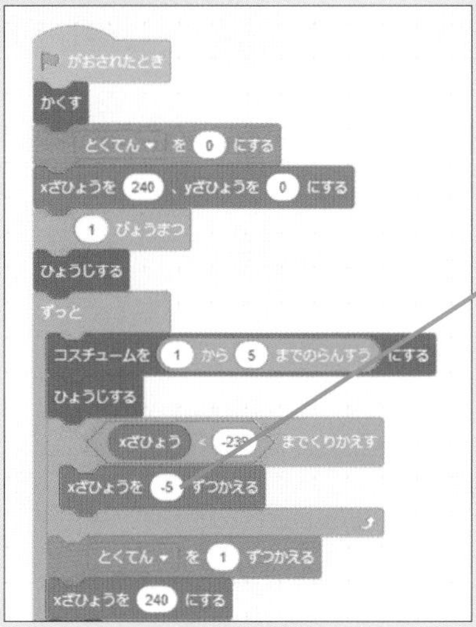
がおされたとき
かくす
とくてん を 0 にする
xざひょうを 240 、yざひょうを 0 にする
1 びょうまつ
ひょうじする
ずっと
コスチュームを 1 から 5 までのらんすう にする
ひょうじする
xざひょう < までくりかえす
xざひょうを -5 ずつかえる
とくてん を 1 ずつかえる
xざひょうを 240 にする

とげのプログラムの、[xざひょうを[-5]ずつかえる] ブロックの数字《すうじ》のところを変《か》えると、とげの速《はや》さが変《か》わるよ。ちょうどいい速《はや》さにしてみよう。

[とげ]のコードのここを変更《へんこう》するとスピードが変《か》わる

「-5」から「-7」にすると［とげ］のスピードが速《はや》くなるよ!

クイズにトライ！

あてはまる言葉《ことば》を答《こた》えてね！

ほかのスプライトや背景《はいけい》を動《うご》かせるしくみはなんだっけ？

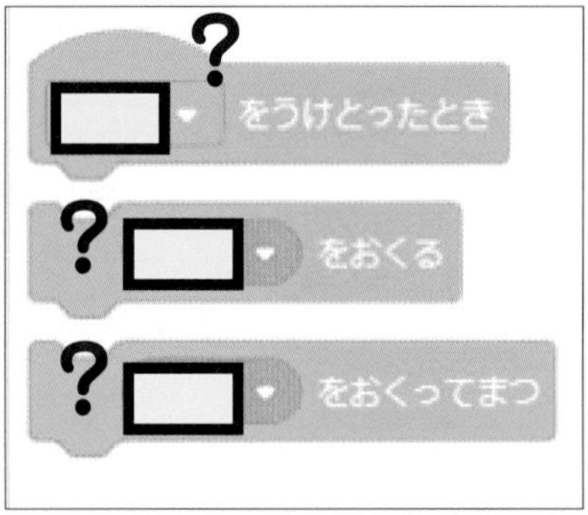

①マッサージ　②メッセージ　③ソーセージ

ええと、わかった！

分《わ》からないときはレッスン38を見《み》てね！

プログラミングはこれでおしまい。
クイズも全部《ぜんぶ》できたかな？

→答《こた》えは175ページ

クイズの答《こた》え

クイズは全部《ぜんぶ》できたかな？
分《わ》からなかったところは
章《しょう》の最初《さいしょ》から読《よ》んでみてね！

第《だい》1章《しょう》 おはしの色《いろ》と、かざりの印《しるし》の色《いろ》は以下《いか》のような組《く》み合《あ》わせにしたよ。自由《じゆう》にかいてみてね。

●おはしの色《いろ》

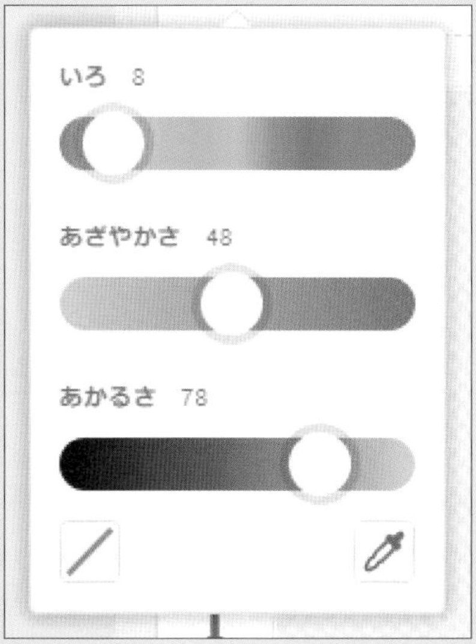

●かざりの色《いろ》

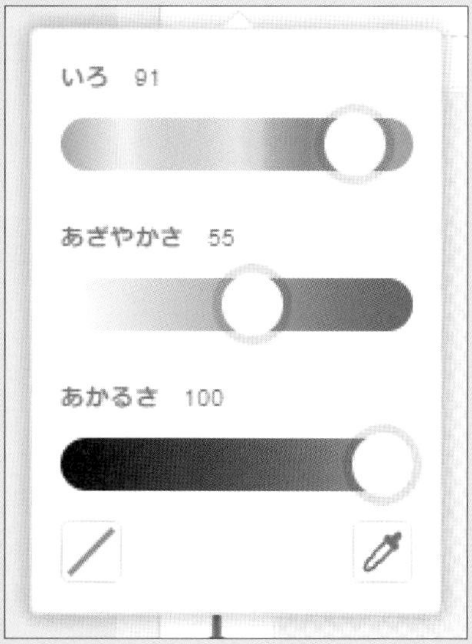

第《だい》2章《しょう》 ①ずっと

第《だい》3章《しょう》 ②へんすう

第《だい》4章《しょう》 ②または

第《だい》5章《しょう》 ③バックパック

第《だい》6章《しょう》 ①ざひょう

第《だい》7章《しょう》 ②メッセージ

付録《ふろく》1 ローマ字《じ》入力《にゅうりょく》表《ひょう》

キーボードで文字《もじ》を入力《にゅうりょく》するときは、この表《ひょう》を見《み》てキーを探《さが》そう。ひらがなで入力《にゅうりょく》できないときは、下《した》のテクニックを参考《さんこう》にしてね。

あ	い	う	え	お
A	I	U	E	O
か	き	く	け	こ
KA	KI	KU	KE	KO
さ	し	す	せ	そ
SA	SI	SU	SE	SO
た	ち	つ	て	と
TA	TI	TU	TE	TO
な	に	ぬ	ね	の
NA	NI	NU	NE	NO
は	ひ	ふ	へ	ほ
HA	HI	HU	HE	HO
ま	み	む	め	も
MA	MI	MU	ME	MO
や	い	ゆ	いぇ	よ
YA	YI	YU	YE	YO
ら	り	る	れ	ろ
RA	RI	RU	RE	RO
わ	うぃ	う	うぇ	を
WA	WI	WU	WE	WO
ん				
NN				

が	ぎ	ぐ	げ	ご
GA	GI	GU	GE	GO
ざ	じ	ず	ぜ	ぞ
ZA	ZI	ZU	ZE	ZO
だ	ぢ	づ	で	ど
DA	DI	DU	DE	DO
ば	び	ぶ	べ	ぼ
BA	BI	BU	BE	BO
ぱ	ぴ	ぷ	ぺ	ぽ
PA	PI	PU	PE	PO

テクニック ひらがなで入力《にゅうりょく》できないときは

キーボードで入力《にゅうりょく》した際《さい》にアルファベットが表示《ひょうじ》された場合《ばあい》は、パソコンの画面《がめん》の右下《みぎした》の文字《もじ》を確認《かくにん》しましょう。アルファベットの「A」になっている場合《ばあい》は、入力《にゅうりょく》モードが［半角《はんかく》英数《えいすう》］になっています。キーボードの半角/全角キーを押《お》すことで、［ひらがな］に変更《へんこう》できます。

＊この変換表は小学校の国語で習う訓令式ローマ字を元に、パソコン（Microsoft IME）で入力できるローマ字を追加して掲載しています。

あ	い	う	え	お
XA	XI	XU	XE	XO
や	ゆ	よ	っ	わ
XYA	XYU	XYO	XTU	XWA
うぁ	うぃ	う	うぇ	うぉ
WHA	WHI	WHU	WHE	WHO
ヴぁ	ヴぃ	ヴ	ヴぇ	ヴぉ
VA	VI	VU	VE	VO
きゃ	きぃ	きゅ	きぇ	きょ
KYA	KYI	KYU	KYE	KYO
ぎゃ	ぎぃ	ぎゅ	ぎぇ	ぎょ
GYA	GYI	GYU	GYE	GYO
しゃ	しぃ	しゅ	しぇ	しょ
SYA	SYI	SYU	SYE	SYO
じゃ	じぃ	じゅ	じぇ	じょ
ZYA	ZYI	ZYU	ZYE	ZYO
ちゃ	ちぃ	ちゅ	ちぇ	ちょ
TYA	TYI	TYU	TYE	TYO
ぢゃ	ぢぃ	ぢゅ	ぢぇ	ぢょ
DYA	DYI	DYU	DYE	DYO

てゃ	てぃ	てゅ	てぇ	てょ
THA	THI	THU	THE	THO
でゃ	でぃ	でゅ	でぇ	でょ
DHA	DHI	DHU	DHE	DHO
にゃ	にぃ	にゅ	にぇ	にょ
NYA	NYI	NYU	NYE	NYO
ひゃ	ひぃ	ひゅ	ひぇ	ひょ
HYA	HYI	HYU	HYE	HYO
びゃ	びぃ	びゅ	びぇ	びょ
BYA	BYI	BYU	BYE	BYO
ぴゃ	ぴぃ	ぴゅ	ぴぇ	ぴょ
PYA	PYI	PYU	PYE	PYO
ふぁ	ふぃ	ふ	ふぇ	ふぉ
FA	FI	FU	FE	FO
ふゃ	ふぃ	ふゅ	ふぇ	ふょ
FYA	FYI	FYU	FYE	FYO
みゃ	みぃ	みゅ	みぇ	みょ
MYA	MYI	MYU	MYE	MYO
りゃ	りぃ	りゅ	りぇ	りょ
RYA	RYI	RYU	RYE	RYO

テクニック クリックでも入力《にゅうりょく》モードを切《き》り替《か》えられる

[半角英数《はんかくえいすう》]と[ひらがな]の切《き》り替《か》えは、画面《がめん》の右下《みぎした》に表示《ひょうじ》されている文字《もじ》を直接《ちょくせつ》クリックしてもできます。

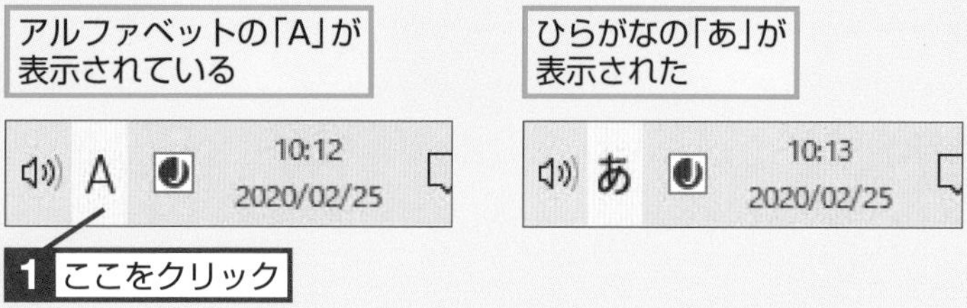

アルファベットの「A」が表示されている
A
10:12
2020/02/25
1 ここをクリック
ひらがなの「あ」が表示された
あ
10:13
2020/02/25

付録《ふろく》2 ブロックインデックス

この本《ほん》で登場《とうじょう》したブロックについて、ページをすべてまとめました。ブロックの使《つか》い方《かた》を調《しら》べたい時《とき》に使《つか》いましょう。

うごき

みため

おと

イベント

せいぎょ

しらべる

えんざん

へんすう

付録《ふろく》3 コード一覧《いちらん》

この本《ほん》に登場《とうじょう》したゲームのコードを掲載《けいさい》します。プログラムがうまく動《うご》かなかったときは、ここに書《か》かれているブロックの組《く》み方《かた》を参考《さんこう》にしましょう。

第《だい》2章《しょう》 おむすびゲーム その1 51ページ

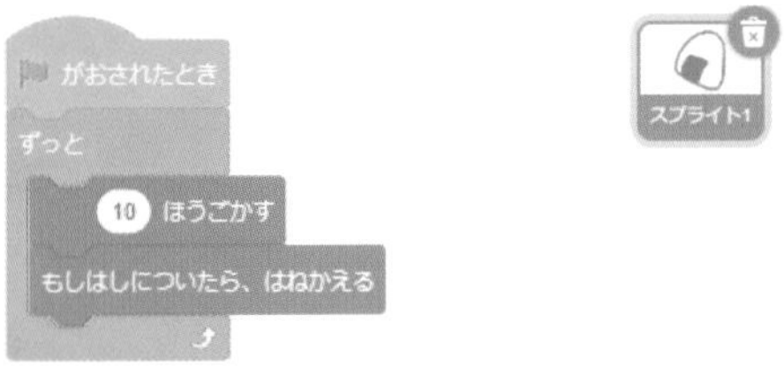
がおされたとき
ずっと
10 ほうごかす
もしはしについたら、はねかえる
スプライト1

第《だい》3章《しょう》 おむすびゲーム その2 69ページ

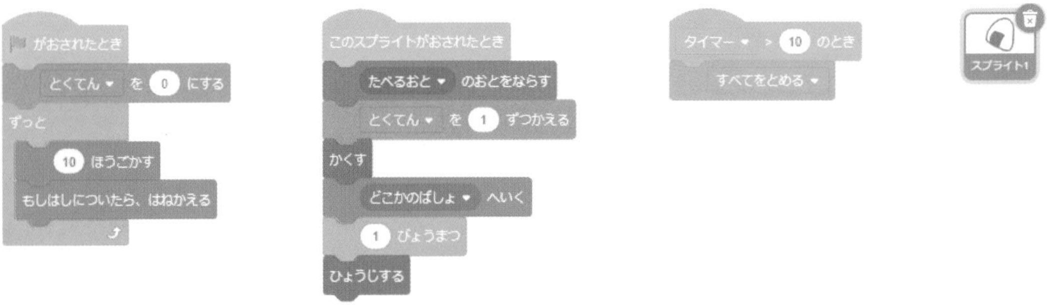
がおされたとき
とくてん を 0 にする
ずっと
10 ほうごかす
もしはしについたら、はねかえる
このスプライトがおされたとき
たべるおと のおとをならす
とくてん を 1 ずつかえる
かくす
どこかのばしょ へいく
1 びょうまつ
ひょうじする
タイマー > 10 のとき
すべてをとめる
スプライト1

第《だい》4章《しょう》 おかしキャッチ その1 87ページ

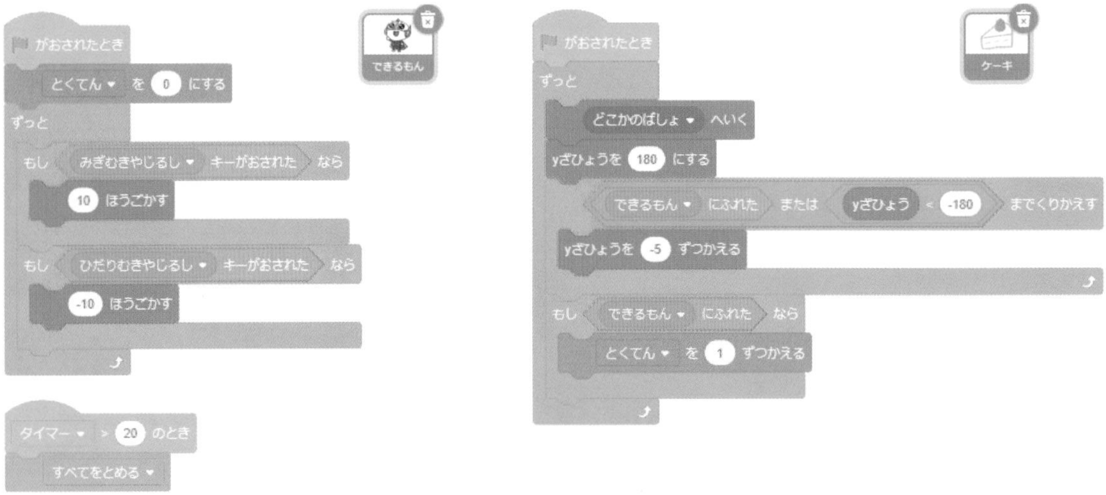
できるもん
がおされたとき
とくてん を 0 にする
ずっと
もし みぎむきやじるし キーがおされた なら
10 ほうごかす
もし ひだりむきやじるし キーがおされた なら
-10 ほうごかす
タイマー > 20 のとき
すべてをとめる
ケーキ
がおされたとき
ずっと
どこかのばしょ へいく
yざひょうを 180 にする
できるもん にふれた または yざひょう < -180 までくりかえす
yざひょうを -5 ずつかえる
もし できるもん にふれた なら
とくてん を 1 ずつかえる

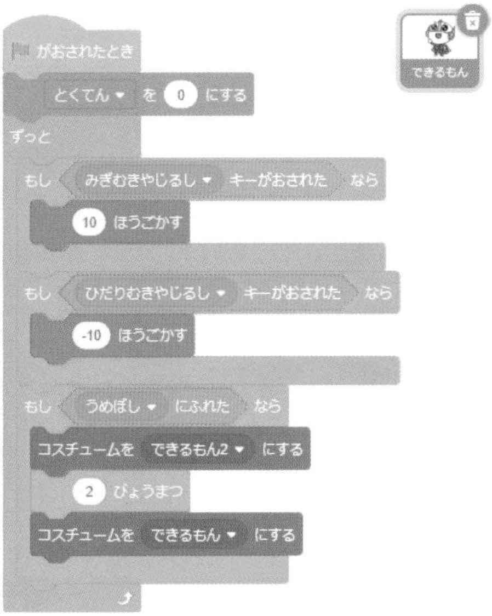
できるもん
がおされたとき
とくてん を 0 にする
ずっと
もし みぎむきやじるし キーがおされた なら
10 ほうごかす
もし ひだりむきやじるし キーがおされた なら
-10 ほうごかす
もし うめぼし にふれた なら
コスチュームを できるもん2 にする
2 びょうまつ
コスチュームを できるもん にする

タイマー > 20 のとき
すべてをとめる

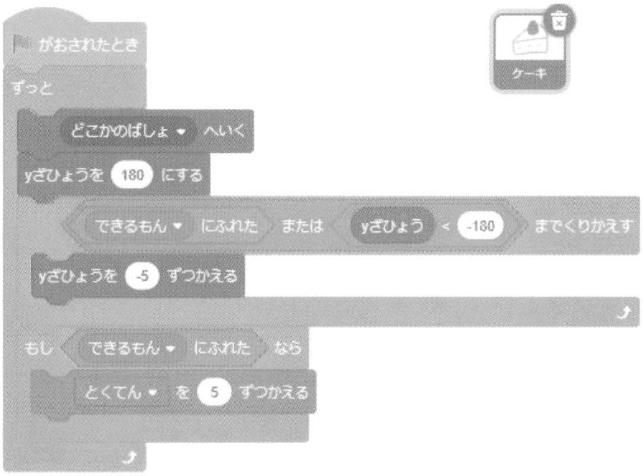
ケーキ
がおされたとき
ずっと
どこかのばしょ へいく
yざひょうを 180 にする
できるもん にふれた または yざひょう < -180 までくりかえす
yざひょうを -5 ずつかえる
もし できるもん にふれた なら
とくてん を 5 ずつかえる

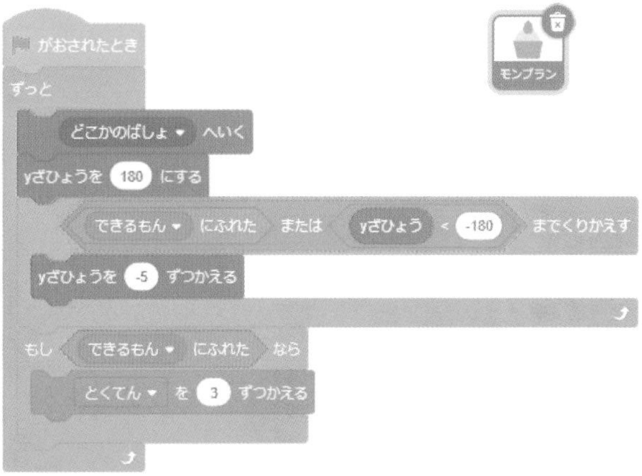
モンブラン
がおされたとき
ずっと
どこかのばしょ へいく
yざひょうを 180 にする
できるもん にふれた または yざひょう < -180 までくりかえす
yざひょうを -5 ずつかえる
もし できるもん にふれた なら
とくてん を 3 ずつかえる

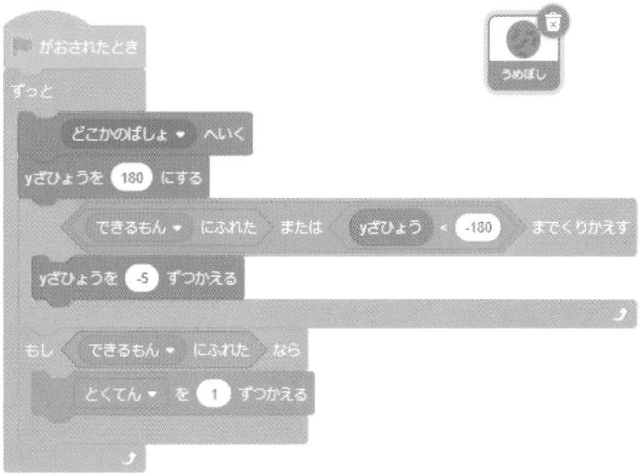
うめぼし
がおされたとき
ずっと
どこかのばしょ へいく
yざひょうを 180 にする
できるもん にふれた または yざひょう < -180 までくりかえす
yざひょうを -5 ずつかえる
もし できるもん にふれた なら
とくてん を 1 ずつかえる

第《だい》6章《しょう》 とげとげゲーム　その1

131ページ

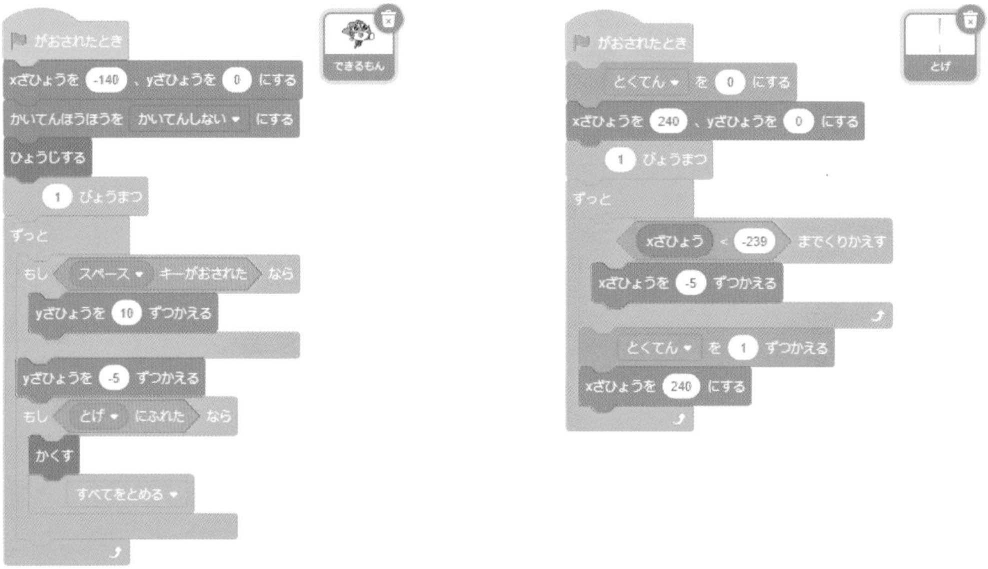
がおされたとき
xざひょうを -140 、yざひょうを 0 にする
かいてんほうほうを かいてんしない にする
ひょうじする
1 びょうまつ
ずっと
もし スペース キーがおされた なら
yざひょうを 10 ずつかえる
yざひょうを -5 ずつかえる
もし とげ にふれた なら
かくす
すべてをとめる
できるもん
がおされたとき
とくてん を 0 にする
xざひょうを 240 、yざひょうを 0 にする
1 びょうまつ
ずっと
xざひょう < -239 までくりかえす
xざひょうを -5 ずつかえる
とくてん を 1 ずつかえる
xざひょうを 240 にする
とげ

第《だい》7章《しょう》 とげとげゲーム　その2

153ページ

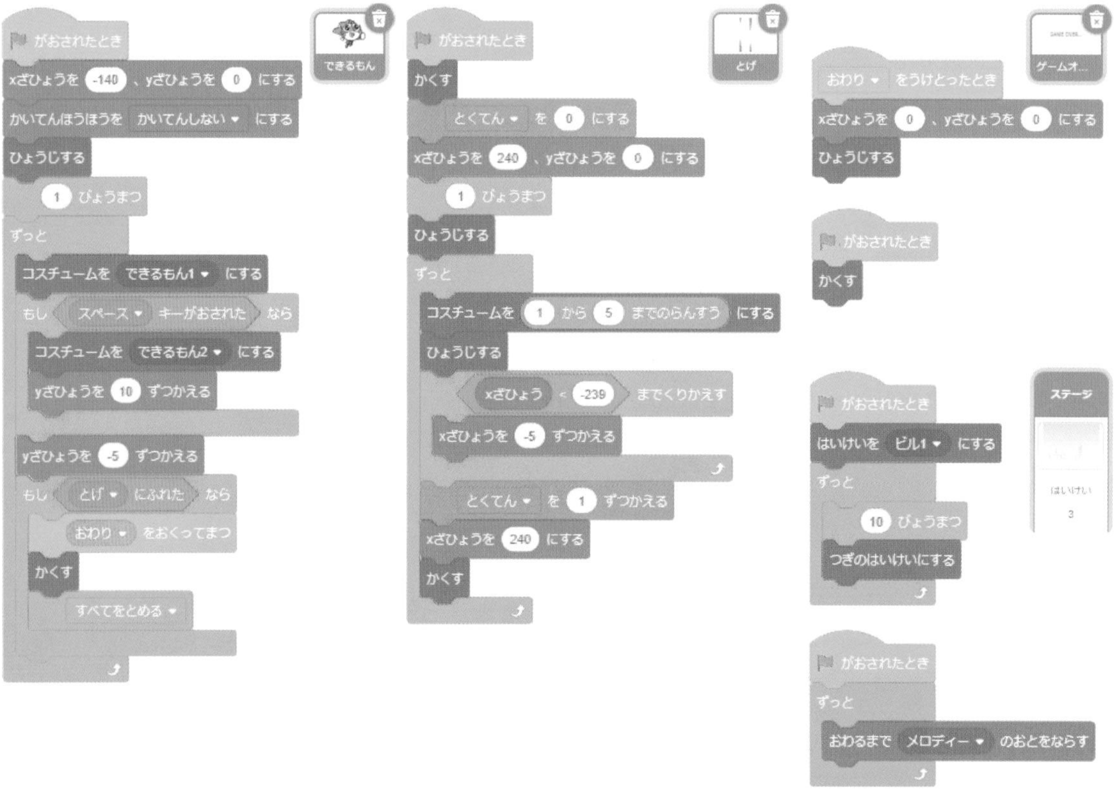
がおされたとき
xざひょうを -140 、yざひょうを 0 にする
かいてんほうほうを かいてんしない にする
ひょうじする
1 びょうまつ
ずっと
コスチュームを できるもん1 にする
もし スペース キーがおされた なら
コスチュームを できるもん2 にする
yざひょうを 10 ずつかえる
yざひょうを -5 ずつかえる
もし とげ にふれた なら
おわり をおくってまつ
かくす
すべてをとめる
できるもん
がおされたとき
かくす
とくてん を 0 にする
xざひょうを 240 、yざひょうを 0 にする
1 びょうまつ
ひょうじする
ずっと
コスチュームを 1 から 5 までのらんすう にする
ひょうじする
xざひょう < -239 までくりかえす
xざひょうを -5 ずつかえる
とくてん を 1 ずつかえる
xざひょうを 240 にする
かくす
とげ
おわり をうけとったとき
xざひょうを 0 、yざひょうを 0 にする
ひょうじする
がおされたとき
かくす
ゲームオ...
がおされたとき
はいけいを ビル1 にする
ずっと
10 びょうまつ
つぎのはいけいにする
ステージ
はいけい
3
がおされたとき
ずっと
おわるまで メロディー のおとをならす

付録《ふろく》4 Chromebookで練習用《れんしゅうよう》ファイルを利用《りよう》するには

本書《ほんしょ》はWindows 10の画面《がめん》で操作《そうさ》を説明《せつめい》していますが、Chromebookでも同様《どうよう》にプログラミングができます。圧縮《あっしゅく》ファイルの保存場所《ほぞんばしょ》や展開方法《てんかいほうほう》が異《こと》なるので注意《ちゅうい》しましょう。

1 ダウンロードしたファイルを展開《てんかい》する

練習用ファイルをダウンロードしておく

1 ランチャーをクリック

2 [ファイル]をクリック

3 [ダウンロード]をクリック

プロジェクトをコンピューターに保存する場合もここに保存される

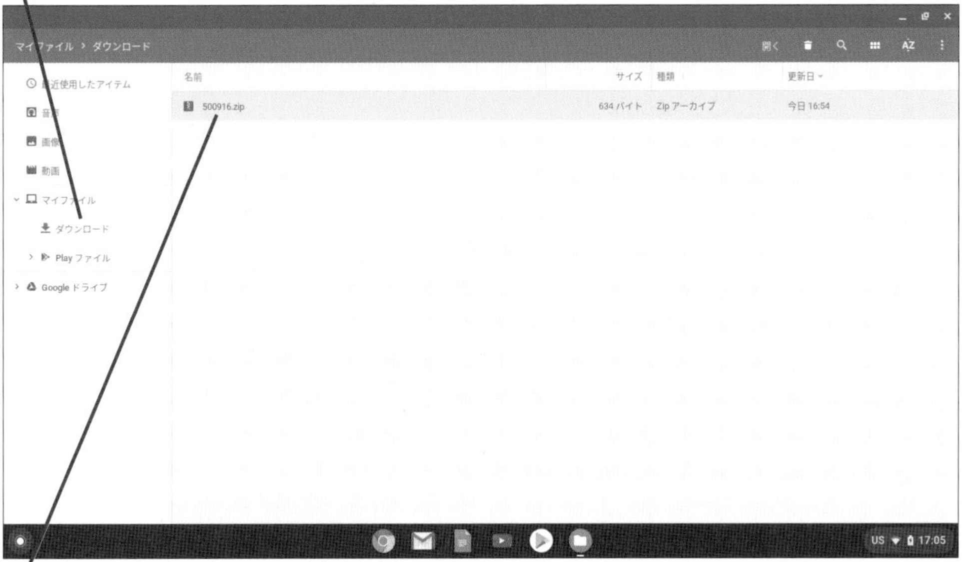

4 [500916.zip]をダブルクリック

ファイルが展開される

2 展開《てんかい》したファイルを確認《かくにん》する

ファイルが展開された

ここをダブルクリックすると内容を確認できる

3 ファイルを開《ひら》く

24ページを参考にScratchで[スプライトをアップロード]をクリック

1 [500916.zip]のここをクリック

2 [500916]をクリック

各章のフォルダーを開いてスプライトを読み込む

背景や練習用ファイルを読み込む場合も同様の操作を行う

ヒント!

[ダウンロード] フォルダのファイルは削除される場合がある

Chromebookの[ダウンロード]フォルダのファイルは、Chromebook全体の空き容量が少なくなると削除される可能性があります。削除されないようにするには、ファイルを[マイドライブ]などの別のフォルダに移動しましょう。

用語集《ようごしゅう》

この本《ほん》を読《よ》むときに知《し》っておくと役《やく》に立《た》つキーワードを集《あつ》めたよ。
分《わ》からない言葉《ことば》があったらこのページで調《しら》べてみよう。

アップロード

パソコンからインターネット上《じょう》のサーバーにファイルを送《おく》ること。スクラッチではスプライトや背景《はいけい》、プロジェクトファイルなどを送《おく》って使《つか》えるよ。

カテゴリー

種類《しゅるい》のこと。スクラッチのブロックは、［うごき］や［イベント］など、それぞれのカテゴリーがあるよ。また、カテゴリー別《べつ》に色《いろ》が分《わ》かれているよ。

繰《く》り返《かえ》しブロック

同《おな》じことを何回《なんかい》も行《おこな》うようにするブロックのこと。［ずっと］や［［10］回《かい》繰《く》り返《かえ》す］などがあるよ。同《おな》じブロックを何回《なんかい》も使《つか》うより、プログラムが短《みじか》くなるよ。

コード

専用《せんよう》の言語《げんご》やブロックで作《つく》られた、コンピュータに対《たい》する命令《めいれい》のこと。スクラッチでは、ブロックを使《つか》ってコードを作《つく》っていくよ。

コードエリア

スクラッチの画面《がめん》の真《ま》ん中《なか》にある、ブロックを置《お》く場所《ばしょ》のこと。スクラッチではここでブロックをつなげてコードを作《つく》るよ。

コスチューム

スプライトの見《み》た目《め》の画像《がぞう》のこと。自分《じぶん》で書《か》いたり、ライブラリから選《えら》んだり、パソコンからアップロードしたりできるよ。何枚《なんまい》も設定《せってい》できるよ。

サインアウト

サインインしている状態をやめること。他の人とパソコンを共有しているときは、最後にサインアウトしておこう。

サインイン

コンピューターやインターネット上のサービスで、名前やパスワードを入れて使えるようにすること。スクラッチにサインインすると、プロジェクトを保存したり公開することができるよ。

座標《ざひょう》

スプライトの場所《ばしょ》を表《あらわ》す値《あたい》で、スプライトリストの右上《みぎうえ》にある［x］と［y］の数字《すうじ》のことだよ。スクラッチでは画面《がめん》の真《ま》ん中《なか》が両方《りょうほう》とも0になるよ。

条件《じょうけん》

何《なに》かをするときに、当《あ》てはまっていないといけないこと。プログラミングでは、条件《じょうけん》を使《つか》って判定《はんてい》などの処理《しょり》をするよ。

条件分岐《じょうけんぶんき》

条件《じょうけん》によって動《うご》かすコードを変《か》えること。条件分《じょうけんぶん》岐《き》を使《つか》って、いろんな場合《ばあい》に対応《たいおう》できるプログラムを作《つく》ることができるよ。

ステージ

プログラムを実行《じっこう》する場所《ばしょ》のこと。スプライトと同《おな》じようにコードを組《く》んだり見《み》た目《め》を変《か》えたりできるけど、ステージそのものを動《うご》かすことはできないよ。

ストップボタン

ステージの左上《ひだりうえ》にある、赤《あか》い八角形《はちかくけい》のボタンのこと。クリックするとすべてのプログラムが止《と》まるよ。開始《かいし》は緑《みどり》の旗《はた》ボタンを使《つか》おう。

スプライト

スクラッチのコードで動《うご》かせるもののこと。スプライトにコードを書《か》くのがスクラッチの基本《きほん》だよ。スプライトの見《み》た目《め》をコスチュームとよぶよ。

スプライトリスト

スクラッチの画面右下《がめんみぎした》にある、スプライトが並《なら》んでいる場所《ばしょ》のこと。編集《へんしゅう》するスプライトを選《えら》んだり、スプライトの名前《なまえ》を変《か》えたりできるよ。

背景《はいけい》

ステージの見《み》た目《め》のこと。スプライトのコスチュームと同《おな》じように、自分《じぶん》で書《か》いたり、ライブラリから選《えら》んだりできるよ。

バックパック

スクラッチの左下《ひだりした》にある、コードやスプライトなどを保存《ほぞん》できる場所《ばしょ》のこと。ドラッグアンドドロップでコードやコスチュームをコピーできるよ。

半角数字《はんかくすうじ》

半角英数《はんかくえいすう》モードで入力《にゅうりょく》できる、幅《はば》が小《ちい》さい数字《すうじ》のこと。スクラッチで数字《すうじ》を使《つか》うときは、半角数字《はんかくすうじ》じゃないと動《うご》かないよ。

表示《ひょうじ》

スプライトがステージ上《じょう》に見《み》えていること。スクラッチでは表示《ひょうじ》されているものにだけ、「ふれたとき」「クリックされたとき」などの判定《はんてい》ができるよ。

ファイル

データやプログラムのまとまりのこと。画像《がぞう》のファイルや音声《おんせい》のファイル、プログラムのファイルなど、いろんなものがあるよ。

プログラム

コンピューターへの命令《めいれい》と手順《てじゅん》のこと。コードを書《か》いてつなげることで作《つく》れるよ。プログラムを作《つく》ることをプログラミングと呼《よ》ぶよ。

プロジェクト

スクラッチで作《つく》ったプログラムの一《ひと》つのかたまりのこと。プロジェクトは、自分《じぶん》の作品《さくひん》としてインターネット上《じょう》で公開《こうかい》できるよ。

プロジェクトページ

プロジェクトとその説明の画面のこと。使い方や説明を書けるよ。プロジェクトが公開されると、「好き」を付けたり、お気に入りに保存したりできるよ。

ブロックパレット

ブロックが並《なら》んでいて選《えら》べる画面《がめん》のこと。［うごき］や［みため］など、種類別《しゅるいべつ》に分《わ》けられているよ。必要《ひつよう》なブロックを取《と》り出《だ》して使《つか》うよ。

変数《へんすう》

数《かず》や文字《もじ》が入《はい》る「箱《はこ》」のこと。変数《へんすう》を使《つか》うといろんな場所《ばしょ》で同《おな》じ数《かず》や文字《もじ》を使《つか》えるよ。スクラッチでは、変数《へんすう》の中身《なかみ》をステージに表示《ひょうじ》できるよ。

緑《みどり》の旗《はた》ボタン

ステージの左上《ひだりうえ》にある、旗《はた》の形《かたち》をした緑色《みどりいろ》のボタンのこと。このボタンを押《お》すとプログラムを動《うご》かせるよ。停止《ていし》はストップボタンを使《つか》おう。

向《む》き

スプライトには、見《み》た目《め》の向《む》きと中身《なかみ》の角度《かくど》がそれぞれあって、別々《べつべつ》に設定《せってい》できるよ。［かいてんほうほう］で見《み》た目《め》の向《む》きを変《か》えられるよ。

メッセージ

スプライトや背景《はいけい》の間《あいだ》で、合図《あいず》を送《おく》ったり受《う》け取《と》ったりできる機能《きのう》。同《おな》じプロジェクトの中《なか》であれば、スプライトや背景《はいけい》に同時《どうじ》に合図《あいず》を送《おく》れるよ。

乱数《らんすう》

毎回《まいかい》出《で》る数字《すうじ》がてきとうで、次《つぎ》に何《なに》が出《で》るか分《わ》からない数字《すうじ》のこと。スクラッチでは、どこからどこまでの数字《すうじ》から乱数《らんすう》を出《だ》すかを決《き》められるよ。

索引《さくいん》

索引《さくいん》

シリーズ累計7500万部突破[※1]
ベストセラー 売上No.1[※2]

※1：当社調べ　※2：大手書店チェーン調べ

本書を読み終えた方へ
できるシリーズのご案内

プログラミング 関連書籍

できるキッズ 子どもと学ぶ Scratch3 プログラミング入門

株式会社TENTO＆
できるシリーズ編集部
定価：本体1,880円＋税

プログラミングの基礎と学び方がこの1冊でよく分かる！　やりたいところからすぐに始められる無料サンプル、スマホで見られる動画解説付き。

できるキッズ 子どもと学ぶ ビスケットプログラミング入門

合同会社デジタルポケット
原田康徳・渡辺勇士・井上愉可里
＆できるシリーズ編集部
定価：本体1,800円＋税

スマートフォンやタブレットで使える無料アプリ「ビスケット」でやさしくプログラミングが学べる。子どもにも読みやすいふりがな付き！

できる　たのしくやりきる Scratch3子どもプログラミング入門

小林真輔
定価：本体1,100円＋税

1人でやりきれるボリュームの1冊。「なぜ ?」が理解できて、楽しく学べる。ゲーム作りを通して、ものごとを順序だてて考える力が身につく。

できるパソコンで楽しむ マインクラフト プログラミング入門
Microsoft MakeCode for Minecraft 対応

広野忠敏＆
できるシリーズ編集部
定価：本体2,300円＋税

パソコンで簡単にプログラミングして、マインクラフトをもっと楽しもう！　ダウンロードしてすぐに使える無料サンプルコード付き！

できるキッズ 子どもと学ぶ JavaScriptプログラミング入門

大澤文孝＆
できるシリーズ編集部
定価：本体2,200円＋税

JavaScriptを使ったプログラミング方法を解説。簡単なコードから作り始め、最終的にはWebブラウザーで遊べる本格的な「落ち物パズル」を制作。

できるキッズ 親子で楽しむ ユーチューバー入門

FULMA株式会社＆
できるシリーズ編集部
定価：本体1,850円＋税

ユーチューバーみたいな動画が作れる！ 家族や友だちだけに動画を公開できるので安心。ネットを安全に使うための知識も身に付く。

読者アンケートにご協力ください！

https://book.impress.co.jp/books/1120101018

このたびは「できるシリーズ」をご購入いただき、ありがとうございます。
本書はWebサイトにおいて皆さまのご意見・ご感想を承っております。
気になったことやお気に召さなかった点、役に立った点など、
皆さまからのご意見・ご感想をお聞かせいただき、
今後の商品企画・制作に生かしていきたいと考えています。
お手数ですが以下の方法で読者アンケートにご回答ください。
ご協力いただいた方には抽選で毎月プレゼントをお送りします！

※プレゼントの内容については、「CLUB Impress」のWebサイト
（https://book.impress.co.jp/）をご確認ください。

ご意見・ご感想をお聞かせください！
できるもん
©インプレス

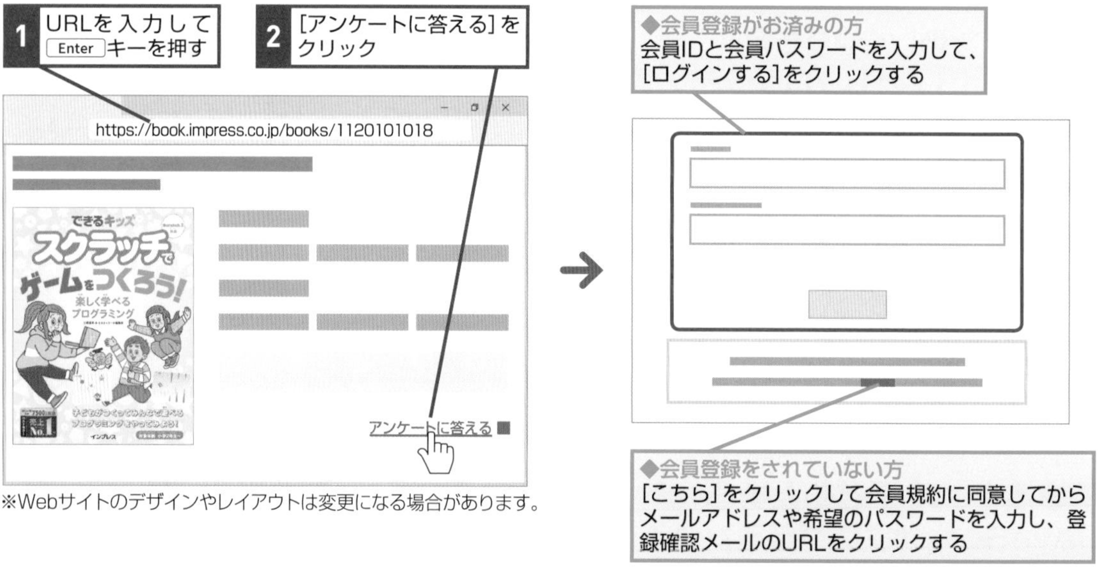
1 URLを入力して Enter キーを押す
2 [アンケートに答える]をクリック
https://book.impress.co.jp/books/1120101018
できるキッズ
スクラッチでゲームをつくろう!
楽しく学べるプログラミング
インプレス
アンケートに答える
◆会員登録がお済みの方
会員IDと会員パスワードを入力して、[ログインする]をクリックする
◆会員登録をされていない方
[こちら]をクリックして会員規約に同意してからメールアドレスや希望のパスワードを入力し、登録確認メールのURLをクリックする

※Webサイトのデザインやレイアウトは変更になる場合があります。

本書のご感想をぜひお寄せください　https://book.impress.co.jp/books/1120101018

「アンケートに答える」をクリックしてアンケートにご協力ください。アンケート回答者の中から、抽選で**商品券（1万円分）**や**図書カード（1,000円分）**などを毎月プレゼント。当選は賞品の発送をもって代えさせていただきます。はじめての方は、「CLUB Impress」へご登録（無料）いただく必要があります。

読者登録サービス　CLUB Impress　登録カンタン 費用も無料！

アンケートやレビューでプレゼントが当たる！

■著者

三橋優希（みはし　ゆうき）

Scratchで作成したゲーム「つながる。」でGO GLOBAL! プログラミングコンテスト 2017で最優秀賞、2018年全国小中学生プログラミング大会でグランプリを受賞。「未踏ジュニア」では「UTIPS - 家事の情報共有サービス」を企画・開発し、2018年未踏ジュニアスーパークリエータに認定。CoolestProjects2018 Games + Web Games部門最優秀賞受賞など、国内外で数々の受賞経験あり。

現在、N高等学校の生徒として学びながら、N Code Laboの講師を勤める。得意とするScratchとUnityを主に教えており、生徒のプログラミング力を伸ばしながら、作品作りをサポートしている。

STAFF

シリーズロゴデザイン	山岡デザイン事務所<yamaoka@mail.yama.co.jp>
カバーデザイン	伊藤忠インタラクティブ株式会社
本文フォーマット＆デザイン	町田有美
カバー＆本文イラスト	かなざわまこと
本文イラスト	松原ふみこ・福地祐子・町田有美
DTP制作	町田有美・田中麻衣子
編集協力	濱野紗妃
デザイン制作室	今津幸弘<imazu@impress.co.jp>
	鈴木　薫<suzu-kao@impress.co.jp>
制作担当デスク	柏倉真理子<kasiwa-m@impress.co.jp>
編集制作	株式会社リブロワークス
デスク	荻上　徹<ogiue@impress.co.jp>
編集長	藤原泰之<fujiwara@impress.co.jp>

本書は、Windows 10やGoogle Chrome、Microsoft Edge、Scratch、Chromebookの操作方法について、2020年6月時点での情報を掲載しています。紹介しているハードウェアやソフトウェア、サービスの使用法は用途の一例であり、すべての製品やサービスが本書の手順と同様に動作することを保証するものではありません。
本書の内容に関するご質問については、該当するページや質問の内容をインプレスブックスのお問い合わせフォームより入力してください。電話やFAXなどのご質問には対応しておりません。なお、インプレスブックス（https://book.impress.co.jp/）では、本書を含めインプレスの出版物に関するサポート情報などを提供しております。そちらもご覧ください。
本書発行後に仕様が変更されたハードウェア、ソフトウェア、サービスの内容などに関するご質問にはお答えできない場合があります。該当書籍の奥付に記載されている初版発行日から3年が経過した場合、もしくは該当書籍で紹介している製品やアプリ、サービスについて提供会社によるサポートが終了した場合は、ご質問にお答えしかねる場合があります。また、以下のご質問にはお答えできませんのでご了承ください。

・書籍に掲載している手順以外のご質問
・ハードウェア、ソフトウェア、サービス自体の不具合に関するご質問
・インターネット上のサービス内容に関するご質問

本書の利用によって生じる直接的または間接的被害について、著者ならびに弊社では一切の責任を負いかねます。あらかじめご了承ください。

■商品に関する問い合わせ先
インプレスブックスのお問い合わせフォーム
https://book.impress.co.jp/info/
上記フォームがご利用いただけない場合のメールでの問い合わせ先
info@impress.co.jp

■落丁・乱丁本などの問い合わせ先
TEL　03-6837-5016　FAX　03-6837-5023
service@impress.co.jp
受付時間　10:00～12:00 ／ 13:00～17:30
（土日・祝祭日を除く）
●古書店で購入されたものについてはお取り替えできません。

■書店／販売店の窓口
株式会社インプレス 受注センター
TEL　048-449-8040　FAX　048-449-8041

株式会社インプレス 出版営業部
TEL　03-6837-4635

できるキッズ スクラッチでゲームをつくろう！ 楽《たの》しく学《まな》べるプログラミング

2020年7月11日　初版発行

著　者　三橋優希《みはしゆうき》 &《アンド》 できるシリーズ編集部《へんしゅうぶ》

発行人　小川 亨

編集人　高橋隆志

発行所　株式会社インプレス
〒101-0051　東京都千代田区神田神保町一丁目105番地
ホームページ　https://book.impress.co.jp/

印刷所　株式会社廣済堂
ISBN978-4-295-00916-0 C3055
Printed in Japan